NORA BREDE
UTE HEBERER

PROBLEM— HUND

VOM UMGANG MIT HERAUSFORDERNDEN HUNDEN

KOSMOS

Inhalt

BESTER FREUND ODER BELASTUNG

„Ich bin hier, weil ich einen Problemhund habe." Herzlich willkommen! Problemhunde sind Utes und mein Beruf. Auf ganz unterschiedliche Weise haben wir beide, Ute allerdings einen ordentlichen Batzen mehr als ich, täglich mit Hunden zu tun, die Probleme machen. Sie sind ein Problem für ihre Menschen, für andere Menschen, für andere Hunde, andere Tiere, die Gesellschaft oder für sich selbst. Und die Probleme sind vielfältig! Sie können ganz konkret sein, latent schwelen, empfundene Probleme sein oder objektiv alarmierend. Sie sind hausgemacht, mitgebracht oder genetisch bedingt. Probleme sind eine Belastung und ein Problemhund trägt sie überall dort hin, wo er Menschen begleitet – und macht sie damit zu ihrem Problem. In den letzten Jahrzehnten haben Ute und ich mit zahlreichen Herangehensweisen und in unterschiedlichsten Medien unser Bestes gegeben, um Menschen mit Problemhunden oder die Hunde selbst zu unterstützen. Was wir jetzt, nach vielen Jahren Freundschaft und Zusammenarbeit, versuchen möchten, ist ein Kompendium der Probleme zusammenzustellen – denn ganz häufig, wenn nicht immer, werden die Probleme des Hundes aus mehr als einer Quelle gespeist. Sie sind multifaktoriell. Und sie können gut angegangen werden, wenn man sich der Ursachen bewusst ist.

UNERWÜNSCHTES VERHALTEN

Der Hund pöbelt lauthals an der Leine, knurrt, schnappt oder beißt, lässt niemanden an sein Futter, zittert wie Espenlaub, wenn die Straßenbahn kommt, zerstört die halbe Wohnung, wenn er eine Stunde alleine bleibt, ist auf und davon, wenn er ein Reh auch nur riecht, hat Nachbars Huhn getötet, kann keine Minute still liegen, springt alles und jeden an, fletscht die Zähne, wenn eine fremde Person ihn anschaut, hört nicht auf zu buddeln, fiept und jammert, mutiert in der Tierarztpraxis zum Berserker, lässt den Mann nicht auf die Couch oder kommt nicht darunter hervor, seit er eingezogen ist, er gehorcht nicht oder rastet aus, wenn er seinen Menschen nicht beim Klogang begleiten darf, kläfft hysterisch und ohrenbetäubend oder rennt Autos hinterher. Die Aufzählung ist nicht annähernd vollständig. Das Füllhorn an Hundeproblemen ist unerschöpflich und ruht nie, neue Varianten auszuspucken.

ZWECK DES BUCHS

Mit diesem Buch möchten wir mehr Verständnis schaffen und eine Orientierung für all jene bieten, die sich mit ihrem Problemhund oder auch allgemein mit Hunden befassen, die aus unterschiedlichen Gründen als problematisch eingestuft werden. Wir wissen, wie sich Menschen, die Gesellschaft und Medien den besten Freund des Menschen gerne vorstellen und welche Erwartungen damit an ein Tier geknüpft sind, die es überhaupt nicht erfüllen kann. Und wir wissen, wie viel Leid auf allen Seiten der Druck verursacht, so ein immer freundliches, immer fröhliches Wesen kreieren zu müssen.
Wir wollen Anleitung bieten, wo es möglich ist, die Faktenlage zugänglich machen, und wir werden von Fällen berichten, die exemplarisch für unterschiedliche Problemhunde sind. Letztendlich sind es individuelle Geschichten, deren Kernbotschaft aber immer eines transportiert: Die allermeisten Probleme können gelöst werden. Manches Mal nicht so, wie der Mensch sich das vorgestellt hatte, aber so, dass das Leben für beide, Mensch und Hund, besser wird und lebenswert ist. Ute und ich wollen in diesem Buch vor allem vermitteln: Wie der beste Freund des Menschen, sein treuster Begleiter, sich verhält, ist genauso individuell wie die Menschen an sich und ihre Ansprüche an Freundschaft und Begleitung es sind.

IST ES EIN PROBLEM FÜR DEN HUND?

Nur weil es zum Normalverhalten gehört, ist ein Verhalten nicht weniger problematisch, denn es ist selten allein der Hund betroffen, sondern auch die Menschen in seinem Umfeld.

Eine der häufigsten Fragen, die im Themenkomplex von Problemverhalten bei Hunden aufgeworfen wird, ist die, ob das Problem denn tatsächlich ein Problem für den Hund oder ob es nicht eher normales Verhalten ist, das der Mensch problematisch findet. Diese Unterscheidung hat immer einen vorwurfsvollen Beiklang. Es wirkt, als würden Menschen ihre Hunde falsch lesen, ihr Verhalten nicht richtig einordnen – kurz gesagt: als liege das Problem beim Menschen. Es macht den Sachverhalt klein und lässt den Menschen als schwierig dastehen.
Betrachtet man die Äußerung „Ist es ein Problem für den Hund?" genauer, dann muss man allerdings feststellen, dass es auf diese Frage nicht nur eine Antwort geben kann, sondern dass sie auf unterschiedlichen Ebenen beantwortet werden muss. Der Aspekt des Problems mag sich nicht auf der Ebene des Hundes befinden, aber vielleicht auf der Ebene des Menschen oder des Umfeldes, des gesellschaftlichen Drucks oder der Erwartungshaltung. Dadurch wird das Problem mitnichten kleiner. Wenn ein Problem mit dem Hund existiert, dann lässt sich sein Dasein nicht aufheben, indem man sich auf eine andere Komponente konzentriert. Brennt das eigene Haus, dann verschwindet der Brand nicht, wenn man ihm den Rücken kehrt und in den wunderhübsch bepflanzten Garten des Nachbarn auf der anderen Straßenseite schaut.

Anhaltendes und schnell auszulösendes Bellen kann zu einer außerordentlichen Belastung für die Bezugspersonen werden: Im Mietshaus, wo sich die Nachbarn beschweren, oder wenn kein Telefonat oder Besuch mehr möglich ist, steigt der Druck – selbst wenn die Rasse, wie hier ein Islandhund, dafür bekannt ist, bellfreudig zu sein.

Viele größere Hunde wie dieser Belgische Schäferhund lernen schnell, dass sie mit Schnelligkeit und Kraft ihren Zweibeiner aus dem Gleichgewicht bringen können. Das Reißen an der Leine ist schmerzhaft, belastend und gefährlich – für beide Beteiligten.

WAS IST NORMAL?

Ein Großteil der Verhaltensweisen von Hunden, die als problematisch eingestuft werden, gehört in den Normalverhaltensbereich. Was die Hunde zeigen, ist normal. Nicht immer bedeutet das, dass es für den Hund auch unproblematisch ist, denn in diesen Bereich gehören sehr viele Verhaltensweisen, die der Bewältigung von Stress und wahrgenommener Bedrohung dienen. Schafft es ein Hund, mit einem Verhalten eine für ihn stressige Situation zu überstehen, dann ist das erst einmal gut. Tritt dieser Stressor immer wieder oder anhaltend auf, kann auch das normalste Verhalten zu einem Problem für den Hund werden. Möglicherweise bewältigt der Hund mit seinem Verhalten auch die eine für ihn schwierige Situation, kreiert damit aber eine andere, kaum weniger unangenehme. Probleme sind wandelbar und erzeugen, ähnlich wie ein Splitter, der sich ins Fleisch bohrt, weitere Probleme, wenn sie nicht entfernt werden können. Da ist der Anfangsschmerz, der Schmerz der anhaltenden Reizung, der Schmerz der folgenden Entzündungsreaktion und der Schmerz, wenn der Körper versucht, den problematischen Fremdkörper loszuwerden. Der Splitter ist das Problem und nicht der Versuch des Körpers, mit ihm umzugehen.

Nicht selten ist der Hund mit seinem problematischen Verhalten so erfolgreich, dass es für ihn eine angemessene Lösung ist – die deswegen immer gezeigt wird, wenn er diese Situation bewältigen muss. Ebenfalls nicht selten begleitet der Hund derweil seinen Menschen und für den ist das Verhalten sehr wohl ein Problem. Der Mensch erkennt schnell, was das Verhalten auslöst, und wird, sobald sich diese Situation anbahnt, selbst Stress empfinden. Es ist unangenehm, wenn der eigene Hund Zeter und Mordio schreiend in der Leine hängt. Vor allem, wenn er mehr als 10 kg wiegt. Besonders in einer ruhigen Gegend und während das Gegenüber mehr oder weniger freundlich, aber vor allem ruhig die hündische Eskalation an der Leine passiert. Besonders wenn dabei wertende Blicke ausgetauscht werden und noch mehr, wenn der Hund einem Rassetypus angehört, dem bestimmte, meist gefährliche Attribute zugeschrieben werden. Besonders auch, wenn die Person, die diesen Hund versucht im Zaum zu halten, sich eigentlich einen Hund angeschafft hat, um mehr Kontakt mit Menschen zu haben, die Zeit in der Natur genießen wollte und an der Idee festhält, dass ein normaler Hund der beste Freund und Begleiter sein sollte.

In der Beziehung zwischen Mensch und Hund werden als problematisch empfundene Verhaltensweisen für Spannungen sorgen. Mitunter mag es schlichte, situativ bedingte Gereiztheit sein, aber auch die geht mit Reaktionen des Menschen einher, die auf einen Hund willkürlich und unvorhersehbar wirken. Mal hält man das Pöbeln an der Leine während des Spazierganges aus, weil man weiß, dass man es sowieso nicht abwenden kann. Ein anderes Mal reagiert man schon mit strengen Vorwarnungen und Korrekturen, wenn eine Leinenbegegnung bevorsteht, weil man sich nicht dazu in der Lage fühlt, an diesem Tag auch noch einen pöbelnden Hund auszuhalten. Kann ein Hund sich nicht auf das Verhalten seines Menschen verlassen oder es einem Kontext zuordnen, dann wird sich das wiederum auf sein Verhalten auswirken. Er wird unsicher wirken, betont unterwürfig, distanziert oder gar enthemmt aggressiv. Ein Hund orientiert sich an dem, was er erfahren und daraus gelernt hat, in der Bewältigung von Problemen und im Umgang mit seinem Menschen. Und damit wird ein vermeintlich kleines Problem, ein „normales“ Problem, im ungünstigen Fall zu einem viel komplexeren, das nicht nur die auslösende Ursache betrifft, sondern das gesamte Zusammenleben.

BEWERTUNG DURCH DAS SOZIALE UMFELD

Manche Verhaltensweisen eines Hundes werden nicht nur beobachtet, sie werden vom Umfeld aktiv bewertet – oft mit weitreichenden Folgen. Dabei wird der ursprüngliche Rahmen leicht überschritten: Ein Hund, der mit eingeklemmter Rute zitternd am Straßenrand steht, wird schnell als Opfer von Gewalt gesehen – jemand ruft die Behörden. Ein anderer, der überschwänglich das Gesicht eines Menschen abschlecken möchte, wird panisch mit einem Regenschirm abgewehrt, weil es so wirkt, als wolle er angreifen. Und manchmal sind diese Bewertungen nicht nur Missverständnisse, sondern gezielte Inszenierungen: Ein Hund einer als gefährlich geltenden Rasse wird auf dem Grundstück gehalten und darf am Zaun wütend bellen – um Angst zu machen. Er steht dort nicht, obwohl er aggressiv wirkt, sondern weil er es soll.

In all diesen Fällen entscheidet nicht der Hund, wie sein Verhalten verstanden wird – die Einordnung erfolgt durch das soziale Umfeld. Und das reagiert nicht neutral, sondern mit Erwartung, Projektion und manchmal auch mit Strategie.

Ein Problem können diejenigen bekommen, die einen Hund des gleichen Rassetyps hal-

Molosser wie dieser Mastino Napolitano gelten als gemütlich und dennoch eindrucksvoll. Dass sie eine kaum kontrollierbare Körpermasse haben, wenn sie einmal ausgewachsen sind, wird dann zum Problem, wenn der Hund fremden Menschen oder Hunden gegenüber nicht freundlich eingestellt ist.

ten und zeigen möchten, dass die Rasse an sich nicht das Problem ist. Ganz im Gegenteil: Sie bestehen darauf, dass die Hunde dieser Rasse äußerst freundlich und aufgeschlossen seien, wenn man sie entsprechend erzieht. Wenn so ein Hund diese Idee nicht immer erfüllen kann, vielleicht sogar, weil er die Erfahrung gemacht hat, dass Menschen sich ihm gegenüber ängstlich oder vorsichtig verhalten, dann entsteht eine zusätzliche Ebene: Der Mensch registriert dieses Verhalten nicht oder blendet es aus, weil es sich mit der Idee des im Kern guten Hundes nicht vereinbaren lässt. Irgendwo zwischen dem tatsächlichen Individuum, seinem Aussehen und den Erwartungen, die daran geknüpft sind, musste der Hund über die in den Weg gelegten, absurd abstrakten Steine stolpern und befindet sich jetzt in einem unlösbaren Problemkonstrukt, das seine Lebensqualität einschränken kann.
Geschürt werden solche Konstrukte von Medien, die wissen, dass Themen rund um Hunde Interesse beim Publikum wecken. Es ist nicht relevant, dass weitaus mehr Personen durch Stürze von Leitern oder Pferden sterben. Das Publikum interessiert sich für den besten Freund des Menschen und nicht für das Haushaltsutensil oder das edle Fluchttier. Anstatt Verordnungen zu erlassen, die den Umgang mit Leitern mit einer Sachkunde verknüpfen, werden Menschen, die Hunde mit einem bestimmten Aussehen halten, teils über absurd hohe Steuersätze zur Kasse gebeten. Natürlich ist das eine überspitzte Darstellung – aber es ist der Vergleich der Reaktionen auf Äpfel und Birnen, geschürt durch Medien, die Fakten nutzen, ohne sie differenziert in einen sachlichen Rahmen zu setzen. Anders formuliert muss man feststellen, dass die mediale Aufmerksamkeit für das Thema Hund in keiner Relation zu seiner Gefährlichkeit oder den durch dieses Haustier verursachten Problemen steht. Das macht Vorfälle nicht weniger schlimm, aber auch hier spielt die Metaebene eine große Rolle in der Erzeugung von Problemen und ihren Ausmaßen.

BELLEN UND BEISSEN

Bellen und Beißen sind die Zweifaltigkeit der hündischen Unannehmlichkeiten, die – einmal eskaliert – zu einem immensen Leidensdruck für Tier und Mensch führen kann.

Probleme, die Hunde verursachen, lassen sich auf zwei Kernverhaltensweisen fokussieren, die nicht einfach behebbar sind: Bellen und Beißen.

Hunde bellen. Das Geräusch, das immer wieder Anlass für kapitale Nachbarschaftsstreits ist und die Behörden und Gerichte beschäftigt, ist ein Verhalten, das wir mit diesem Haustier überhaupt erst kreiert haben. Die Forschung geht heute davon aus, dass der Mensch durch Zuchtwahl das Bellen der Hunde in seiner heutigen Form erfunden hat. Es sind Lautäußerungen, die wir Menschen einordnen und damit verstehen können. Wölfe, als die nächsten Verwandten des Hundes, verbindet ein gemeinsamer Vorfahre, der ziemlich sicher nicht bellte. Lautäußerungen wie heulen oder knurren teilen beide Arten, Wolf wie Hund. Bellen können Wölfe hingegen nicht. Pongrácz et al. (2005) konnte zeigen, dass auch Menschen, die selbst keinen Hund besitzen, anhand der Art des Bellens grob einordnen können, welche Motivation dahintersteckt. Ist es ein verzweifeltes Bellen, ein freudig-erregtes Bellen oder ein wütendes Bellen?

Streitereien unter Hunden können passieren, dennoch ist es ein großer Schreckmoment, wenn der eigene Hund beteiligt ist – wird er beißen oder gebissen werden? Besonders wenn problematische Rassen in Konflikte involviert sind, machen sich ihre Menschen große Sorgen.

Menschen hören diese Geräusche und verstehen sie ähnlich einer Sprache – denn das ist das, was uns Menschen von anderen Tieren unterscheidet: unsere Fähigkeit zu sprechen.

WARUM HUNDE BELLEN

Nun bellen Hunde vor allem dann, wenn sie etwas mitteilen wollen und sich in einem Kontext befinden, in dem das Kommunizieren von Bedürfnissen nicht ausreichend durch andere Mittel wie Körpersprache dargestellt werden kann. Hunde bellen, um Fremde zu vertreiben, aus Frust oder aus Stress, wenn sie beispielsweise alleine sind. Haben Hunde den direkten Kontakt zu ihren Bezugspersonen, fühlen sie sich nicht alleine und empfinden zumeist auch keinen Frust. Einige Hunde werden auch keine vermeintlichen Eindringlinge melden, wenn vor Ort eine Person ist, die das Bellen dann als störendes Geräusch unterbinden wird. Hunde bellen, wenn keiner da ist, der sich daran stört. Das Problem ist die Umwelt, die Nachbarschaft, der Straßenzug, für den das Bellen störend ist. Und je häufiger, lauter und monoton lang anhaltender das Bellen ist, desto schlimmer ist es.
Selbst auf dem Land, wo beispielsweise einige Menschen, die Nutztiere wie Schafe oder Ziegen halten, jetzt dazu übergehen, ihren Herden Herdenschutzhunde an die Seite zu stellen, um sie vor Übergriffen durch Wölfe oder Hunde zu schützen, kommt es zu Beschwerden und Gerichtsverfahren. Denn während der Herdenschutzhund genau das tut, wofür er ursprünglich gezüchtet wurde, tut er es vor allem in der Dämmerung und nachts: bellen. Anhaltend und bei jedem Störgeräusch. Und da Nutztierherden heute immer mehr oder weniger in der Nähe von Wohnsiedlungen gehalten werden, gibt es viele Störgeräusche und viele, die sich an

Geräuschen stören. Herdenschutzhunde werden auch reagieren, wenn sich Personen, besonders mit Hunden, der Nutztierherde nähern. Gleichzeitig sind aber die Flächen, auf denen vor allem Schafe gehalten werden, eben häufig in Landschaften zu finden, die naturnah und besonders geeignet für Wanderungen und Spaziergänge sind. Da sowohl der Herdenschutzhund als auch die Wandernden einen Weg oder ein Gebiet für sich beanspruchen werden, kommt es zu lauten Konflikten. Beide Parteien verlieren im ungünstigsten Fall weit mehr als nur einige laute Minuten, wenn es zu einer Attacke kommt. Das Problem als Stachel im Fleisch entzündet sich, wenn der Hund der Menschen, die dort spazieren gehen, oder gar die Personen selbst angegriffen werden.

WARUM HUNDE BEISSEN

Beißt ein Hund, dann führt das in unseren Breiten zu einer Kaskade an Folgeproblemen. Mitunter reicht schon ein erstes, vergleichsweise leidenschaftsloses Schnappen, um Menschen so tief zu verunsichern, dass es sich wie ein schier unbewältigbares Desaster anfühlt. Über kaum eine andere Verhaltensweise eines Hundes wird mehr debattiert, berichtet und geurteilt. Anders als bei Hunden, die ängstliches Verhalten zeigen und in diesem Kontext eher besondere Aufmerksamkeit und Schutzwürdigkeit erfahren, gerät der aggressiv schnappende oder beißende Hund schnell und unverschuldet in eine Täterrolle. Die Frage nach dem Warum wird häufig emotional stark eingefärbt und oberflächlich beantwortet. Der Hund als vermeintliches Raubtier (denn streng genommen ist er in seiner ökologischen Rolle ein Omnivor) genießt nicht die gleichen Toleranzspielräume wie Fluchttiere, seien es attackierende Hähne, Pferde oder Rinder. Und dabei verfügen auch Fluchttiere über ein Normalverhaltensrepertoire, das nicht nur Ängste umfasst, sondern eben sehr wohl auch Aggressionsverhalten. Trotzdem gibt es keine Tierschutz-Pferde-Verordnung. Nicht selten wird deswegen konstatiert, dass sich ein Hund aus Angst aggressiv verhält – auch wenn es keine Anzeichen im Ausdrucksverhalten gibt, die eine solche Einschätzung untermauern. Denn ein „Angstbeißer" ist vertretbarer als ein Hund, der aus anderen Gründen zulangt.

Was auch immer sein Motiv ist: Ein beißender Hund kann schwere und lebensgefährliche Verletzungen zufügen. Das gilt nicht nur für große Hunde, sondern auch für kleine. Dennoch haben diverse Bundesländer eine sogenannte 20/40-Regelung, die ein besonderes Gefährdungspotenzial von Hunden ausgehen sieht, die über zwanzig Kilogramm wiegen und größer als vierzig Zentimeter sind. Die Frage ist immer, ab wann ein Abweichen von freundlich-neutralem Verhalten vom Menschen bereits als relevante Eskalation wahrgenommen, wie die Botschaft verstanden und wie darauf eingegangen wird. Wartet man, bis es tatsächlich zu einer Verletzung gekommen ist, dann kann ein problematisches Verhalten schon so gefestigt sein, dass es weitaus schwieriger wird, eine bessere Alternative mit dem Hund zu erarbeiten. Reagiert man massiv auf erste Anzeichen einer Abwehr, beispielsweise ein Knurren, und straft das Verhalten ab, anstatt die Situation zu betrachten, dann kann ein Hund lernen, warnende Lautäußerungen oder entsprechendes Ausdrucksverhalten nicht mehr zu zeigen, bevor er weiter eskaliert. Allein dass genau dieser letztere Ausgang immer wieder mahnend angebracht wird, hält viele Menschen davon ab, sich mit dem unfreundlichen Verhalten ihrer Hunde auseinanderzusetzen.

GESELLSCHAFT, MEDIEN, MEINUNG UND FAKTEN

Das Lebensumfeld unserer Hunde ist hochkomplex und für sie selbst überhaupt nicht zu erfassen – gesellschaftliche Konstrukte und ethische Werte belasten vor allem die Menschen, die Hunde halten.

Die Haltung von Hunden in unserer westlichen Gesellschaft ist mit Abstand die komplizierteste unter allen Haustieren. Kein anderes Haustier ist mit so vielen Ansprüchen und Erwartungen konfrontiert, wird in so vielen Gesetzen und Verordnungen angesprochen und reglementiert und muss sich zeitgleich auch noch derart in das Leben einer völlig anderen Art, dem des Menschen, einpassen. Obwohl wir Hunde häufig kastrieren und stark kontrollieren, mit wem und ob überhaupt sie sich vermehren dürfen, ist

Die Continental Bulldog-Hündin ist eigentlich ein überaus freundlicher Hund, außer in Leinenbegegnungen. Dann schießt sie, nachdem sie den entgegenkommenden Hund drohfixiert hat, nach vorne und lässt sich von ihrer zierlichen Halterin kaum noch halten, während sie bellend und grollend pöbelt.

diese ökologische Strategie für den Hund als Tierart überaus erfolgreich. Global betrachtet haben Hunde die gleiche Gesamtbiomasse, 20 Millionen Tonnen, wie alle auf diesem Planeten vorkommenden wilden Landwirbeltiere zusammen (Greenspoon et al. 2023). In unseren Breiten hat sich die Anzahl der Hunde in den letzten 15 Jahren von 5,3 Millionen in 2010 auf 10,5 Millionen in 2023 verdoppelt. Jeder fünfte Haushalt hält mindestens einen Hund (Statista). Hunde sind omnipräsent in unserer Gesellschaft. Kotend und bellend bewegen sie sich zwischen uns Menschen und erfüllen ihre Aufgabe als Haustier, Sozialpartner, Prestigeobjekt, Freizeitbeschäftigung, Sportgerät oder Gebrauchshund. Diese Aufzählung mag etwas provokativ klingen, aber letztendlich begleiten uns Hunde aus ganz unterschiedlichen Gründen – und die allermeisten davon sind vollkommen legitim. Denn zwischen der Motivation, sich einen Hund anzuschaffen, und der Umsetzung seiner Haltung gibt es nicht unbedingt gravierende Unterschiede. Ob ein Hund artgerecht gehalten wird, hängt vor allem vom Menschen ab – von dessen Bereitschaft, seinen Möglichkeiten und seinem Willen, sich ernsthaft mit Hundehaltung auseinanderzusetzen. Entscheidend ist dabei weniger, welche konkrete Rolle der Hund im Leben des Menschen erfüllt.

POLARISIERUNG UNTER HUNDEHALTERN

Menschen schaffen es, sich selbst innerhalb der Hundehaltung in Fraktionen aufzuspalten und mit dem Finger auf andere zu zeigen. Das jeweilige Einsatzgebiet eines Hundes wird oft direkt verknüpft mit Vorurteilen über Zwingerhaltung, Kindersatz oder gewaltvoller Erziehung. Dabei wissen wir alle, dass pauschale Unterstellungen und Vorwürfe

Kinder setzt man bewusst oder unbewusst Situationen aus, die situativ zunächst als unangenehm empfunden werden können. Das macht sie nachweislich resilienter. In der westlichen Hundewelt ist eine solche Vorgehensweise stark umstritten.

noch nie dazu geführt haben, dass ein Mensch sich der Ansicht der agitierenden Person geöffnet hat. Wenn es um die Haltung von Hunden geht, scheiden sich in so vielen Aspekten die Geister, dass es dem Betreten eines Minenfeldes gleicht: das Aussehen des Hundes – abseits der völlig berechtigten Debatte über Defektzuchten, Rassepräferenzen und -verurteilung –, die Haltung zwischen Couch und Zwinger, das Führen an Halsband oder Geschirr, die Fütterung mit Trockenfutter oder Rohfleisch, die Erziehung allein mit Belohnung erwünschten Verhaltens bis hin zu der Anwendung von Strafen. Die Auseinandersetzungen werden durch soziale Plattformen, Foren, Blogs, Podcasts, Fernsehsendungen, Bücher und jede andere Form der Veröffentlichung einem breiten Publikum präsentiert. Wer heute einen Hund hält, bewegt sich nicht mehr nur ausschließlich zwischen dem Wissen der benachbarten Zuchtstätte, den Beratungen durch die eigene veterinärmedizinische Praxis und den Erfahrungswerten auf dem Platz des lokalen Hundevereins. Wer sich aus ehrlichem Interesse in die Materie vertiefen will, gerät schnell in eine wütende See: Wellen lautstark propagierter Meinungen schlagen von allen Seiten ein. Man wird hin- und hergerissen, rudert dilettantisch mit den Armen, versucht irgendwie, den Kopf über Wasser zu halten – und hofft dabei, den eigenen Weg an einen sicheren Strand zu finden.
Die Welt der Hundehaltung ist nicht immer geprägt von wohlwollender Unterstützung. Stattdessen stößt man auf Schuldzuweisungen, laut auftretende Fachfassaden, egogetriebener Profilsucht und jede Menge Marketing – bei dem weniger das Wohlergehen von Mensch und Hund im Mittelpunkt steht, sondern vielmehr der Profit. Die Intensität der Auseinandersetzungen nimmt zu, weil der Großteil der Menschen heute, wie zwar zu allen anderen Zeiten auch, den Hund als Begleiter wahrnimmt, aber das Leben über die Hundehaltung hinaus immer komplexer und stressiger wird. Die allermeisten Menschen, die von Hunden begleitet werden, werden heute angeben, dass ihr Hund für sie ein wertvolles Familienmitglied ist. Hunde geben uns ein Gefühl des wertfreien Wahrgenommenwerdens. Sie bieten Zuwendung, körperlich und durch ihre Aufmerksamkeit, Gemeinsamkeit und Wärme. Sie sind unsere Begleiter, die sich auch dann nicht von uns abwenden, wenn wir schlecht gelaunt sind oder eine Entscheidung treffen, die (menschliche) Freunde und Familie verurteilen würden. Sie geben uns den Freiraum, zu sein, wer wir sind – denn sie tolerieren viel, weil es schlicht nicht in ihrer Biologie liegt, abstrakte menschliche Beweggründe zu bewerten. Darüber hinaus gehört leider zu diesen Eigenschaften auch, dass Hunde ungünstige Lebensbedingungen nicht verlassen, selbst wenn sie es können. Sie gehen mit Gewalt und Ausgrenzung um, mit Hunger und mit Durst, mit Krankheit und Verletzung und haben in ihrem Verhaltensrepertoire keine Option, das eigene Leben um jeden Preis zu sichern. Nicht in der für sie nicht erfassbaren Umwelt aus Futtersäcken und Transportboxen, verschließbaren Haustüren und stabilen Zäunen. Menschen lieben Hunde, weil Hunde bleiben und Nähe suchen, auch wenn sich im schlimmsten Fall alle menschlichen Gefährten bereits abgewandt haben. Letzteres ist natürlich ein Szenario, das selten vorkommt – es soll nur verdeutlichen, warum wir Hunde in ihrer Unvoreingenommenheit unseren vermeintlichen Fehlern und Schwächen gegenüber so schätzen.
Wen wundert es, dass ein Hund, der in diesem Labyrinth aus Erwartungen und Lebenskonzepten auch noch durch problematisches Verhalten auffällig wird, schnell verurteilt wird? Wen wundert es, dass sich Menschen ob des immensen Drucks hilflos fühlen oder besorgt reagieren?

DER MENSCH IN DER KRISE

Menschen, die einen Problemhund haben, suchen oft auf den unterschiedlichsten Wegen nach Hilfe. Sich mit anderen auszutauschen, ist zumindest eine Entlastung.

Es ist immer gut zu wissen, dass man nicht alleine ist. Schwieriger wird es, wenn man eine spezialisierte Hundeschule finden möchte. Nach unserer Erfahrung braucht es häufig mehrere Anläufe, bis man eine Fachperson gefunden hat, die dazu in der Lage ist, neben dem eigentlichen Problem auch die Bezugsperson mit einzubeziehen. Es hilft nichts, über Wochen und Monate an einem Verhalten zu arbeiten, wenn der Ursprung des Konflikts nicht angesprochen und bearbeitet wird. Und das in Abstimmung mit der Person, die das letztendlich zu Hause und durchgehend umsetzen muss. Was bringt es, einem an der Leine pöbelnden Hund verständlich machen zu wollen, dass er das nicht mehr tun soll, wenn er schon in seinem Zuhause nie gelernt hat, dass es Dinge gibt, die er nicht darf, und dass eine Ansprache durch seine Bezugsperson optional und nicht obligatorisch ist? Was bringt es, bei einem eingefleischten Jagdhund die Schleppleine jede Woche um einen Zentimeter zu kürzen, wenn dem Hund nie verständlich gemacht wurde, dass er sich am Menschen orientieren und auf dessen Regeln achten muss? Was bringt es, für den Border Collie einen sauber aufgebauten und positiv verknüpften Ruheplatz aufgebaut zu haben, wenn der gleiche Hund viermal in der Woche zum Agility- oder Flyballtraining geht – zusammen mit seinen vor Erregung schreienden und kläffenden Hundekumpels?
Die Grundlagen eines problematischen Verhaltens zu verstehen, ist ein Anfang. Mit einer professionellen Begleitung kann man viel erreichen. Man braucht Geduld. Man braucht Durchhaltevermögen. Man muss Rückschläge verkraften. Aber eines wissen wir aus der Erfahrung der letzten Jahrzehnte: Es kann wieder gut werden.

CHANCE ZUM WACHSEN NUTZEN

Es mag ein wenig pathetisch klingen, aber: An einem Problemhund wächst man. Vielleicht erfährt man zum ersten Mal, wie es ist, wenn man nicht beliebt oder wenigstens angepasst unscheinbar ist. Mit einem Mal fühlt man die verurteilenden Blicke, hört das Getuschel oder erfährt, wie es ist, wenn eine Unterhaltung abgebrochen wird, sobald man sich nähert. Selbst Freundschaften werden belastet, weil Erzählungen vom Hund mit einem Mal nicht mit Niedlichkeitsbekundungen quittiert werden, sondern mit Schweigen.
Was ist, wenn mein Hund einen anderen verletzt? Oder sogar einen Menschen? Die Sorgen sind groß und berechtigt. Wir hoffen, auf den kommenden Seiten aufzuzeigen, wie vielfältig Probleme sein können, welche Faktoren eine Rolle spielen, und wir schreiben es hier, falls wir es in einem Kapitel nicht ausdrücklich genug getan haben: Habt den Mut, euch der Verantwortung zu stellen! Es findet sich eine Lösung, so unkonventionell sie auch erscheinen mag.

01

02

01
War es beim Welpen oder Junghund noch niedlich, stellt sich ab der Pubertät plötzlich heraus, dass das Anspringen des eigenen Hundes gar nicht nur aus überbordender Freude passiert – sondern mit schmerzhaften Schrammen der Krallen oder blauen Flecken durch Zwicken einhergeht. Hunde, die ihre Menschen einzuschränken versuchen, wie es dieser Australian Cattle Dog tut, können zu einem Problem werden.

02
Um einen reaktiven Gebrauchshund wie diesen Border Collie zu einem ausgeglichenen Begleiter zu machen, bemühen sich viele Menschen, Action zu bieten. Nicht selten führt das zu Problemen, wenn der Hund nicht gleichzeitig lernt zu ruhen – gerade Hütehunde schaffen das häufig nicht ohne Hilfe.

SICHERHEIT UND SELBSTSCHUTZ

DIE GESUNDHEIT STEHT IM FOKUS

Wir halten es für das einzig Richtige, zuallererst über Möglichkeiten der Sicherung zu sprechen – für sich selbst, den Hund und das Umfeld. Der Schutz aller Beteiligten ist das, was im Falle des Falles als Erstes angegangen werden sollte.

Gleichzeitig engagieren wir uns schon seit Jahren für einen offenen und wohlwollenden Umgang mit Maulkörben, dem gängigsten aller Hilfsmittel, die uns für Hunde neben Halsband bzw. Geschirr und Leine zur Verfügung stehen. Vor allem, aber nicht nur, wenn es um Hunde geht, die problematische Verhaltensweisen zeigen.

Wir nutzen dieses Werk auch, um einen umfassenden Einblick in die inzwischen bunte Welt der Maulkörbe zu geben, denn immer noch gibt es viele Vorurteile und schlecht sitzende Schutzhilfen. Wenn es um Problemverhalten geht, dann bieten Maulkörbe in der Haltung und im Training einen sicheren Puffer, der kleine Fehler bei Hund und Mensch nicht zu Desastern werden lässt. Fehler passieren und sind der beste Weg, um etwas Neues zu lernen – aber wenn es um jagende oder beißende Hunde geht, dann sollte man das Ausmaß des Fehlers nicht außer Acht lassen. Entsteht mit einem Maulkorb ein Hämatom, wäre es ohne ebendiesen eine Bisswunde geworden, deren Heilung sich über Wochen zieht. Ein gut sitzender Maulkorb ist heute ein Zeichen des verantwortungsvollen Umgangs mit Hunden in einer dicht besiedelten Landschaft mit vielen potenziellen Gefahren und Opfern.

Wir sprechen auch Maßnahmen an, die im Umgang mit Problemverhalten sinnvoll sind und nicht ausschließlich durch Hilfsmittel abgedeckt sind. Es gibt eine ganze Reihe an präventiven Verhaltensregeln, die angewandt werden können, um die Flucht eines Hundes oder einen Angriff zu vermeiden.

Hunde wie dieser Malamute-Mischling, die häufig und lange einen Maulkorb tragen, werden durch ihn so wenig gestört wie durch ein angelegtes Halsband. Wie tief ein Maulkorb sein sollte, hängt dabei maßgeblich vom Hechel-Bedarf des Hundes und den Temperaturen ab.

SICHERUNG MIT MAULKORB

Der Maulkorb ist Fluch und Segen: Trägt der Hund ihn, wird seine vermeintliche Gefährlichkeit für andere sichtbar. Passiert etwas, bleibt es meist bei einem blauen Fleck anstatt einer klaffenden Wunde.

Der Maulkorb ist eines jener Hilfsmittel, an dem sich die Geister scheiden. Für die einen ist er immer Tierquälerei, für die anderen die letzte Möglichkeit, einem Hund ein sicheres und erfülltes Leben zu ermöglichen. In manchen Fällen entscheidet er sogar darüber, ob ein Hund weiterleben darf oder nicht. Dabei ist der Maulkorb vor allem eines: ein effektives Werkzeug, das Mensch und Hund im Alltag entlastet.

Ein stabiler, sicherer Maulkorb ist nicht nur ein hübsches Accessoire, sondern er gibt dem Hund die Freiheit zurück. Hunde mit Maulkorb sind dadurch in nichts eingeschränkt, können kommunizieren und wir können gesichert an ihren Defiziten im Sozialverhalten arbeiten.

In der öffentlichen Wahrnehmung steht der Maulkorb meist für Gefährlichkeit (Racca & Baudouin, 2009). Ein Hund, der einen Maulkorb trägt, beißt – oder könnte beißen. Warum sonst sollte man ihm einen Maulkorb anlegen? In vielen Fällen geht es aber nicht um Gefährlichkeit, sondern um Vorschriften: Im öffentlichen Nahverkehr, in bestimmten Städten oder Regionen gilt Maulkorbpflicht – unabhängig davon, ob der Hund beißt oder zahnlos ist. Maulkörbe haben in den letzten Jahren einen Imagewandel erlebt. Neue Materialien, bessere Passformen und wachsende Akzeptanz machen sie heute alltagstauglich. Was weiterhin fehlt, ist ein Überblick, der aufklärt: über Vorurteile, Anwendungsbereiche und das enorme Potenzial dieses oft missverstandenen Hilfsmittels.

FREMD- UND SELBSTSCHUTZ

Unsere Lebensräume sind dicht besiedelt, voller Reize und Gefahren. Hunde leben heute in einem hochgradig durchstrukturierten Umfeld: Straßen, Verkehr, Kindergärten, Supermärkte, Parks, Bahnhöfe. Was für uns normal ist, ist für Hunde oft eine Überforderung. Gleichzeitig stoßen sie auf zahllose Risiken: weggeworfene Lebensmittel, Kot (auch menschlicher), Drogenreste, Glasscherben, Giftköder. Was wie ein urba-

ner Dschungel aussieht, ist für Hunde voller potenziell gefährlicher Reize – viele davon riechen oder schmecken interessant, sind aber hochgradig gesundheitsschädlich.
Die Argumentation, dass Hunde früher oder in anderen Kulturen auch ohne Maulkorb zurechtkamen, greift zu kurz. Denn wir erwarten heute ein anderes Miteinander. Hunde sind keine Straßenhunde, die allein für ihr Überleben sorgen. Sie sind Teil unserer Familien – und damit gelten für sie auch andere Maßstäbe. Kein Hund soll durch Vergiftung oder Schreck lernen, was gefährlich ist. Kein Hund soll durch den Verlust eines Auges erfahren, dass der Nachbarskater keine Beute ist. Was bleibt, ist ein Tier zwischen drei und 80 Kilogramm in einem komplexen Umfeld, das ursprünglich nicht für Hunde gedacht ist. Das führt zu Spannungen – besonders dort, wo hohe Hundedichte auf individuelle Eigenarten trifft. Nicht jeder Hund ist anpassungsfähig. Nicht jede Haltung ist sinnvoll. Und nicht jede Reaktion der Umwelt ist fair oder vorhersagbar.
Maulkörbe dienen längst nicht nur dem Schutz anderer. Sie helfen, den Hund zu sichern, zu entlasten und ihm neue Spielräume zu eröffnen. Viele Menschen, die einen Hund haben, sind zu Beginn zögerlich – häufig, weil sie fürchten, ihr Hund könne stigmatisiert werden. Es gibt unterschiedliche Gründe, warum ein Hund einen Maulkorb trägt, und wenn es die Sicherheit anderer nicht gefährdet, dann ist es nicht unbedingt wichtig, was man als Grund angibt.
Der Maulkorb wird oft mit Beißschutz gleichgesetzt – im Alltag bewährt er sich aber genauso als Fressschutz. Hunde, die regelmäßig Dinge aufnehmen, können ihre Menschen an die Grenze der Belastbarkeit bringen. Wer seinen Hund ständig beobachten muss – auf Spaziergängen, im Garten, im Haus – trägt eine enorme Verantwortung. Besonders dann, wenn bereits eine oder gar mehrere Notaufenthalte in einer Tierklinik notwendig waren und beim kleinsten Fehler Lebensgefahr besteht.
Auch typische Rassedispositionen können problematisch sein: Terrier, die Kleintiere töten, Labrador und Flat Coated Retriever haben eine genetische Disposition für Fresslust (Dittmann et al. 2024) – oder auch verschiedene Rassen, die zu Problemen mit der Verdauung neigen, die aus Stress oder

DER ZWECK DES MAULKORBS

Verletzungen vermeiden

Der Hund zeigt enthemmtes Aggressionsverhalten, reagiert offensiv auf Bedrängung oder ist artgenossenunverträglich. Oder anders gesagt: Der Hund beißt entweder Menschen und / oder Hunde.

Aufnahme verhindern

Der Hund frisst Abfall, Kot oder andere Dinge, die seine Gesundheit gefährden – sei es aus Neugier oder Stress. Oder er tendiert dazu, ein Übermaß an Gras zu fressen. Gegebenenfalls jagt der Hund auch mehr oder weniger erfolgreich und es gilt, im Notfall Verletzungen bei der Beute zu verhindern.

Krankheit

Der Hund leidet unter Verdauungsproblemen (s. Aufnahme verhindern), Impulskontrollstörungen oder Infektionskrankheiten. Vielleicht hat er auch eine OP-Wunde oder einen Hotspot, also eine entzündliche Hautläsion, oder zeigt eine Verhaltensstörung, die sich autoaggressiv gegen beispielsweise seine Pfoten oder die Rute richtet.

Von außen bestimmt

Es bestehen Auflagen durch Behörden, Verkehrsregeln oder einfach ein Bedürfnis nach mehr Sicherheit. Dazu gehört auch die Gewöhnung an den Maulkorb, weil der Hund später einmal in öffentliche Verkehrsmittel mitgenommen wird oder sich an öffentlichen Orten aufhält, wo eine Maulkorbpflicht besteht. Es gibt auch einige Urlaubsländer, die das Maulkorbtragen, beispielsweise in Gondeln von Bergbahnen, verlangen.

Krankheit Gras, Plastik, Stoff oder Kot fressen. Koprophagie, also das Fressen von Kot (dem eigenen, von anderen Hunden oder anderen Tieren), mag biologisch erklärbar sein, wird aber spätestens dann zum Problem, wenn kleine Kinder im Haushalt leben oder der Hund Kot mit gefährlichen Erregern aufnimmt.

Es ist verständlich, dass Menschen sich davor scheuen, ihren Hund an einen Maulkorb zu gewöhnen. Gerade wenn das Zusammenleben konflikthaft ist, bietet ein Maulkorb die Freiheit, sicher und fehlertolerant mit dem Hund umzugehen, ohne sich selbst oder andere zu gefährden.

Ein Maulkorb kann diese Risiken nicht nur minimieren, sondern auch das Training unterstützen: Wenn das gefährliche Verhalten nicht mehr zum Erfolg führt, entstehen neue Lernmöglichkeiten – bis hin zu gezieltem Anzeigeverhalten.

Natürlich bleibt der Maulkorb als ein Beißschutz das beste Hilfsmittel der Wahl. Aber statt ihn als „letzte Maßnahme" zu begreifen, sollten wir ihn als präventive Sicherheitsmaßnahme und Entlastung verstehen. Aggressives Verhalten ist Teil des Normalverhaltens von Hunden. Aber in unserer Gesellschaft wird dieses Verhalten selten akzeptiert – noch weniger gegenüber Menschen als gegenüber anderen Hunden.
Die rechtlichen Rahmenbedingungen machen unmissverständlich klar: Wer einen Hund hält, muss ihn jederzeit kontrollieren können. In dicht besiedelten Regionen, wo Hunde auf engem Raum aufeinandertreffen, entstehen Konflikte oft schneller, als Menschen eingreifen können – besonders dann, wenn Hunde wenig Erfahrung im Umgang mit Artgenossen haben. Der Maulkorb kann hier einen wichtigen Beitrag zur Deeskalation leisten: Er schützt nicht nur andere, sondern auch den Hund vor den Folgen eines möglichen Fehlverhaltens.
Besonders bei jungen, kräftigen, reaktiven Hunden ist es sinnvoll, kontrollierte Kontakte mit Maulkorb zu ermöglichen. So können sie lernen, wie ihr Verhalten wirkt, ohne dass die Beteiligten Gefahr laufen, ernsthaft verletzt zu werden.
Verletzungen durch Hundebisse sind nicht nur schmerzhaft – sie bergen Infektionsrisiken, können bleibende Schäden verursachen und die Lebensqualität massiv einschränken.

MAULKÖRBE IM DETAIL

Damit ein Maulkorb auf so einem empfindlichen und mit unzähligen Sinnesorganen besetzten Körperteil einwandfrei sitzt, lohnt es sich, sich genauer mit der Materie zu befassen.

Der Hundeschädel ist individuell geformt, was die Maulkorbwahl erschwert und hin und wieder auch eine individuelle Lösung notwendig macht. Ein gut sitzender Maulkorb muss die empfindlichen Strukturen des Kopfes berücksichtigen, um Verletzungen zu vermeiden, und damit der Maulkorb auch bei längerem Tragen vom Hund akzeptiert werden kann. Es macht deswegen Sinn, sich mit den neuralgischen Punkten des Hundekopfes zu befassen.

Grundsätzlich besteht der Schädel aus Ober- und Unterkiefer. Der Oberkiefer ist fest mit dem Hirnschädel verbunden, während der Unterkiefer frei hängt und nur durch Muskeln gehalten wird. Beim Öffnen und Schließen des Mauls bewegt sich deswegen ausschließlich der Unterkiefer. Deswegen ist es auch so wichtig, dass ein Maulkorb, der praktisch immer auf dem fest verwachsenen Nasenrücken aufliegt, nach unten genug Tiefe bietet, weil der Hund zum Hecheln und Trinken den Unterkiefer bewegt.

Der Nasenschwamm (Nasenspiegel) geht in die Nebenhöhlen über, die eine große Oberfläche zur Geruchswahrnehmung bieten und besonders wichtig für die Temperaturregulation des Hundekörpers sind. Etwa unterhalb des Nasenschwamms, im Maulraum des Oberkiefers, liegt das Jakobsonsche Organ, das chemische Signale aus Körperflüssigkeiten analysiert. Seitlich am Oberkiefer liegt das Foramen infraorbitale, eine tastbare Öffnung für Nerven, die von den Vibrissen (Tasthaaren) zum Gehirn führen. Diese Haare dienen der Wahrnehmung und Reflexsteuerung. Seit 2022 ist das Kürzen der Vibrissen in Deutschland verboten, da sie eine wichtige sensorische Schutzfunktion haben: Sie lassen den Hundekopf besonders schnell reagieren.

Das Auge wird durch die Hornhaut (Cornea) geschützt, die für klares Sehen feucht gehalten wird. Die Tränendrüsen an der Außenseite des Auges produzieren Flüssigkeit, die über den Lidschlag verteilt und durch die Tränenkanäle zur Nasenschleimhaut abgeleitet wird – daher kann ein Hundetränenfluss zu einer feuchten Nase führen. Also ja, die feuchte Hundenase sind eigentlich Tränen. Der Korneal-Reflex schützt das Auge: Berührungen der Hornhaut lösen sofortiges Blinzeln und verstärkte Tränenproduktion aus.

Da der Maulkorb in direkter Nähe aller dieser empfindlichen Strukturen liegt, muss er so sitzen, dass weder Druckstellen entstehen noch Sinnesorgane beeinträchtigt werden. Besondere Vorsicht gilt dem Nasenschwamm, den Vibrissen, dem Foramen infraorbitale und der Augenpartie, um schmerzhafte Reizungen oder Verletzungen zu vermeiden.

DRAHTMAULKÖRBE

Drahtmaulkörbe bestehen aus verzinktem, pulverbeschichtetem oder kunststoffummanteltem Eisendraht. Die Drahtdicke beeinflusst das Gewicht und die Stabilität. Während dünnere Drähte das Tragen angenehmer machen, bieten dickere Varianten mehr Sicherheit. Punktgeschweißte oder gebogene Verbindungen sorgen für Stabilität. Manche Modelle besitzen seitliche Wangenbügel, die den Korb erweitern und ein Abstreifen erschweren. Diese Konstruktionen verhindern auch, dass sich der Maulkorb zu nah an die Augen schiebt. Pulverbeschichtungen ermöglichen verschiedene Farben, um das martialische Erscheinungsbild abzumildern oder die Optik beispielsweise an das Fell des Hundes oder seine sonstige Ausstattung – wie ein schickes Halsband – anzupassen.

DER PLASTIKMAULKORB

Plastikmaulkörbe sind leichter und günstiger als Metallvarianten, jedoch weniger stabil. Sie bestehen aus Hartplastik, aufgeschäumtem Kunststoff oder Biothane. Hartplastikmodelle können durch die verwendete Produktionsmethode scharfe Kanten haben, die Irritationen verursachen oder Vibrissen beschädigen. Weiche, aufgeschäumte Kunststoffe sind elastischer und leichter, aber oft so flexibel, dass Hunde damit Gegenstände greifen können. Um halbwegs stabil zu sein, sind sie normalerweise nicht sehr tief und bieten damit wenig Raum für Hecheln. Neue, tiefere Modelle aus massivem Kunststoff bieten mehr Tiefe, wirken allerdings recht wuchtig. Biothane-Maulkörbe sind in Wunschfarben erhältlich und nach Maß anfertigbar. Sie bestehen aus vernieteten Einzelriemen, die jedoch nicht so stabil sind wie Drahtmodelle. Die engmaschige Konstruktion kann das Hecheln einschränken, weil es zu einem geringeren Luftaustausch kommt. Kunststoffmaulkörbe sind prinzipiell sehr pflegeleicht und hygienisch, während Biothane-Maulkörbe durch die vielen Nietenverbindungen Verunreinigungen sammeln und schlecht zu reinigen sind.

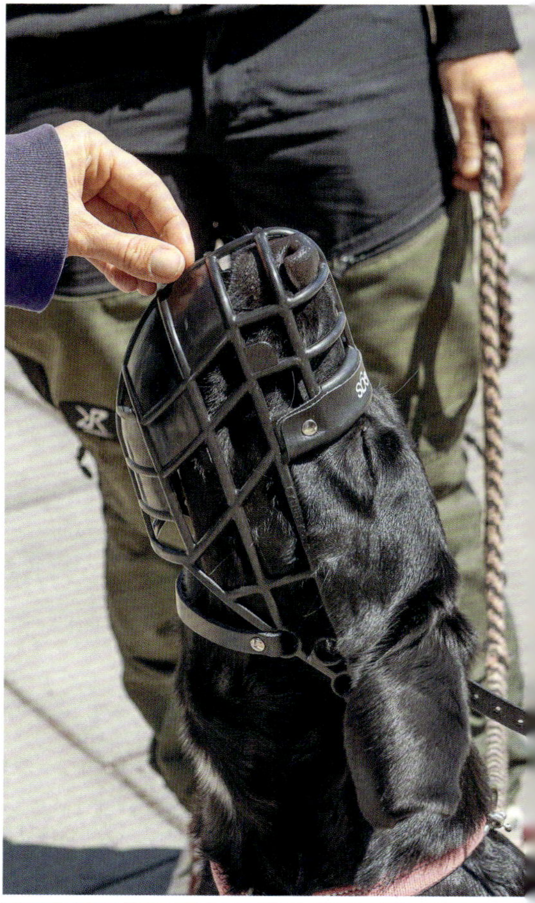

Auch Kunststoff-Maulkörbe erfüllen ihren Zweck: Sie sind leicht und werden deswegen gut akzeptiert, sie sind flexibel und passen sich deswegen vielen Kopfformen an und sie sind teils so konzipiert, dass sie die Aufnahme von Objekten erschweren, was bei Hunden, die in diesem Bereich problematische Verhaltensweisen zeigen, sehr praktisch ist.

Maulschlaufen, die so konzipiert sind, dass sie das Maul des Hundes verschließen, sind keine günstige Alternative zu einem richtigen Maulkorb – auch wenn Firmen sie immer wieder entsprechend anpreisen. Die Schlaufen verhindern, dass der Hund hecheln oder trinken kann und stellen damit eine akute Gesundheitsgefahr für ihn dar.

MAULKÖRBE AUS ANDEREN MATERIALIEN

Früher waren Ledermaulkörbe weit verbreitet, doch sie wurden größtenteils durch Kunststoffe ersetzt. Leder ist vergleichbar mit Biothane, jedoch pflegeintensiver und anfälliger für Abnutzung. Es kann brüchig werden, wenn es nicht regelmäßig gefettet wird. Häufiges Nasswerden und Trocknen kann das Material verhärten, was zu scharfen Kanten führt, die Haut und Fell irritieren. Auch gefärbtes Leder birgt Risiken, da einige Farbstoffe in Verbindung mit Feuchtigkeit abfärben oder gesundheitlich bedenklich sein können.

MAULSCHLAUFEN

Maulschlaufen halten die Schnauze eines Hundes geschlossen und verhindern das Hecheln – ein lebenswichtiger Mechanismus zur Temperaturregulation. Daher sollten sie nur für wenige Minuten und unter direkter Aufsicht verwendet werden, etwa bei Tierarztbesuchen. Dennoch werden sie oft als Schutz gegen Beißen, Fressen oder Bellen verkauft, was ein erhebliches Gesundheitsrisiko darstellt. Maulschlaufen bestehen meist aus Nylon, Mesh oder Leder. Einige Modelle besitzen Klettverschlüsse zur Anpassung an die Schnauzenform. Auch andere Maulkörbe können so gefertigt sein, dass sie das Maul vollständig geschlossen halten. Sie sind ebenso ungeeignet für den langfristigen Einsatz.

EINZELELEMENTE DES MAULKORBS

Das Nasenpolster ist entscheidend für den Tragekomfort eines Maulkorbs. Es verteilt das Gewicht des Korbes auf den Nasenrücken und hebt den Korb an, um direkten Kontakt

mit dem Nasenschwamm zu vermeiden. Ein schlecht sitzendes oder verschmutztes Nasenpolster kann Reizungen verursachen, die sich entzünden und schwer heilen.
Verschiedene Materialien kommen auf der Unterseite des Nasenpolsters zum Einsatz: Leder, Filz, Kunststoffe oder Kombinationen daraus. Breite Nasenpolster entlasten lange Schnauzen, können bei kurzen jedoch Augen oder Nasenschwamm irritieren. Ein zu schmales Polster kann keinen ausreichenden Halt bieten, wodurch der Korb kippt oder auf dem Nasenschwamm aufliegt. Das kann ausgeglichen werden, indem man die Position des Nasenpolsters verändert und beispielsweise weiter nach vorne oder hinten setzt.
Die Beschaffenheit der Unterseite ist entscheidend: Sand, Grashalme oder Verschmutzungen können bei Bewegung kahle oder wunde Stellen verursachen. Filz passt sich gut an, nimmt aber Feuchtigkeit auf, was die Haut aufweicht und anfälliger für Verletzungen macht. Besonders glatte Nasenpolster verhindern das Festsetzen von Fremdkörpern und sind leicht zu reinigen, bieten aber keine Flexibilität.
Ein sinnvoller Mittelweg sind mittelbreite Riemen mit einer Unterseite aus weichem, aufgeschäumtem Kunststoff mit kleinen Aussparungen, die Fremdkörper aufnehmen und Feuchtigkeit verdunsten lassen. Manche Hersteller setzen stattdessen auf einen Stirnriemen, um den Nasenrücken zu entlasten. Eine in Tierschutzkreisen und unter Bastelfreudigen verbreitete Lösung ist der Austausch bestehender Nasenpolster gegen Neopren. Mit Kunststoffdruckknöpfen lässt sich das Material leicht befestigen und individuell anpassen. Neopren ist strapazierfähig und gut verträglich, was es zu einer beliebten Alternative macht.
Ein guter Befestigungsriemen besteht aus Leder oder stabilem Gurtmaterial wie Biothane. Kunstleder ist ungeeignet, da es spröde wird und reißen kann. Leder hält lange, muss aber regelmäßig gepflegt werden.

Drei Riemen sichern den Maulkorb am Kopf: der Nackenriemen, der Kehlriemen und – gegebenenfalls – der Stirnriemen. Der Nackenriemen verläuft hinter den Ohren und hält den Maulkorb auf der Nase. Ist er zu locker, kann der Hund den Korb mit den Pfoten abstreifen. Bei Modellen mit Wangenbügeln kann eine Hebelwirkung entstehen, die den Riemen über die Ohren zieht. Hunde lernen schnell, diesen Effekt auszunutzen. Der Kehlriemen verläuft unter dem Unterkiefer vor der Kehle und verhindert das Abstreifen des Maulkorbs über den Kopf. Er sollte nicht zu eng anliegen, um Druck auf das Zungenbein zu vermeiden. Ist kein Kehlriemen vorhanden, kann dessen Funktion durch ein festes Halsband ersetzt werden, das den Nackenriemen sichert, indem der durch das Halsband geschlauft wird. Der Stirnriemen führt von der Korbbasis über die Stirn zum Nackenriemen und stabilisiert den Maulkorb, besonders bei Hunden mit kurzer Schnauze, wo keine Auflagefläche für einen Nasenriemen zur Verfügung steht. Er ersetzt manchmal das Nasenpolster und hilft, Druckstellen auf dem Nasenrücken zu vermeiden.
Für eine optimale Passform müssen die Riemen individuell angepasst werden. Neue Löcher sollten mittig und mit Abstand zu anderen gesetzt werden, um das Material nicht zu schwächen. Leder kann sich mit der Zeit dehnen – regelmäßige Sitzkontrollen sind daher wichtig.

Es gibt derzeit drei Varianten für Maulkorbverschlüsse: Schnallen mit Dorn, Klickverschlüsse aus Plastik und magnetische Schnallen. Klickverschlüsse sind praktisch, weil sie leicht einrasten und ein schnelles Anlegen des Maulkorbs ermöglichen. Sie bestehen aus verschiedenen Kunststoffen – günstige Varianten können jedoch schnell spröde werden und brechen. Die Längeneinstellung erfolgt über ein Zugsystem, das nicht immer optimal hält. Dornschnallen sind stabiler

Lochzangen, Buchschrauben und Biothane-Riemen sind Standard, damit ein Maulkorb möglichst ideal an die Kopfform eines Hundes angepasst werden kann. Wer sich mit dieser Bastelei nicht abmühen möchte, findet inzwischen einige Unternehmen, die einen entsprechenden Service anbieten.

und bei Draht- und vielen Kunststoffmaulkörben Standard. Sie bieten eine sichere Fixierung, sind aber umständlicher zu schließen, besonders wenn der Hund noch nicht an den Maulkorb gewöhnt ist oder sich wehrt. Oft müssen zusätzliche Löcher gestanzt werden, um die richtige Passform zu erreichen. Neu auf dem Markt sind magnetische Schnallen, die ursprünglich für Prothesen aus dem humanmedizinischen Bereich entwickelt wurden. Sie schließen sicher, halten hohen Belastungen stand und lassen sich mit einer Hand bedienen. Dieses System könnte sich als besonders sicher und praktisch etablieren. Die Wahl des Verschlusses sollte vom Einsatzzweck abhängen. Qualitativ hochwertige Materialien sind essenziell – und oft lassen sich Verschlüsse auch nachträglich anpassen.

DIE RICHTIGE PASSFORM

Maulkörbe müssen individuell zur Kopfform des Hundes passen, um Scheuerstellen zu vermeiden und den Tragekomfort zu gewährleisten. Dabei spielen Tiefe, Länge, Umfang, Winkel der Bügel und der Sitz im Kehlbereich eine entscheidende Rolle.
Ein moderner Maulkorb sollte nicht nur das Beißen verhindern, sondern dem Hund auch das Hecheln, Trinken und gegebenenfalls Fressen ermöglichen. Die Tiefe bestimmt, wie weit der Hund sein Maul öffnen kann. Stark hechelnde Hunde, etwa bei sportlicher Aktivität, benötigen tiefere Modelle. Besonders wichtig ist Tiefe auch für das Trinken: Hunde formen ihre Zunge zu einer Schöpfkelle, um Wasser aufzunehmen – ein zu flacher Maulkorb verhindert das.
Die Länge des Maulkorbs spiegelt die Länge des Nasenrückens wider. Vor dem Nasenschwamm sollte etwa eine Nasenschwamm-Länge Platz sein, ebenso vor den Augen, um Druck auf die Hornhaut oder den Tränenkanal zu vermeiden. Ist der Maulkorb zu kurz, kann sich der Hund ihn mit den Pfoten abstreifen. Die Einstellung des Nackenriemens beeinflusst ebenfalls, ob der Maulkorb in die Augen drückt oder korrekt sitzt. Ein gut passender Maulkorb liegt flächig auf dem Nasenrücken auf, ohne zu locker oder zu eng zu sein. Zu enge Modelle können die Lefzen einklemmen und Verletzungen verursachen. Kunststoffmaulkörbe mit scharfkantigen Verstrebungen können Vibrissen abbrechen, was die Wahrnehmung des Hundes einschränkt.
Der Wangenbereich ist besonders anfällig für Druckstellen. Der Jochbogen verläuft unterhalb der Augenhöhle und führt wichtige Nervenstränge. Der Schädel an sich ist je nach Rasse und Geschlecht unterschiedlich stark ausgeprägt. Modelle mit Wangenbügeln müssen ausreichend Platz lassen, um Reibung zu vermeiden, haben aber auch den

Vorteil, dass sie bei korrekter Winkelung die Maulkorbbasis von empfindlichen Strukturen des Gesichts fernhalten. Die Wangenbügel können durch vorsichtiges Biegen angepasst werden, um eine optimale Passform für den Schädel zu erreichen.
Ein im Unterkieferbereich zu langer Maulkorb übt, je nach Kopfhaltung, Druck auf den Kehlkopf aus, besonders wenn der Hund sitzt und den Kopf nach vorne neigt. Das kann zu einer unnatürlichen Schonhaltung führen. Ein Kehlriemen, der dieses Problem verursacht, kann entfernt und durch ein festes Halsband ersetzt werden. Ist die untere Strebe des Maulkorbs zu dicht am Kehlbereich, kann eine kürzere Variante sinnvoll sein oder eine Anpassung durch eine Fachperson erfolgen.

MAULKORB-GEWÖHNUNG

Es gibt zwei Methoden, um einen Hund an den Maulkorb zu gewöhnen: das schrittweise Auftrainieren mit positiver Verknüpfung und das direkte Anlegen. Beide Ansätze haben ihre Berechtigung und hängen vom Hund, aber auch seinem Menschen ab.

MAULKORB SCHRITT-FÜR-SCHRITT AUFTRAINIEREN

Mit Futter kann der Maulkorb positiv verknüpft werden, sodass der Hund ihn freiwillig trägt.

1. Aus dem Maulkorb füttern: Den Maulkorb in die hohle Hand legen und mit Leckerlis füllen. Der Hund steckt seine Schnauze hinein, um zu fressen.
   Variationen: Den Maulkorb in einen passenden Futternapf legen und den Hund so füttern. Wegen möglicher scheppernder Geräusche eignet sich ein Kunststoffnapf besser. Alternativ kann man auch den Maulkorb im vorderen Teil von innen mit einer Paste beschmieren.
   In jedem Fall sollte man dem Hund den Maulkorb entziehen, bevor er seinen Kopf von sich aus aus dem Maulkorb zieht, weil er fertig gefressen hat. Der Hund soll lernen, dass die Schnauze im Korb lohnenswert ist.
2. Zeit verlängern: Mithilfe von Pasten kann die Verweildauer im Maulkorb gesteigert werden.
3. Nackenriemen simulieren: Den Riemen locker hinter dem Kopf halten und schrittweise kurz zusammenziehen.
4. Anlegen variieren: Üben an verschiedenen Orten, zu unterschiedlichen Zeiten.
5. Verhalten beachten: Der Maulkorb sollte nicht abgenommen werden, wenn der Hund ihn gerade abstreifen möchte.
6. Tragezeit steigern: Erst nur kurz anlegen, dann langsam verlängern.
7. Leckereien ausschleichen: Reduzierung der Futterbelohnung, bis der Maulkorb ohne Belohnung akzeptiert wird.

Diese Methode schafft eine positive Verknüpfung und ist für viele Hunde ideal.

DIREKTES AUFZIEHEN DES MAULKORBS

In manchen Fällen ist eine schrittweise Gewöhnung nicht möglich oder sinnvoll, etwa wenn ein Hund sofort gesichert werden muss oder kein gezieltes Training gewohnt ist und dadurch eher misstrauisch wird.
Ein direkter Vergleich zeigt, dass Hunde Halsbänder und Geschirre oft ohne lange Eingewöhnung akzeptieren – ein Maulkorb unterscheidet sich für den Hund kaum. Daher kann er einfach angelegt und durch körperliche Bewegung, also ein kurzer, flotter Spaziergang, von ihm abgelenkt werden. Spaziergänge bieten sich an: Der Hund konzentriert sich auf Gerüche und die Umgebung und vergisst den Maulkorb schnell.

1. Kurze Tragezeiten: Zu Beginn wird der Maulkorb abgenommen, wenn der Hund ihn nicht zu entfernen versucht.

2. Leichte Modelle verwenden: Kunststoffmaulkörbe sind anfangs angenehmer.
3. Ablenkung durch Bewegung: Gezieltes Gehen oder leichtes Joggen verhindert Versuche, den Maulkorb abzustreifen.
4. Maulkorb als Signal nutzen: Wird der Maulkorb vor jedem Spaziergang angelegt, verknüpfen Hunde ihn mit einer positiven Erwartung: Gassi! Viele stecken dann bald freiwillig ihre Schnauze hinein.

Beide Methoden führen zum Ziel: Ein Hund, der seinen Maulkorb ohne Stress trägt.

Maulkörbe sind ein wichtiges Hilfsmittel, doch sie sind oft mit Vorurteilen behaftet. Während Leinen, Halsbänder und Geschirre als normal gelten, wird der Maulkorb häufig als Zeichen von Gefahr wahrgenommen. Das kann dazu führen, dass Menschen sich gegen die Nutzung entscheiden – selbst wenn sie nötig wäre.
Ein Hund mit Maulkorb wirkt auf viele Menschen bedrohlich. Da Maulkörbe oft mit aggressivem Verhalten assoziiert werden, führt ihr Anblick zu Vorurteilen. Eine Studie von Racca und Baudain (2009) zeigte, dass Passanten stärker auf einen Hund mit Maulkorb reagierten als auf denselben Hund ohne. Der Maulkorb signalisiert Gefahr – selbst wenn er gerade für Sicherheit sorgt. Diese Wahrnehmung betrifft nicht nur den Hund, sondern auch seine Bezugsperson. Schnell wird unterstellt, sie hätte in der Erziehung versagt oder hielte einen „gefährlichen" Hund. Das kann dazu führen, dass Menschen zögern, einen Maulkorb zu nutzen, obwohl er nötig wäre. Gesellschaftlicher Druck und Nachbarschaftsurteile verstärken das Problem.

STRATEGIEN GEGEN VORURTEILE

— Positives Auftreten: Wer fröhlich mit seinem Hund interagiert, während er den Maulkorb trägt, signalisiert, dass keine Gefahr besteht.
— Reflektion der Vorteile: Es hilft, sich vor Augen zu halten, welche Entlastung einem der Maulkorb selbst einbringt, weil andere oder der eigene Hund nicht gefährdet werden.
— Optische Anpassung: Farben und Muster durch Pulverbeschichtung oder Biothane-Riemen können das martialische Aussehen entschärfen. Der Fantasie sind inzwischen kaum Grenzen gesetzt.
— Geduld und Gespräche: Vorurteile entstehen oft aus Unwissen – Offenheit und Erklärungen können helfen.

Ein häufiges Argument gegen Maulkörbe ist, dass sie die Kommunikation zwischen Hunden stören. Tatsächlich nutzen Hunde aber viele Ausdrucksformen: Kopfhaltung,

Dieser als gefährlich eingestufte Rüde ist über eine Leine an einem Zaun fixiert, während ihm ein Maulkorb mit Greifzangen aufgesetzt wird. Im Berufsalltag von Personen, die in der Tierpflege oder im Hundetraining arbeiten, können solche Herangehensweisen die eigene Gesundheit schützen und sind auch für den Hund nur kurzfristig einschränkend.

Blickrichtung, Körperspannung und Bewegungen sind entscheidend. Die Mimik im Maulbereich ist nur ein Teil davon. Hunde, die häufig anderen Hunden mit Maulkorb begegnen, lernen schnell, Ausdrucksverhalten korrekt zu interpretieren, weil alle Elemente ja weiterhin vorhanden sind, nur leicht verdeckt. Missverständnisse entstehen eher durch andere anatomische Einschränkungen, wie zu kurze Schnauzen und daraus resultierende Atemprobleme, langes Fell auch im Gesichtsbereich oder extreme Körpergrößen. Es gibt jedoch zwei Verhaltensmuster, die sich durch Maulkörbe verstärken können: Gehemmte Hunde werden vorsichtiger behandelt. Manche Hunde haben die Erfahrung gemacht, dass Maulkorbträger schneller eskalieren – sie halten sich daher zurück. Das geringere Risiko kann aber auch zu mutigerem Verhalten führen. Manche Hunde nutzen die Situation aus, wenn sie wissen, dass ihr Gegenüber nicht zubeißen kann – aber keine Sorge, ein Maulkorb tut auch weh. Sorgen, dass maulkorbtragende Hunde in Konflikten wehrlos wären, sind eigentlich immer unbegründet. Aggressionen eskalieren selten in echte Kämpfe – die Natur hat sichergestellt, dass Konflikte tunlichst vermieden werden. Zudem ermöglicht ein Maulkorb gezielte Sozialkontakte ohne das Risiko ernsthafter Verletzungen.

24/7? – DAUERHAFTES TRAGEN

In den meisten Fällen wird ein Maulkorb nur situativ genutzt. Doch es gibt Situationen, in denen Hunde ihn über längere Zeit tragen müssen. Prinzipiell ist das möglich, sollte aber gut geplant sein. Druckstellen müssen vermieden werden. Der Nasenrücken trägt das Hauptgewicht. Wechselnde Modelle mit unterschiedlichen Nasenpolstern können Entlastung bieten. Regelmäßige Maulkorbpausen sind sinnvoll, solange ein Wiederaufsetzen ohne Gefährdung möglich ist. Auch bei Dauereinsatz sollten Hunde täglich Zeit ohne Maulkorb haben, wenn sie sich in einem gesicherten Bereich bewegen. Verhaltenstraining sollte immer das langfristige Ziel sein. Falls ein Maulkorb aufgrund von Aggression oder Fressverhalten notwendig ist, sollte parallel daran gearbeitet werden, das Verhalten zu ändern. Ein gut sitzender Maulkorb ermöglicht Fressen, Trinken und Schlafen – doch er sollte nie eine Dauerlösung ohne Alternativen sein.

Die Sorge, dass Hunde, die einen Maulkorb tragen, für andere Hunde nicht gut lesbar wären, ist unbegründet – neben allen anderen Elementen des Ausdrucksverhaltens ergänzen Lautäußerungen und Bewegungen das Gesamtbild, damit ein Hund seine Bedürfnisse deutlich und verständlich vermitteln kann.

WEITERE HILFSMITTEL – SINNVOLL UND SINNLOS

Gerade wenn es um Problemverhalten geht, dann ist (fast) jedes Mittel recht. Wir nehmen alle Unterstützung, die wir bekommen können, um für die Herausforderungen so viele Ressourcen wie möglich zur Verfügung zu haben.

Hat sich im Laufe der Zeit der Hund zum Problemhund entwickelt oder hat man sich unbewusst oder gar bewusst einen solchen Hund angeschafft, bedarf es vielleicht des einen oder anderen Hilfsmittels abseits eines Maulkorbs. Ohne Maßnahmen zur Sicherung kann man nicht kontrolliert mit dem Hund arbeiten. Aus Selbstsicherungsgründen müsste man beispielsweise einen Sicherheitsabstand wahren. Nähe gibt aber Sicherheit: Man kann mit Körpernähe vertrauensbildend und beruhigend auf den Hund einwirken, was die Arbeit wiederum leichter und effektiver macht.
Nun gibt es auf dem Markt Unmassen an sogenannten Hilfsmitteln, die mit reißerischer Werbung als schnelle Heilsbringer angepriesen werden. Wir wollen an dieser Stelle versuchen, eine grobe Übersicht über weitere sinnvolle und eher sinnlose Hilfsmittel zu erstellen.

KOPFHALFTER

Kopfhalfter, gerne unter dem Markennamen Halti zusammengefasst, kommen zum Einsatz, wenn die Führigkeit oder Ansprechbarkeit des Hundes problematisch sind. Das Kopfhalfter ist vor allem für relativ große bzw. schwere, ungestüme Hunde geeignet und für solche, die wenig auf ihre führende Person achten – gerne auch in Kombination. Immer wieder lernen größere Hunde, dass sie mit ausreichend Wucht den möglicherweise auch eher leichten Menschen aus dem Gleichgewicht reißen können und dann ihrem angestrebten Ziel mehr oder weniger unkontrolliert näher kommen. Das Kopfhalfter wird angewandt, indem der Kopf des Hundes einseitig umgelenkt wird, sodass der Hund nicht mehr in die Richtung blicken kann, die er anstrebt. Wichtig dabei ist, den Hund am Halsband zu führen und nur korrigierend mit Zug auf das Halfter einzugreifen. Kopfhalfter sind nicht unumstritten: Schlecht angepasst können sie ein angemessenes Hecheln verhindern oder bei zu starker Einwirkung Verletzungen in der Halsregion verursachen.

HALSBÄNDER

Damit kommen wir zum Hals des Hundes und Halsbändern. Das mag banal klingen, aber es gibt verschiedene Varianten, deren Eigenschaften man sich bewusst sein sollte: Feststellbare Halsbänder müssen eng genug angepasst werden, damit der Hund nicht bei Gefahr aus dem Halsband schlüpft. Zur Orientierung kann man beim angelegten Halsband die Finger zwischen Hals und Halsband schieben – passen mehr als zwei

Finger dazwischen, sitzt das Halsband zu locker. Wie bei Maulkörben auch können die Plastik-Schnappverschlüsse, die an vielen feststellbaren Halsbändern angebracht sind, mit der Zeit brüchig werden. Bei ängstlichen oder gar Hunden, die überreagieren, empfehlen wir grundsätzlich stabile Halsbänder mit Metallverschlüssen.
Zugstopphalsbänder sind gerade bei Hunden mit sehr schmalen Köpfen besser geeignet, da sie unter Spannung kaum über den Kopf zu ziehen sind. Wichtig ist ein Stopp, der nicht zu eng gewählt ist, um den Hund nicht in der Hektik auch noch zu würgen.
Martingale-Halsbänder haben einen unveränderlichen Stopp in Form eines Stoff- oder Kettenringes – hier muss darauf geachtet werden, dass das Halsband unter Spannung ausreichend eng sitzt. Wir sprechen eine explizite Warnung für diese Halsbänder aus, wenn Hunde mit anderen Hunden interagieren. Geraten Ober- oder Unterkiefer beim Spiel oder im Konflikt in die weite Schlaufe der Zugstopphalsbänder und verdrehen sich, wird im schlimmsten Fall ein Hund stranguliert, während dem anderen in aufkommender Panik der Kiefer bricht. Diese Halsbänder sind für den Freilauf nicht geeignet.
Glieder- oder Kettenhalsbänder sind so festzustellen, dass auch hier kein versehentliches Würgen vorkommen kann. Sie können bei sehr kräftigen Hunden von Vorteil sein, allerdings sollte man darauf achten, dass das Material ordentlich entgratet wurde. Muss man einen Hund über das Halsband sichern, der sich wehrt, während messerscharfe Grate die Finger und Hände zerschneiden, hilft auch die Materialstabilität nicht.
Stachel- oder Krallenhalsbänder sind in Deutschland verboten, auch wenn sie immer noch käuflich zu erwerben sind. Das Gleiche gilt für Strom-Halsbänder. Daher werden wir auch keine Vor- und Nachteile von dieser Art Halsband beschreiben.
Antibell-Halsbänder funktionieren über einen durch Akustik ausgelösten Sprühstrahl, wenn der Hund bellt. In vielen Fällen versprühen sie außerdem Duftstoffe, die für den Hund unangenehm sind. Sie sind abzulehnen und werden immer wieder von den Tierschutz überwachenden Behörden für das Training von Hunden ausgeschlossen. Die Erfahrung zeigt darüber hinaus, dass die Hunde schnell verstehen, ob sie ein solches Halsband tragen oder nicht. Sie bellen nur dann nicht, wenn sie das Halsband tragen. Ein generalisierter Lerneffekt ist eher nicht zu erwarten und die Ursache des Bellens ist ebenfalls nicht erörtert.
Vibrationshalsbänder, die man mit Fernbedienung auslösen kann, sind bei blinden oder gehörlosen Hunden durchaus zu empfehlen, für eine Verhaltensunterbrechung, also eher im Strafbereich, werden sie nicht eingesetzt, weil die Vibration keinen unangenehmen Reiz darstellt. Sinn machen können sie, wenn ein Hund einen taktilen Reiz benötigt, beispielsweise um ein repetitives Verhalten aus dem Bereich der Verhaltensstörungen zu beenden.
Für Hunde, die jagen oder sich aus anderen Gründen gerne weiter von ihren Menschen entfernen, ist ein Tracker empfehlenswert – diese über GPS funktionierenden Sender haben keinen erziehenden Effekt, sind aber hilfreich, wenn die Sorge besteht, dass der Hund sich aus der Sichtweite entfernt. Verbunden mit dem Handy ist in Echtzeit der Bewegungsradius des Hundes genau zu verfolgen.
Bei Hunden, die angreifen oder Abwehrbeißen zeigen, und die keinen Maulkorb tragen können, wie beispielsweise stark brachyzephale Hunde (Möpse, Englische Bulldoggen), kann es sinnvoll sein, einen Halskragen oder ein Halspolster anzulegen, wie es nach OPs häufig getan wird, um Verletzungen zu vermeiden. In so einem Fall sollte vorher überdacht werden, ob der Hund zusätzlich mit einer Leine gesichert wird, denn ein Halskragen allein wird ihn nicht davon abhalten, sich zu drehen oder explizit her-

Leinen und Geschirre sichern den Hund im Alltag – aber in der Interaktion mit anderen Hunden können sie zu gesundheits- und lebensgefährdenden Fallen werden.

vorragende Körperteile zu attackieren, die er erreichen kann.
Geschirre sind ein beliebtes Hilfsmittel in unterschiedlichen Situationen. Es gibt sie in unglaublich vielen Variationen. Wichtig ist, dass die Beinfreiheit der Hunde gerade im Schulterbereich nicht eingeschränkt wird und es nicht so eng sitzt, dass sich Gurte beispielsweise in den empfindlichen Achselbereich des Hundes reiben. Aber auch zu locker darf das Geschirr nicht sitzen, weil die Hunde sonst sehr schnell rückwärts herauskommen. Wenn es ihnen wichtig ist oder sie in Panik geraten, entwickeln geschickte Hunde schnell eine Taktik dafür. Wenn Hunde so ein Verhalten bereits gelernt haben oder dazu tendieren, Fluchtverhalten oder Panik zu zeigen, dann gibt es hierfür Spezialgeschirre, die allerdings inzwischen auch häufig bei unauffälligen Hunden verwendet werden. Sie haben hinter dem Rippenbogen noch einen weiteren Gurt, der die Flanke umfasst. Das Herausschlüpfen wird verhindert, wenn der Gurt eng genug angelegt ist und der Hund nicht stark übergewichtig ist. Erziehungsgeschirre, die dazu dienen, Hunde am Ziehen zu hindern, indem sie an empfindlichen Stellen bei Zug Schmerzen erzeugen, sind als tierschutzwidrig anzusehen und sollten nicht eingesetzt werden. Uns ist bewusst, dass immer wieder unbestimmte Rechtsbegriffe wie „ohne vernünftigen Grund“ oder „erhebliche Schmerzen“ als Gegenargument herangezogen werden – in der Praxis ist das Risiko zu groß, dass ein Hund, der ein Problemverhalten zeigt, nicht in einem angemessenen Rahmen auf den unangenehmen Reiz reagieren kann und abstumpft, bis sich Schäden am Körper zeigen. Anders sieht es bei solchen Erziehungsgeschirren aus, die über einen zusätzlichen Ring im Brustbereich, ähnlich wie beim Kopfhalfter, eine Umlenkung des Hundes ermöglichen.

Eine stabile, nicht zu lange Leine verhindert nicht nur, dass ein Hund wegläuft – sie sichert auch, dass der Hund bei einer bevorstehenden Attacke vom eigenen Körper weggelenkt werden kann.

LEINEN

Die Hundeleine ist vermutlich das Utensil schlechthin. Es gibt keinen hundehaltenden Menschen in unseren Breiten, der für das geliebte Tier nicht mindestens eine Leine besitzt. Es gibt unglaublich viele Produkte aus allen möglichen Materialien und in unterschiedlichsten Farben, Formen und Längen. Vom sogenannten Kurzführer, einer meist fast auf eine Schlaufe reduzierte Leine für große, starke Hunde, bis hin zur Schleppleine mit 30 m Länge ist alles möglich. Es gibt alle Varianten an Leinenlängen, verstellbar oder nicht. Je länger die Leine ist, desto schwieriger wird es, einen Hund mit problematischen Verhaltenszügen zu führen. Bei jagenden Hunden kann die Schleppleine, richtig eingesetzt, dem Hund viel Freiheit geben. Gerade bei Angsthunden werden sehr gerne Schleppleinen eingesetzt, um dem Hund größtmöglichen Radius für die Vermeidung auslösender Reize anzubieten. Unserer Erfahrung nach ist Letzteres kontraproduktiv, besser wäre es, den Hund im Nahbereich zu führen, gerade wenn er Meideverhalten zeigt, das selbstverstärkend ist. Um ihm zu helfen, mit solchen Situationen besser zurechtzukommen, wirkt das ruhige Führen in der sicheren Nähe effektiver, weil der Hund lernen kann, dass keine Gefahr droht.

Für die Arbeit mit schwierigen Hunden hat sich eine sogenannte Moxon- oder Retriever-Leine bewährt. Sie besteht aus einer Schlinge mit Stopp, Gegenstopp und mit Griff, die man dem Hund einfach um den Hals legen kann. Gerade, wenn es schnell gehen muss, man nicht nach dem Halsband oder Geschirr des Hundes greifen kann, ohne eine Attacke oder Flucht auszulösen, oder das Halsband schlicht fehlt, sind Moxonleinen ein beliebtes Hilfsmittel. Es gibt Hunde, die Leinen sehr schnell durchbeißen. Hierfür wurden vor allem für die Tierschutzpraxis von Sascha Weißbeck stahlverstärkte Moxonleinen entwickelt, die bald im Handel erhältlich sein werden. Ihr großer Vorteil ist, dass sie unzerstörbar ist und damit Hund und Mensch das Leben retten kann, weil der Hund im Notfall schnell und zuverlässig gesichert ist. Für die Arbeit mit problematischen Hunden kann auch eine sogenannte Hausleine sinnvoll sein, die am Hund verbleibt, auch im Haus. Der Vorteil ist, dass man in jedem Fall an den Hund herankommt und ihn, wenn notwendig, bewegen kann. Länge und Variante einer Hausleine unterscheiden sich nach Bedarf und Funktion – wichtig ist vor allem, dass sie ohne Knoten, Karabiner oder Schlaufen ist, damit ein Hund sich daran nicht verletzen kann oder sich verfängt. Auch diese Hausleinen gibt es mittlerweile stahlverstärkt.

WEITERE HILFSMITTEL

Gerade bei der Arbeit mit ängstlichen Hunden können folgende Artikel durchaus hilfreich sein: Beruhigungs- oder Angstwesten, auch Thunder- oder Calmingshirts. Die Shirts müssen eng am Hund anliegend sein, um eine beruhigende Wirkung zu ermöglichen (King et al. 2014). Ebenfalls für Hunde, die ängstlich sind, gibt es Ohrenschützer oder auch Augenbinden, um sie vor angstmachenden Eindrücken zu schützen. Das kann unter Umständen hilfreich sein, wenn parallel durchgehend an der Gewöhnung, der Habituation, an den Angstauslöser gearbeitet wird. Das reine Unsichtbar- oder Unhörbarmachen eines Angstreizes nimmt nicht die Angst.

Es gibt noch eine ganze Reihe weiterer Hilfsmittel, vor allem für das Training selbst, die wir kurz erwähnen wollen. Eines ist die umstrittene Reizangel. Mit ihr könnten Defizite in der Impulskontrolle und auch Frustrationstoleranz bei Hunden trainiert werden, um Jagdverhalten kontrollierbar zu machen. Könnten, denn Reizangeln werden zu häufig falsch eingesetzt oder gar als reine Bewegungsauslastung angesehen. Dann entsteht die gegenteilige Wirkung und der Hund wird besonders empfänglich für alle Arten von Bewegungsreizen. Ein gerne verwendetes Hilfsmittel ist der Clicker. Er erzeugt ein Knackgeräusch, das als neutrale Ankündigung einer Belohnung verwendet wird. Bei Problemhunden mit neutralen sekundären Verstärkern zu arbeiten, halten wir basierend auf unseren Erfahrungen für nicht so effektiv wie die Arbeit mit sozialen Verstärkern, also beispielsweise körperliche Nähe, stimmliche Unterstützung oder eine angenehme Stimmung. Allerdings können Clicker ein wundervoller Einstieg für Menschen sein, die sich schwer damit tun, ihre Emotionen zu kontrollieren, oder deren Timing und das Erkennen von Trainingsfortschritten beim Hund noch nicht gut ausgebildet sind. Es kann sich lohnen, einen kleinen, einfachen Trick wie Pfötchengeben mit einem Clicker aufzubauen, um sich selbst zu schulen.

Disc-Scheiben sind eines von vielen Hilfsmitteln, die gekauft oder selbst gebastelt als Schreckreiz dienen und für Verhaltensunterbrechungen eingesetzt werden. Alle diese Hilfsmittel zielen darauf ab, dass der Hund aufgrund eines Verhaltens eine unangenehme Erfahrung macht und daraufhin dieses Verhalten weniger häufig zeigt (im Fachjargon: positive Strafe). Ob dafür nun kleine Plastikflaschen, Dosen oder eine Leine geworfen werden, mit Wasserspritzpistolen gearbeitet oder gar ein sogenanntes Korrekturspray angepriesen wird – es gibt nichts, was es nicht gibt. In der Not wird der Mensch erfinderisch. Alle diese Schreckreize sollten vor allem im Bereich Problemverhalten immer nur durch kompetente Fachpersonen angeleitet benutzt werden. Die Gefahr, dass die Maßnahme falsch angewandt wird, ist nach unseren Beobachtungen größer, als dass sie wirklich sinnvoll eingesetzt wird. Das führt dazu, dass Hunde

überängstlich reagieren oder dass sie immer weiter abstumpfen, bis das Ausmaß der benötigten Einwirkung auf den Hund nur noch als gewaltvoll zu bezeichnen ist.
Auch für den Menschen, der sich mit einem Problemhund befasst, gibt es Hilfsmittel, vor allem um unverletzt und mit Ruhe mit dem Tier arbeiten zu können. Dazu gehören Beißhandschuhe, dicke Handschuhe mit langem Schaft, um auch einen Hund mit Abwehrverhalten freundlich zugewandt händeln und streicheln zu können. Es gibt Schutzkleidung für Arme, für Beine, Hosen oder sogar ganze Beißschutz-Anzüge für Menschen. Schutzkleidung dieses Ausmaßes ist nicht unbedingt für die Personen gedacht, die einen solchen Hund halten, aber sehr wohl für Fachpersonen im Training, die daran arbeiten, das problematische Verhalten auf ein Maß zu reduzieren, das weniger Risiken für alle Beteiligten und die Umwelt birgt. Auch Abwehrsprays wollen wir hier erwähnen, die vor angreifenden Hunden schützen sollen.
Fangstangen, Fangnetze oder die schon erwähnten stahlverstärkten Moxonleinen sind bei der Sicherung von schwierigen Hunden manchmal unausweichlich und damit auch eher im beruflichen Kontext zu sehen. Bei solchen Einsätzen ist abzuwägen, ob es für das Tierwohl oder für den Menschen nicht besser ist, den Hund zunächst mit einer Distanzbetäubung ruhigzustellen, um ihn zu sichern. Dennoch wollen wir hier erwähnen, dass an bestimmten Stellen große Vorbehalte gegenüber Fangstangen geäußert werden und sich diese Ansichten ungeprüft verbreitet haben. Weder unsere Erfahrung noch die Studienlage lassen den Schluss zu, dass Fangstangen einen Hund langfristig traumatisieren oder ihm anderweitig schaden. Vielmehr sind Fangstangen ein wichtiges Hilfsmittel für Fachpersonen, die einen Hund sichern, aber auf angemessener Distanz halten müssen. Der Schutz der eigenen Gesundheit kann weder privat noch beruflich außer Acht gelassen werden – und muss es im Falle der Fangstangen unseres Erachtens auch nicht.
Die Auswahl an Hilfsmitteln für die Arbeit mit Problemhunden ist vielfältig und reicht von sinnvollen bis hin zu weniger effektiven Produkten. Manchmal vertreten wir, Nora und Ute, auch sehr unterschiedliche Ansichten. Um die Arbeit mit und am Hund zu unterstützen, gibt es jede Menge Ergänzungsmittel. Hier seien zum Wohlbefinden der Hunde Bachblüten-Tropfen genannt, manche schwören auch auf Homöopathie oder Nahrungsmittel-Ergänzung. Für sogenannte „Angst“-Hunde ist die Palette der Hilfsmittel besonders groß. Es gibt Pheromon-Raumsprays und -Halsbänder, die beruhigend wirken sollen, sowie Halsbänder aus Halbedelsteinen und sogar elektrische Entspannungstrainer für Hunde. Während Nora diese Ansätze explizit nicht empfiehlt, hat Ute gute Erfahrungen gemacht, vor allem um Personen zu unterstützen, sich mit der Problematik auseinanderzusetzen und optimistischer damit umzugehen. Es ist wichtig, die individuellen Bedürfnisse des Hundes und die eigene Situation zu berücksichtigen, um die richtigen Hilfsmittel auszuwählen. Letztendlich sollte das Ziel sein, eine vertrauensvolle und sichere Beziehung zwischen Mensch und Hund aufzubauen.
Wir empfehlen jungen Berufsanfängern immer, sich alles anzuschauen und in den großen Werkzeugkoffer einzupacken. Denn manchmal gibt es den einen speziellen Hund, für den das verrückteste Hilfsmittel der wahre Gamechanger ist.
Wir erheben mit der Aufzählung an Hilfsmitteln keinen Anspruch auf Vollständigkeit. Ständig gibt es neue, angeblich bessere Hilfsmittel. All das ist aber, wie der Name schon sagt, immer nur ein Hilfsmittel. Es braucht Menschen, die handlungsfähig sind und ihrem Tier helfen, aus seiner verzweifelten Reaktion, ob mit Angst oder mit Aggression, herauszukommen.

DEESKALATION

Eine problematische Situation zu deeskalieren, wirkt auf mehreren Ebenen konstruktiv: zum Schutz, zum Umgang mit der Problematik und durch Wohlwollen für die Etablierung eines Alternativverhaltens.

Um als Person eine problematische Situation mit Hund deeskalieren zu können, braucht es Souveränität. Das Problem ist, dass Souveränität als Wort erst einmal eine leere Hülle ist, die ohne Erfahrungen nur schwer angemessen gefüllt werden kann. Deswegen lohnt sich ein Blick auf die Hundewelt: Wenn man souveräne Hunde beobachtet, wird man selten sehen, dass sie in Konflikten eskalieren – sie regulieren durch Deeskalation. Aggressionsverhalten sieht man bei ihnen selten. Selbst Imponierverhalten als vorgeschaltetes Instrument ist kaum zu beobachten. In Konfliktsituationen bleiben souveräne Hunde normalerweise ruhig. Man könnte ihren Ausdruck als Unverständnis oder gar als Unsicherheit interpretieren, wenn sie mit Blicken, Gelassenheit oder gar defensiv wirkender Präsenz auftreten. Selbst Streithähne reagieren dennoch meist mit Zurückhaltung. Souveränität wirkt hier als Zeichen von Erfahrung und Sicherheit, einen Kampf im Falle des Falles zu gewinnen, und wirkt damit

Der Albtraum vieler Menschen, die Hunde besitzen, ist ein Kampf zwischen zwei großen, intakten Rüden – treffen zwei solche Tiere aufeinander, wird es für alle Beteiligten gefährlich. Tragen die Hunde Maulkörbe, kann es immer noch zu blauen Flecken und Schrammen kommen, aber die Situation ist insgesamt entschärft.

weitaus beeindruckender und schlichtender als ein lauter, hektischer oder kampfbereiter Artgenosse. Im Rahmen von Problemverhalten gehen Souveränität und Deeskalation Hand in Hand.
Dieses Verhalten 1:1 zu übernehmen, fällt uns schwer. Doch was hindert uns daran? Was zeichnet denn so einen souveränen Hund aus? Körpermasse ist es sicher nicht. Wir sind keine Hunde und können sie auch nicht in allen Belangen imitieren, doch was die Haltung und Einstellung zum Umgang mit Konflikten angeht, folgt unsere Körpersprache und Stimmung den gleichen Prinzipien. Wenn ein Hund dazu tendiert, mit Menschen, Artgenossen oder der Umwelt in Konflikt zu geraten, ist es wichtig, nicht in der gleichen Emotionsebene zu reagieren – das gilt für die meisten Verhaltensweisen, die als problematisch eingestuft werden. Wichtig ist, vorausschauend Situationen einzuschätzen und durch Ruhe und Sicherheit zu entschärfen, bevor es zur Eskalation kommt. Das bedeutet nicht, dass man Probleme umschifft oder sogar gänzlich vermeidet. Ganz im Gegenteil. Mit dem Wissen um das Verhalten des Hundes kann man sich bewusst darauf vorbereiten, nicht Teil der Eskalation zu werden. Vorausschauend handeln heißt auch, sich gut vorzubereiten, auch mit den entsprechenden Hilfsmitteln. Im richtigen Umfeld wird es einfach, die eigene mentale Verfassung und damit die Stimmung und Spannung in der Situation zu kontrollieren.
„Bleib mal locker", ist leicht dahergesagt – aber die Umsetzung ist, besonders wenn man bereits negative Vorerfahrungen hatte, ein gutes Stück Arbeit an sich selbst. Es schadet nichts, erst mal auf sich selbst zu schauen und sich und die eigenen Emotionen besser zu verstehen. Empfindet man Frustration über das auffällige Verhalten des Hundes? Sorge, dass etwas passiert? Scham darüber, was das Gegenüber denken könnte? Wut, weil der Hund trotz allem eskaliert? Diese Gefühle kann man auch dem Hund zuschreiben, denn dann fällt es auch leichter, ihn zu verstehen und ihm beizustehen. Wohlwollend, aber nicht hektisch bemüht. Klar und ruhig, nicht laut oder heimlich. Man begibt sich in die Rolle eines Elternteils, einer betreuenden Person, eben einer Person, die weiß, was los ist und voraussehen kann, was passieren wird, das Ziel stetig und langsam weiter verfolgend, ohne den Konflikt selbst auszutragen.

Um sich so ruhig und souverän verhalten zu können, braucht es selbstverständlich zunächst Maßnahmen, um den Selbstschutz und den Schutz des Hundes zu gewährleisten. Ein Maulkorb zum Beispiel gibt die Freiheit, relativ angstfrei, weil nicht verletzungsgefährdet, zu bleiben. Im Umgang mit dem Hund geht man dennoch mit Fingerspitzengefühl vor: Wenn man den Blick auf den Hund richtet, wird der Hund diese Aufmerksamkeit womöglich sofort als Kommunikation werten. Das alleine kann genügen, um den Hund eskalieren zu lassen, beispielsweise in einen Angriff oder in die Flucht. Um zu deeskalieren, hilft es, den Hund mehr aus dem Augenwinkel zu beobachten, das Gesicht leicht abzuwenden und, sollte der Hund den direkten Blick suchen, kurz aber deutlich wegzuschauen. Das klingt einfacher, als es ist, vor allem, wenn die Befürchtung im Raum steht, dass der Hund in das Problemverhalten fällt. Ein direkter Blick ist im Ausdrucksverhalten der Hunde meist eine Provokation, um weiteres Agieren zu fordern, oder eine Eskalation in einem Konflikt (Drohfixieren).
Es hängt von der Reaktion des Hundes ab, wie man weiter verfährt. Wendet der den Blick ebenfalls ab, legt die Ohren vielleicht etwas zurück, dann kann ein Verlagern des Körpers vom Hund weg die Situation weiter entspannen. Solche „Unterhaltungen" können einige Zeit in Anspruch nehmen, denn manche Hunde verharren bis zu zehn Minu-

ten fast regungslos, mit eben diesen minimalen Zugeständnissen aus Blick und Körpersprache, um dann langsam aus der Situation zu gehen oder die Sicherheit und Ruhe annehmen und auf sich selbst übertragen zu können.
Vorausschauend zu handeln heißt auch, solche Situationen zu vermeiden, wenn man unter Zeitdruck steht, nicht gut vorbereitet ist oder aus anderen Gründen diese innere Einstellung nicht leisten kann. Denn hat der Hund mit seinem problematischen Verhalten Erfolg, wird er das Verhalten zukünftig weiterhin oder gar öfter zeigen. In der Arbeit mit Problemverhalten muss nichts erzwungen werden. Klare Botschaften sind besser als halbherzige. In den allermeisten Fällen wird sich der Hund für soziopositive, also der Lebensgemeinschaft zuträgliche, Verhaltensweisen entscheiden, wenn er verstanden hat, dass sie ebenfalls zur Lösung des Problems verhelfen. In unvorhersehbaren oder schlecht kontrollierbaren Situationen, die für Mensch oder Hund gefährlich werden könnten, sollte man dem Hund seine problematische Strategie überlassen. Es ist letztendlich die Summe der Erfahrungen, die der Hund mit uns macht, die Vielfalt der verschiedenen Situationen, in denen man handlungsfähig bleibt, die dem Hund zeigt, dass Souveränität auch bedeutet, die Gefahren abzuwägen.

01 Zeigt ein Hund in seiner belebten Umwelt, gerade im Kontakt zu Artgenossen oder Menschen Aggressionsverhalten, gibt ein Maulkorb die Sicherheit, dass ein Schaden begrenzt oder verhindert werden kann. Bissverletzungen können durchaus langfristige physische wie psychische Folgeschäden verursachen.

02 Schnell ist ein Fehler passiert: Morgens noch vor dem ersten Kaffee wollte Nora einen neuen Hund davon abhalten, die Küche zu markieren – und wurde attackiert. Weil sie ihn am Halsband fixierte, verhinderte sie Schlimmeres.

01

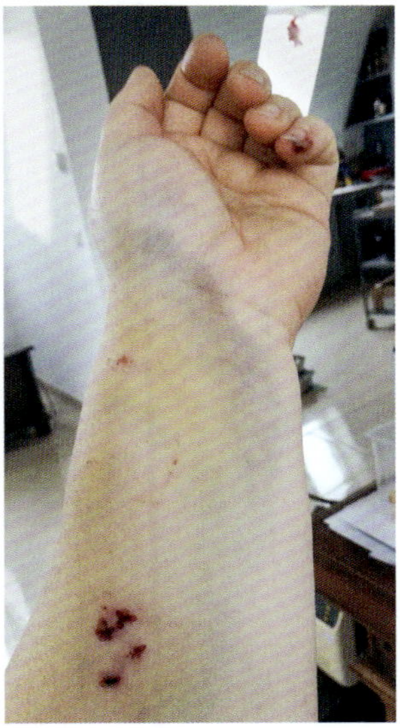

02

KONFLIKTE

WIR KÖNNEN SCHWER MIT, ABER AUCH NICHT OHNE SIE

Das Gros der Problemverhalten bei Hunden entsteht, weil die verantwortliche Person nicht in der Lage war, den entstehenden Konflikt aufzugreifen und mit geeigneten erzieherischen Methoden zu lösen.

Das ist kein Vorwurf, sondern eine Analyse, die auf Hunderten, wenn nicht Tausenden Geschichten beruht, die wir im Laufe unserer Karrieren vorgetragen bekommen haben oder bearbeiteten. In dem Moment, wo ein Hund ein Verhalten zeigt, das unerwünscht oder tatsächlich problematisch ist, müsste der Mensch eingreifen. Fehlt die Erfahrung, eine Idee, wie damit umzugehen ist, oder eine Ahnung, wohin ein vielleicht minder störendes Verhaltenselement eskalieren kann, dann beobachten viele Menschen erst einmal. Sie hoffen, dass das Problem von alleine verschwindet oder vielleicht erkennen sie auch gar nicht die Zusammenhänge zwischen einem Verhalten und den problematischen Auswirkungen, die es in anderen Kontexten haben kann. Wer noch nie einen Hund oder noch nie einen Problemhund gehalten hat, ist mit seinem Latein schnell am Ende, wenn es um das Austragen von Konflikten zur Lösung des Problems geht. Wir alle wissen, wie eine Belohnung oder ein Lob funktioniert: Tut der Hund etwas Gutes, dann erhält er dafür ein Stück Wurst oder ein Kopftätscheln. Aber was tut man eigentlich, wenn der Hund etwas Ungutes tut? Was, wenn er auf ein „Nein" nicht reagiert und einfach weitermacht?

Die Nähe zur Bezugsperson kann schnell und dennoch überraschend zu Konflikten führen – man spricht von der „Verwaltung von Räumen": Ein Hund hält einen anderen Hund davon ab, sich dem Menschen zu nähern oder schirmt eben diesen von anderen Hunden ab.

UMGANG MIT KONFLIKTEN

Konflikte sind allgegenwärtig, aber das bedeutet nicht, dass wir Menschen gut darin sind, mit ihnen umzugehen – nicht mit anderen Menschen und oft schon gar nicht mit Hunden.

Ein Konflikt ist eine Situation, in der zwischen Parteien Unterschiede herrschen, die miteinander nicht vereinbar sind. Konflikte treten in den vielfältigsten Varianten auf und beziehen sich auf förmlich alles, worin es Unterschiedlichkeiten geben kann: eine Einstellung zu einer Thematik, Erwartungen an etwas oder jemanden, Interessen für etwas oder Ziele, die verfolgt werden. Es kann zwei Individuen betreffen, Gruppen und Gruppierungen, ganz reale oder abstrakte, wie beispielsweise Unternehmen oder Staaten. Konflikte können ungewollt entstehen oder planvoll herbeigeführt werden, sie können auch Teil eines Abgrenzungsverhaltens sein. Nicht ohne Grund gibt es in den Gesellschaftswissenschaften einen eigenen Bereich für diese Thematik, die Konfliktforschung. Relevant sind Konflikte nämlich natürlich auch für Gesellschaften, denn zwischen Interessen, Macht und Gewalt gehören nicht nur zwischenmenschliche Problematiken hierzu, sondern auch Kriegsgeschehen.

Konflikte sind allgegenwärtig, sie sind Teil des Lebens und der Gemeinschaft, in der sich Individuen freiheitlich bewegen und ihre Interessen verfolgen. Auch wenn es derzeit keine entsprechende Hypothese dazu gibt, könnte man meinen, der Mensch hätte seine einzigartige Fähigkeit, Sprache zu verwenden, deswegen entwickelt, um ein Gegenüber in Grund und Boden zu argumentieren. Sprache ist unser Mittel der Wahl, um eine Eskalation eines Konflikts zu vermeiden oder um sie herbeizuführen. Wir tauschen Informationen und Argumente aus, wir betonen deutlicher und werden lauter, vielleicht werden die gewählten Worte eindrücklicher oder provokanter. Aber wir Menschen besitzen ein eigenes Eskalationsmuster für gesprochene Konflikte. In den allermeisten Gesellschaften wird die Hürde zum körperlichen Austragen eines Konflikts gar nicht mehr genommen (mit Ausnahme von Gruppierungen, die aktiv das Kampfgeschehen suchen, wie beispielsweise Hooligan-Gruppierungen und die „dritte Halbzeit") – kann ein Konflikt über Kommunikation nicht gelöst werden, wird die Kommunikation abgebrochen.

Wir wissen heute sehr viel darüber, wie man Konflikte mithilfe angepasster Kommunikation vermeiden kann. Wir können beispielsweise Sender-Empfänger-Modelle, Eisberg-Modelle und Schulz von Thuns' Darstellung von Perspektiven nutzen, um Botschaften zu analysieren. Wir, das sind Menschen, die sich meist aus beruflichen Gründen mit dieser Thematik befasst haben. Im Alltag hingegen wird Kommunikation überwiegend intuitiv gestaltet. Man lernt die eigene Meinung zu äußern, eigene Bedürfnisse mitzuteilen und Ziele im Auge zu behalten. Ob es in der Beziehung, in der Familie, auf der Arbeit oder im Verein ist – kommt es zu einem Konflikt, dann wissen viele nicht, wie sie ihn konstruktiv angehen können. Es wird debattiert und gestritten, es werden Fraktionen gebildet und die Gegen-

Die Halterin dieses jungen Hütehund-Mischlings prüft, ob sich der Rüde eine Kaustange abnehmen lässt. Konflikte um Futter sind häufig und auch in einer vertrauensvollen Beziehung in diesem Hundealter überprüfenswürdig: Der Hund duckt sich ab, hat die Ohren angelegt und behält die sich nähernde Hand im Auge. Vorsicht ist geboten.

seite auf unterschiedlichen Ebenen sozial oder sprachlich angegriffen. Was heute als „ghosten" oder „canceln" beschrieben wird, gab es auch schon immer: Die Gegenseite wird ignoriert. Eine Art, einen Konflikt zu beenden, kann auch sein, ihn einfach nicht anzunehmen oder weiterzuverfolgen. Dass damit häufig große zwischenmenschliche oder gesellschaftliche Brüche einhergehen, wird dann in Kauf genommen.

KONFLIKT MIT DEM HUND

Dass der Mensch den Hund kreiert hat, hat ihn auf eine ganz andere Weise vor eine Herausforderung gestellt – zumindest seit wir Hunde als Sozialpartner betrachten. Denn jetzt wird es nötig, sich mit einem Lebewesen zu streiten, das die menschliche Sprache nicht beherrscht und das in seinem Ausdrucksverhalten mitunter sehr schnell, aber auch sehr subtil sein kann. Unsere Erwartungen an unser hündisches Gegenüber sind in vielen Fällen andere, als sie an einen menschlichen Partner wären. Da würden wir vermutlich sofort einschreiten, wenn das Gegenüber an den benachbarten Briefkasten pinkelt, aber der Hund? Wie sieht es aus, wenn die andere Person im Haushalt uns immer wieder anbrüllt oder anrempelt, wenn sie ungeduldig ist, wo einem Hund hier meist nur Vorfreude oder Freude unterstellt wird? Das Gegenüber macht sich auf der Couch breit und weigert sich, Platz zu machen? Unter Menschen wäre das ein Anlass für eine sehr ernsthafte Debatte über Freiräume und Grenzen, bei einem Hund jedoch nicht unbedingt. Weil der Hund heute eine Zwischenform zwischen Haustier und Partner einnimmt, fällt es vielen Menschen schwer, einen festen Standpunkt zu vertreten und danach zu handeln. Es ist unklar, welche Werte wir einem Tier „überstülpen" sollten und welche nicht gelten, weil es eben ein Tier ist.

Selbst wenn ganz klar ist, dass der Hund in einem Konflikt eine Position einnimmt, die nicht akzeptabel ist, dann fällt es vielen

Menschen schwer, ein probates Mittel zu finden, um sich durchzusetzen. Obwohl sie in den meisten Fällen körperlich überlegen und naturgemäß diejenigen sind, die eine Situation bestimmen müssen, fehlen die Fähigkeiten, den Konflikt genau zu definieren und ihn durch klare, aber angepasste Handlungen zu lösen.

Ein Hund, der während des Aufwachsens, vor allem in der pubertären Phase, aber auch als erwachsener Hund in einem neuen Zuhause, keine Informationen darüber erhält, welche Regeln in der neuen Gemeinschaft verbindlich gelten, wo die Grenzen der eigenen Freiheit sind und welche Bedürfnisse mit welchen Mitteln durchsetzbar sind, kann – muss aber nicht – darüber in ein problematisches Verhalten abrutschen. Diese Hunde können sich über das Maß hinaus enthemmt verhalten, weil sie gelernt haben, dass sie sich so durchsetzen können. Sie können aber auch in einen anhaltenden Alarmzustand abrutschen, der durch das Fehlen von Orientierungshilfen entsteht und in dem jede Situation, jeder soziale Kontakt, jede Abweichung von Bekanntem zu einer vermeintlichen Lebensbedrohung wird. Das gezeigte Verhalten entspricht symptomatisch dem von chronischem Stress, übermäßigem Angst- oder Aggressionsverhalten oder Mischformen davon.

Etwas Vergleichbares kann auftreten, wenn ein Hund in dieser Phase mit übermäßiger Härte behandelt wird. Erfährt ein Hund Strafen, die er durch Lernen und eine sukzessive Änderung seines Verhaltens nicht vermeiden kann, und sind diese Strafen darüber hinaus immer schmerzhaft oder verursachen gar Schäden, dann ist dieser Hund klarer Gewalt ausgesetzt. Kann ein Hund solche Übergriffe durch angepasstes Verhalten nicht verhindern, dann kann das dazu führen, dass er seinerseits schneller und ohne Ankündigung enthemmtes Aggressionsverhalten zeigt, weil er annehmen muss, dass sein Leben bedroht wird. Dabei zeigt sich diese Form der Aggression eher als Angstaggression, also der enthemmten Maßnahme zur Verteidigung des eigenen Lebens, denn als aktive Attacke, um den eigenen Willen durchzusetzen.

Ein Hund, der derart auf eine Konfliktsituation reagiert, muss und kann ganz neu lernen, auch in einem Konflikt mit Menschen angemessen zu reagieren – vorausgesetzt, die verantwortlichen Personen können es ebenfalls.

Der Bulldog-Rüde zeigt sich im Alltag überfreundlich und verspielt – fordert eine Person etwas von ihm, entsteht sehr schnell ein Konflikt um Freiräume, auf den der Hund schnell mit enthemmtem Beißen reagiert. Hier schränkt er die Person bereits ein, seine Pupillen sind erweitert, die Ohren angelegt und die Maulpartie ist angespannt; viel mehr ist aufgrund der brachyzephalen Schädelform kaum zu erkennen.

AUFSUCHEN UND VERMEIDEN VON KONFLIKTEN

Konflikte gehören zum Leben. Nach außen, um sich zu behaupten, nach innen, um die soziale Struktur zu formen. Freiheiten und Grenzen sind Teil dieser Struktur.

Per se spricht nichts dagegen, einen Konflikt anzunehmen. Da Konflikte allgegenwärtig sind, gehört es zum Teil des Lebens, sie zu lösen. Mal gibt eine Seite klein bei, mal die andere, oder die Parteien finden einen Kompromiss. Ein Konflikt mit einem Hund muss nicht bedeuten, dass ein großer, umfassender Kampf bevorsteht – es kann um Kleinigkeiten gehen: Darf die Kralle geschnitten werden? Muss der Mantel wirklich sein? Kann ich diese Kaustange behalten? Darf ich mich selbst von deinem Teller bedienen? Ist der Mülleimer wirklich tabu? Ich will zu diesem fremden Hund!

HERAUSFORDERUNG PUBERTÄT

Konflikte sind in der Hundehaltung ganz wundervolle Momente, um die Hausregeln zu vermitteln. Viele Menschen nehmen die Zeit der Pubertät bei Hunden als besonders anstrengend wahr. Der Hund scheint förmlich seinen eigenen Namen nicht mehr zu kennen und tut lauter Dinge, die unerwünscht sind. Schnell vermutet man eine ungünstige Aufzucht, schlechte Erfahrungen während des Aufwachsens oder eine allgemein ungute Entwicklung der individuellen Persönlichkeit oder des Rassevertreters. Es ist aber letztendlich eine längere Phase der Orientierung, des Austestens von Grenzen und des Sammelns wichtiger Erfahrungen für das spätere Leben. Wie wir Menschen auch, probieren sich Hunde in diesem Alter aus, weil es Teil der biologischen Entwicklung und des physiologischen und psychischen Reifens ist. Trifft ein Hund in dieser Zeit auf transparente und klar definierte Strukturen, wird ihm das später helfen, ein stabiles Erwachsenenalter zu durchleben. Das Problem mit dieser Phase ist, dass sie sich von außen und theoretisch gut erfassen und beschreiben lässt, aber in der Realität, im Alltag mit dem permanent seine Grenzen austestenden Hund, unübersichtlich und anstrengend ist. Je weniger Erfahrungen die Menschen, die diesen Hund halten, bisher machen konnten, desto mehr müssen sie selbst herausfinden, was ihnen wichtig ist und was sie umsetzen können.

Nur ein Hund, der aus einem Konflikt die relevanten Informationen über das Zusammenleben entnehmen konnte, kann in Zukunft weitere Konflikte vermeiden. Kein Hund wird per se danach streben, immer neue Konflikte aufzutun. Als soziales Tier liegt der Fokus immer auf der Harmonie in der Gruppe. Konflikte können eine Gruppe schwächen oder zu Verletzungen führen, die wiederum lebensgefährlich sein können. Die Evolution hat nicht ohne Grund für die Konfliktbewältigung ein großes Repertoire an deeskalierenden oder vermeidenden Verhaltensweisen angelegt. Wer zu viele Risiken eingeht, überlebt nicht lange genug, um sich erfolgreich zu vermehren.

SOZIALSTRUKTURIERUNG

Um den (sinnvollen) Ausgang eines Konflikts mit einem Hund zu üben, kann man explizit ein Trainingsszenario erarbeiten, das sich um einen Konflikt dreht. Dabei ist dieser Konflikt dann etwas, was von Seiten des ausführenden Menschen besonders kontrolliert und planvoll angesprochen wird. Wer in diesem Bereich trainiert, arbeitet letztendlich an und mit Dominanz. Unter diesem Begriff versteht man in der Verhaltensbiologie ein Verhalten des Sich-Freiheiten-Nehmens, das von einem Individuum gezeigt wird und das von einem anderen Individuum akzeptiert wird. Beide Elemente müssen vorhanden sein. Ganz häufig wird in der Alltagsverwendung des Begriffs Dominanz ein Verhalten gesehen, das imposant, bedrohlich, übergriffig oder gewaltvoll ist. Meist geht damit physische Stärke oder ein besonders striktes, fast brutales Gängeln eines Gegenübers einher. In der Natur und in sozialen Gemeinschaften ist eher das Gegenteil richtig: Ein dominantes Tier zeichnet sich durch seine Erhabenheit, seine Gelassenheit und Erfahrung aus. Es greift nur dann begrenzend ein, wenn das friedliche Miteinander gefährdet wird, beispielsweise durch einen Konflikt zwischen zwei anderen Mitgliedern der Gruppe. Ein Tier, dessen Vorgaben von anderen akzeptiert werden, kann eine stabile Harmonie in einer Gruppe herstellen, wenn der Frieden nicht durch Unterdrückung und das Schüren von Angst herbeigeführt wird, sondern wenn es mit einer Vorbildfunktion als Orientierung für andere gilt. Arbeitet man also in diesem Bereich, dann geht es um Aktionen, die sich am besten als Sozialstrukturierung beschreiben lassen.

Akzeptiert ein Hund das Verhalten des für ihn verantwortlichen Menschen nicht, dann wird das immer wieder zu Konflikten führen, weil es in unserer Gesellschaft gar nicht möglich ist, dass der Hund für den Menschen entscheidet. Wir geben vor, was und wann gefressen wird, wann es wo auf Spaziergängen langgeht und wer sich mit wem (nicht) paart. Wir verwalten die biologischen Ressourcen des Hundes, weil er Teil unseres Lebensumfeldes ist. Er muss, ob er will oder nicht, unsere Einschränkungen akzeptieren.

Im Training kann es Sinn machen, ein Verständnis für diese Hierarchie aufzubauen

Eine Malinois-Mischlingshündin von wenigen Monaten deeskaliert einen Konflikt, den ihre Besitzerin hergestellt hat – es ging um einen Napf mit Futter, dem die Hündin sich nicht ohne Freigabe nähern sollte. Hier versucht die Hündin mit aktiv-demütigem Ausdrucksverhalten diese Freigabe zu erhalten, ohne den Konflikt zu schüren.

oder sie überhaupt erst herzustellen. Das gegebene Ungleichgewicht in den Freiheiten der menschlichen und hündischen Individuen kann gelernt werden – manchmal für beide beteiligten Fraktionen. Sozialstrukturierung sorgt für ein friedliches Miteinander. Wurde dieses Prinzip möglicherweise aufgrund eines falschen Verständnisses der Begriffe Dominanz oder Hierarchie nicht verfolgt, fehlt hier eine Basis, die gerade bei dem Training im Problemverhaltensbereich vorgeschaltet werden kann und – je nach Problem – sollte.
Im Rahmen einer Sozialstrukturierung fordert der Mensch das Akzeptieren einer Einschränkung ein – Ziel ist, dass der Hund diese Einschränkung akzeptiert. Dieser Grundgedanke wird dann in den Alltag und auf unterschiedliche Situationen ausgeweitet. Auch diese Übungen können langsam aufgebaut werden und vorbereitend Bezug auf das eigentliche Problemverhalten nehmen.

DER SYSTEMISCHE NEUSTART

Systemischer Neustart: In der Gemeinschaft von Mensch und Hund wird das Zusammenleben grundlegend neu strukturiert. Der Hund kann sich nicht mehr auf vertraute Abläufe verlassen und muss sich neu orientieren – das macht ihn empfänglicher für Veränderungen.

Diese Methode wird im Hundetraining eingesetzt, wenn Problemverhalten bereits über längere Zeit gefestigt ist. Der Mensch verändert gezielt Abläufe im Alltag, um den Hund wieder „zu erreichen". Es ähnelt einem Umzug in ein neues Zuhause – nur ohne Orts- oder Personenwechsel.

Eine der größten Herausforderungen im Umgang mit Problemverhalten bei Hunden ist der Alltag und die Gewöhnung an den Ist-Zustand. Je länger ein Hund in einem Haushalt lebt, desto besser kann er einordnen, was um ihn herum passiert, welche Konsequenzen welches Verhalten hat oder eben nicht. Je stärker die erlernten Effekte eines Verhaltens sind und je mehr sie mit Auslösern aus dem Alltag zusammenhängen, desto persistenter sind sie, auch wenn man sich bemüht, sie durch Training zu verändern.

Wer in einer Hundeschule ein Problem mit dem Hund bearbeitet, sieht sich häufig vor der ganz großen Herausforderung, die geübten Trainingsschritte im Alltag zu Hause umzusetzen. Es ist, als hätte jemand den Hund ausgetauscht! Was auf dem Hundeplatz unter Anleitung einwandfrei funktionierte, prallt im Wohnzimmer auf taube Ohren. Die Aufgabe war, zu Hause vom Hund einen Blick für ein Leckerchen einzufordern? Neben der Hundetrainerin hatte der Hund die Übung nach zwei, drei Hilfen verstanden und zuverlässig seine Bezugsperson angeschaut, um dafür ein Leckerchen zu erhalten. Jetzt, im Wohnzimmer und ohne Unterstützung durch professionelle Anleitung, reagiert er nicht. Vielleicht geht er, wenn er das Leckerchen nicht sofort bekommt. Oder er bricht die Session ab, um lieber am Fenster den verfeindeten Nachbarsdackel anzubrüllen. In der Hundeschule konnte der Hund zuverlässig auf einer Decke liegen und blieb dort sogar, während seine Person herumlief und außer Sicht verschwand. Zu Hause? Selbst der Weg auf die Toilette – auch bei geöffneter Tür – führt zum selbstständigen Auflösen der Liegeposition und dem Verlassen des Körbchens.

Das Problem ist nicht, dass die angeleitete Übung falsch wäre oder der Hund nicht verstünde, worum es geht. Es geht auch nicht darum, dass man als Mensch versagt hätte und nicht die Fähigkeiten besäße, dem Hund etwas zu vermitteln. Die Herausforderung ist, dass er sich in seinem Alltag auskennt und Erfahrung darin hat, was er hier wirklich zu tun und zu lassen hat. Er hat keinen Grund, daran etwas zu ändern, denn sein Umfeld ist für ihn nachvollziehbar strukturiert und berechenbar. Wer hier jetzt selbst die einfachsten Übungen umsetzen möchte, fühlt sich möglicherweise genötigt, mehr Druck aufzubauen, den Hund zu schimpfen, frustriert zu sein und schließlich aufzugeben. Vielen Leuten ist gar nicht bewusst, wie sehr ihr Hund an dem Alltagstrott hängt und wie wenig er von sich aus bereit ist, daran etwas zu ändern. Ein Hund hat keinen Sinn für ein besseres Leben in einer abstrakten Zukunft. Genau das ist Fluch und Segen der Hundehaltung – kritiklos werden die allermeisten Hunde immer zusehen, das Bestmögliche aus ihrer derzeitigen Situation zu machen.

UMSTRUKTURIERUNG ALS LÖSUNGSWEG

Wenn ein problematisches Verhalten tief im Alltag des Hundes verankert ist, dann kann es sich lohnen, die bestehenden Strukturen aufzulösen, um den Hund dazu zu bewegen, sich neu in seiner Umwelt zu orientieren. Dieser Ansatz mag erst einmal nichts mit dem eigentlichen Problem zu tun haben, aber es ist ein konstruktiver Weg, um sich überhaupt Gehör zu verschaffen.
Auch wir Menschen sind Gewohnheitstiere. Wir lieben unseren Alltagstrott. Und das ist auch okay so. Denn unsere Leben sind häufig komplex und lassen uns tagtäglich vor neuen Herausforderungen stehen, in denen wir abwägen und Entscheidungen treffen müssen. Unsere Gehirne werden, um Energie für solche Situationen zu sparen, immer bemüht sein, so viel wie möglich in Automatismen zu verlagern. Selbst der immer gleiche Arbeitsweg im Auto ist irgendwann mit Automatismen gefüllt: Wir fahren diese Strecken und können uns im Nachhinein kaum erinnern, was während dieser Zeit passiert ist. Sind wir gerade über eine rote Ampel gefahren? Oder war sie doch grün? Hatten wir nur riesiges Glück? Nein, unser Gehirn ist dazu übergegangen, immer wieder auftretende Signale, wie das Grün der Ampelanlage, in einen unbewussten Bereich der Informationsverarbeitung zu verschieben, um sich diese Energie für Wichtigeres aufzusparen. Wer morgens nach dem Aufstehen fast roboterartig die Stationen in der Wohnung abarbeitet, die es braucht, um das Haus zu verlassen, tut das Gleiche: Zähne putzen, Kaffee kochen, den Hund rausbringen, ihm Futter zubereiten, soziale Medien checken, Tasche packen, Jacke anziehen, losgehen. Die wenigsten von uns verhalten sich an jedem Morgen anders, verändern Reihenfolgen oder binden Neues ein – und wenn es doch einmal sein muss, dann stellt man nach den ersten 50 Metern auf dem Weg zum Bus fest, dass man sein Smartphone vergessen hat.

Selbstbelohnende und zugleich problematische Verhaltensweisen, wie das lautstarke Verbellen am Zaun, sind oft schwer in den Griff zu bekommen. Es bedarf umfassender Änderungen im Alltag, damit solche Gewohnheiten des Hundes sinnvoll bearbeitet werden können.

Menschen und Hunde lieben Muster und Gewohnheit gleichermaßen. Diese Muster aufzubrechen, kostet deswegen auch viel Energie – auf beiden Seiten. Aber gerade wenn es darum geht, ein problematisches Verhalten beim Hund in den Griff zu bekommen, dann kann genau diese Umstrukturierung des Alltags eine immense Hilfe sein, um ihn wieder zu erreichen. Wenn man Hunde untereinander beobachtet, sieht man solche Elemente im Umgang miteinander. Hunde, die eine Hundegruppe lenken und regulieren, schränken ruhig und unaufgeregt Bewegungen ein, bestehen auf etwas vermeintlich Unwichtigem. Es geht darum, das hündische Gegenüber, das aus der Reihe getanzt ist, daran zu erinnern, dass es nicht alle Regeln aufstellt, auch wenn sich das eine Zeitlang eingebürgert zu haben scheint.

Wir als Menschen können diese sehr friedvolle Erinnerung an Gemeinschaftsstrukturen ebenfalls umsetzen. Was ist damit gemeint? Futterzeiten ändern sich. Gassiwege ändern sich. Der Hund durfte vorher immer mit auf die Toilette? Jetzt darf er das nicht mehr. Dem Hund war es egal, ob man auf Toilette ging? Dann muss er jetzt mit. Jacke anziehen und sich auf die Couch setzen. Abends ist Couchzeit? Jetzt wird spazierengegangen. Ein Betthupferl für den Hund ist Quatsch? Jetzt gibt es eines! Der Hund sollte immer nach seiner Person aus der Haustür gehen? Jetzt muss er vor. Der Kreativität sind kaum Grenzen gesetzt und nicht alles muss Sinn ergeben. Es geht im ersten Schritt nicht darum, das Leben mit dem Hund zu verbessern. Es geht darum, die bekannten Strukturen zu entfernen und dem Hund – so gemein es klingt – die Orientierung zu nehmen. Denn jetzt ist der Weg geebnet, dass sich der Hund wieder bewusster mit seiner Bezugsperson auseinandersetzt, sie genauer beobachtet und

01

versucht herauszufinden, welche Regeln denn nun gelten.
In dieses leere Feld lässt sich jetzt viel einfacher die Saat für neue Grundsätzlichkeiten streuen: Wenn ich dich anspreche, schau mich an. Wenn ich das Okay gebe, dann geht es weiter. Wenn du an der Leine bist, dann ziehst du nicht. Wenn uns ein Hund begegnet, dann fixierst du ihn nicht, sondern wendest dich an mich. Wenn Besuch kommt, legst du dich in dein Körbchen.
Zurück in den altbekannten Alltag kann man allerdings nicht ohne Weiteres. Erkennt der Hund diese Muster wieder und erinnert sich daran, welche (problematischen) Verhaltensweisen toleriert wurden, dann besteht das Risiko, dass er sie auch wieder zeigt. Der neu gestaltete Alltag ist also nur begrenzt eine Interimsänderung, weswegen bei aller Kreativität die umgesetzten Änderungen auch dauerhaft umsetzbar

02

01 – 02
Ein brauner Labrador-Rüde hat ein ausgelegtes Leckerchen entdeckt. In dieser Übung geht es darum, dass er, anstatt sich auf das Futter zu stürzen, seine Bezugsperson anschaut und auf eine Rückmeldung wartet. Diese Übung, die häufig aus der Hand begonnen wird, ist eine wundervolle Grundlage, um die Ansprechbarkeit des Hundes zu vereinfachen.

bleiben sollten. Deswegen lohnt es sich auch, den systemischen Neustart planvoll mit einer Liste an Dingen zu beginnen, die man tut und wie man sie ändern wird. Diese Umstrukturierung des Lebens ist nicht nur für den Hund ein hartes Stück Arbeit – sie ist es, auf der einen Seite, auch für den Menschen. Das sollte man immer bedenken, wenn man diesen Ansatz wählt. Es gilt abzuwägen, wie viel effizienter und Erfolg versprechender ein Training ist, wenn man so eine große Änderung des Tagtäglichen mit aufnimmt. Was ist leistbar für die Person und für den Hund? Rechtfertigt das Problem einen derart umfassenden Ansatz? Droht eine Gewaltspirale im Training, wenn diese Umstrukturierung nicht mit eingebaut wird? Hängt davon ab, ob der Hund abgegeben werden muss? Diese Abwägung des bestehenden Leides und der – wenn auch zeitbegrenzten – Herausforderungen in der Zukunft, können schwierig sein. Man kann auch nicht testen und nur kleinere Veränderungen etablieren. Solche Änderungen lernt der Hund schnell einzuschätzen und die Chance ist vertan.
Auf der anderen Seite kann ein durchdachter systemischer Neustart auch eine Entlastung für die Person sein, besonders dann, wenn sie sich in den vergangenen Monaten oder Jahren in ihren Versuchen, das Problemverhalten des Hundes zu beheben, völlig verrannt hat. Aus vier Mahlzeiten können zwei werden, Auslastungs- und Beschäftigungsangebote konzentrieren sich jetzt auf den Menschen, der Hund begleitet „nur“, Besuche finden ohne Beisein des Hundes statt. Diese Änderung des Fokus bietet neue Freiräume und ein wenig mehr Selbstfürsorge, entlastet die Beziehung zum Hund, ändert Ansprüche an ihn und gibt Kraft und Zeit für die Veränderungen im Alltag.

☞ FALLBEISPIEL: ANUK SAGT ‚MÄUSCHEN'

Anuk ist ein junger Briard-Rüde, der bei Ute vorstellig wurde. Es berichtet seine Halterin, nachdem sie bei Ute im Training war.

Kurz vor Eintritt der Rente war die Zeit genau richtig für einen Welpen – wohl unser letzter in Anbetracht unseres Alters. Wir entschlossen uns, zwei Jahre nachdem unsere fast 14-jährige Briard-Hündin Zabou verstarb, zu unserem 9-jährigen Briard-Rüden Cadeau noch einmal einen Welpen zu holen, so kam Anuk zu uns. Er war der Kleinste und Anhänglichste im Wurf. Anuk ist der sechste Hund und der fünfte Briard in unserer Familie. Das Zusammenleben mit zwei Hunden haben wir nie bereut, sondern es hat unser Leben unermesslich bereichert und die Zeiten, als in unserem Haushalt weitere Hunde zu Besuch oder in der Pflege waren, haben wir sehr genossen. Cadeau hat den Kleinen gut angenommen, ihm aber unmissverständlich die Grenzen aufgezeichnet und der Kleine hat es auch akzeptiert. Es gab keine Probleme zwischen den beiden. Die ersten Wochen erschwerten viele und aufwendige Tierarztbesuche, da er an einer hartnäckigen Blasenentzündung litt. Er war kränklich und wurde entsprechend auch verhätschelt.
Die Anfänge in der Hundeschule waren unauffällig. Schnell stellte ich fest, dass Anuk oft sehr viele Fragen hatte und sehr schnell überfordert war. Auf die Überforderung antwortete er mit Unruhe, Buddeln, buchstäblichem Ins-Gras-Beißen und einer immer massiveren abwehrenden Haltung mir gegenüber. Er sprang an mir hoch und immer wieder versuchte er, sich auch mit Zähnen zu wehren. Meine eigene Überforderung äußerte sich in von mir nicht richtig wahrgenommener Ungeduld, Wut, Frust und Enttäuschung.

Meine Erwartungen an ihn waren definitiv nicht im Einklang mit seinen, bzw. mit unserer Entwicklung als ein Team. Ich versuchte ständig, seine Persönlichkeit und Entwicklung meinen Vorstellungen anzupassen. Meine Erfahrungen mit allen unseren Hunden reichten nicht, um mich auf den jungen Anuk richtig einzustellen und seine Persönlichkeit richtig wahrzunehmen. Meine Vorstellung über seine Entwicklung, die Ausbildung zum Besuchshund (die Cadeau mit Bravour absolvierte) rückten in die Ferne und schienen unmöglich wahr werden zu können.
Die Fehleinschätzung eigener Fähigkeiten, die Überforderung im Umgang mit dem jungen Rabauken wurden immer deutlicher. Meine Bemühungen des Umsetzens gut gemeinter Ratschläge wie „Setz dich doch durch" blieben erfolglos. Meine Unsicherheit wurde immer größer. Mein Eintritt in die Rente sowie persönliche und gesundheitliche Probleme waren enorme zusätzliche Belastungen, die mich für längere Zeit komplett aus der Bahn warfen. Anuk wurde zu einer immer größeren Herausforderung für mich. Auf seine Fragen hatte ich keine Antworten. Meine Versuche, ihn zu bändigen, scheiterten. Unsere Auseinandersetzungen brachten noch mehr Selbstzweifel, Unsicherheit, Traurigkeit, Wut, Enttäuschung und auch Angst vorm kompletten Scheitern. Welchen Einfluss noch die beobachtende Außenwelt auf mich hatte, muss ich wohl nicht sagen.
Mein Mann begleitete uns in eine Hundeschule, weil ich den Konflikt mit Anuk fürchtete und ihm aus dem Weg ging.

Diese Hundeschule, die Begleithundetraining und Agility anbot, schien uns weder für Anuk, noch für uns passend zu sein. Auch die nächste Hundeschule haben wir nach mehreren Monaten verlassen, obwohl wir die Arbeit der Ausbilderin dort schon seit geraumer Zeit schätzten und respektierten. Wir haben ihre Vorträge und Seminare als sehr lehrreich empfunden. Die Arbeit mit Einzelstunden und in kleinen Hund-Mensch-Gruppen schien uns passender. Im Einzeltraining konnte ich mich besser auf mich selbst konzentrieren, auf mein Verhalten im Umgang mit Anuk. Vertrautheit und

Anuk, der junge Briard-Rüde, nennt – im übertragenen Sinne – seine Halterin ‚Mäuschen': Er nimmt sie nicht ernst und das führt zu Konflikten, die das Zusammenleben massiv belasten.

Offenheit mit der Trainerin halfen mir, einen anderen Zugang zu Anuk zu finden und vor allem die Ruhe so gut wie möglich zu bewahren.
Es war mir bewusst, wie viel es mir an meiner eigenen Selbstsicherheit im Umgang mit Anuk fehlte. Hundebegegnungen galten als besonders herausfordernd. Meine eigene Anspannung und Unsicherheit in der Situation löste unerwünschte Reaktionen bei Anuk aus. Diese Auseinandersetzungen wurden im Laufe der Einzelstunden zwar weniger häufig, dafür aber wesentlich heftiger. Anuk biss richtig kräftig und ernsthaft verletzend zu. Weil ich mein eigenes Verhalten und meine Einstellung reflektieren konnte und Anuks Reaktion gut nachvollziehbar war, reagierte ich auf die Bissattacke nicht mit Wut, sondern mit der Bereitschaft, an meinem eigenen Schutz zu arbeiten.
Das Tragen eines Maulkorbs wirkte sich positiv auf meine Selbstsicherheit aus.
Unendliche Entschiedenheit und der Wille, Anuk die Antworten auf seine Fragen geben zu können, gaben mir Kraft, um die innere Einstellung zu ändern. Doch seine Attacken wurden heftiger.
Traurigkeit, Enttäuschung und Selbstzweifel machten sich breit. Nach der Kontaktaufnahme mit Ute Heberer beobachtete sie uns im Team. Ihre Kangal-Hündin Bärbel zeigte mir in ihrem Verhalten uns gegenüber meine Schwachpunkte auf. Ute konnte mir zusammen mit Bärbel nochmals deutlich machen, wie unsicher mein Umgang mit Anuk und wie ratlos ich war. Ute erklärte bildlich, dass mein Hund völlig überfordert sei mit seiner Aufgabe, auf mich aufzupassen. „Er sagt: Mäuschen, lass mich machen, ich sehe, du bist nicht dazu in der Lage. Doch er ist es auch nicht. Dein Hund sagt ‚Mäuschen' zu dir, ist aber auch kein Held. Keiner kann sich auf den anderen verlassen. Zwei Individuen, die völlig überfordert sind. Einer muss jetzt die Verantwortung übernehmen. Und das bist du!"
Die Einsicht darüber war ein sehr bewegender Moment, und ich war dankbar, diese Gefühle auch zulassen zu können. Ute erklärte, warum bei all unserem Wissen und unserer Bemühungen Anuk uns gegenüber so aggressiv reagierte. Ich, das unsichere Mäuschen, wurde so liebevoll von Bärbel in Schutz genommen, dass mir mein Zustand bewusst wurde. Ich durfte es mit offenen Augen ansehen, spüren und fühlen (ach, Bärbel ich danke dir sehr dafür – du bist meine Heldin). Wie verloren Anuk in dieser Situation war, wurde mir auch bewusst.
Hausaufgaben, welche mir von Ute mit auf den Heimweg gegeben wurden, wurden allerseits fleißig und gerne umgesetzt. Die Leichtigkeit, mit welcher Anuk die Anforderungen erfüllte, machte mich manchmal sprachlos. Er führte die Aufgaben aus, die ich ihm nicht zugetraut hätte. Es fand auch eine andere Stimmung und Gelassenheit in unserem Miteinander statt. Ich gewinne langsam Selbstsicherheit zurück und der Schwerpunkt der Aufmerksamkeit liegt in meiner Haltung, Stimmung und den Handlungen. In dieser Zeit zeigte Anuk auch keine Anzeichen mehr von Stressreaktionen in Form von Ins-Gras-Beißen oder chaotischem Buddeln.
Beim nächsten Besuch bei „Tiere in Not Odenwald" waren die Änderungen für mich spürbar und für die Anwesenden sichtbar. Das Zusammenkommen von Anuk mit anderen Hunden zeigte, dass er sich besser in der Situation zurechtfand und gelassener wirkte. Ich wusste nun, dass Anuk sich auf mich und mein Urteil verlässt, sich an mir orientieren kann und dass wir auf dem richtigen Weg sind. Die Erleichterung darüber war sehr groß, aber auch die Traurigkeit über die eigene, dauernde Verzweiflung, Wut, Ängste und Hilflosigkeit vergangener Zeiten, welche sehr schwer auf der Seele lag.

ERZIEHERISCHE DEFIZITE

KONTEXTABHÄNGIG UND NICHT ALLGEMEINGÜLTIG

Wann ist ein Hund eigentlich ein gut erzogener Hund? Sind es Hunde, die auf Kommando „Sitz" machen, die entspannt an einer lockeren Leine laufen und dabei freundlich freundschaftlich wirken?

Im Grunde werden Hunde häufig dann als wohlerzogen wahrgenommen, wenn sie sich unauffällig verhalten. Das Herausfordernde an der Erziehung des Hundes ist, dass Menschen in sehr unterschiedlichen Kontexten leben und als Persönlichkeiten nicht weniger unterschiedlich sind. Sie sind aktiv und kommunikationsfreudig, empfangen viel Besuch oder verbringen ihre Zeit in Cafés. Sie haben Familie, leben in Wohngemeinschaften und Multigenerationshäusern. Oder eben nichts davon. Laut dem Statistischen Bundesamt (2023) hat sich der Anteil der Einpersonenhaushalte seit 1950 mehr als verdoppelt, während sich die Anzahl der Haushalte mit mehr als zwei Personen gravierend verringert hat. Es gibt Menschen, die täglich zur Arbeit fahren und einen steigenden Anteil an solchen, die aus dem Homeoffice heraus arbeiten und praktisch immer da sind. Von der kleinen Ein-Zimmer-Wohnung bis zum Haus mit riesigem Garten, von der Großstadt bis zur ländlichen Alleinlage – Hunde werden heute in allen Lebenslagen gehalten. Und jede Haltungsform, jedes Lebenskonzept bringt andere Notwendigkeiten und Ansprüche an die Erziehung des Hundes mit sich.

Die Frage ist also, ob sich bei aller Unterschiedlichkeit gemeinsame Nenner finden lassen, Elemente, die in der Erziehung jedes Hundes sinnvoll sind und die dabei helfen können, Probleme mit dem Hund vorzubeugen. Die einfache Antwort lautet: Ja, diese Elemente gibt es. Die etwas komplexere Ausführung bezieht dann mit ein, dass nicht jeder Hund als Welpe bei seinen Menschen einzieht, nicht mit den gleichen Erfahrungen und Grundeigenschaften ausgestattet ist. Auch wäre es schlichtweg falsch zu behaupten, dass es immer einfach ist, das eigene Handeln, die richtigen Ziele und das Verhalten des Hundes im Alltag und in seiner Beziehung zu uns losgelöst zu betrachten, um auf Fehlersuche zu gehen.

Nicht jeder Hund ist begeistert von fremden Personen. Distanz zu wahren, keinen Blickkontakt zu suchen und sich abzuwenden sind gehemmte, aber deutliche Anzeichen, dass der Hund eine Annäherung nicht wünscht – und das höflich mitteilt.

LERNTHEORIE: BELOHNUNG, STRAFE UND ALTERNATIVEN

Ein Lob ist einfach. Wesentlich schwieriger ist es, über angemessene Strafe zu sprechen und sie in einem Trainingskontext verantwortungsvoll einzusetzen.

Um zu verstehen, wie sich das Verhalten eines Hundes verändern lässt, lohnt es sich, sich damit zu befassen, wie ein Hund lernen kann. Wenn wir bei der Erziehung des Hundes von „der" Lerntheorie reden, dann ignorieren wir dabei streng genommen schon den Großteil all dessen, was die Forschung über die Arten und Weisen, wie Organismen – vor allem Menschen – lernen können, herausgefunden hat. Um in ihrer Umwelt zurechtkommen und auf vielfältige und sich immer verändernde Informationen reagieren zu können, stehen Lebewesen ganz unterschiedliche Varianten der Verarbeitung von Informationen zur Verfügung. Im Hundetraining hat sich vor allem die behavioristische Lerntheorie durchgesetzt, die für Menschen besonders gut umsetzbar ist: das assoziative Lernen durch klassische und operante Konditionierung. Ziel ist es, dem Hund verständlich zu machen, dass bestimmte Signale und Reaktionen darauf zu einer Belohnung führen – oder, und hier wird es schon kniffeliger, zu einer Bestrafung.

WAS IST STRAFE?

Der Begriff der Bestrafung (synonym Strafe oder Strafreiz) bedeutet in der Verhaltensbiologie nicht mehr und nicht weniger, als dass ein wahrgenommener Reiz dazu führt, dass das Verhalten, das diesen Reiz ausgelöst hat, in der Folge weniger wird. Dabei ist es vollkommen egal, ob dieser Reiz absichtlich und aktiv gesetzt wurde oder ob er einfach zu diesem Zeitpunkt da war und mit dem Verhalten in Verbindung gebracht wurde. Ein Beispiel: Eine Person tritt ins Freie und blickt in den Himmel. Weil es regnet, fällt ihr ein Regentropfen in das geöffnete Auge. Das Gefühl war überraschend und die Erfahrung unangenehm. Die Wahrscheinlichkeit, dass diese Person nochmals in den Himmel schaut, ohne vorher zu prüfen, ob es regnet, und ihr das Gleiche wieder passieren könnte, sinkt, denn sie hat gelernt. Unser Leben besteht aus Hunderten und Tausenden kleinerer und größerer Erfahrungen, die uns dazu bringen, etwas nicht mehr, weniger, häufiger oder immer wieder zu tun – je nachdem, welche Erfahrung wir gemacht haben.

STRAFE IM HUNDETRAINING

Die Strafe als Begriff im Hundetraining trägt allerdings ein viel größeres Päckchen, als dass die rein lerntheoretische Definition tut. Das ist heutzutage vor allem historisch bedingt: Erst in den letzten Dekaden wissen wir durch Forschungserkenntnisse, dass Tiere nicht einfach stumpfe Reaktionsmaschinen sind. Lange herrschte der Glaube, man müsse einem Tier gegenüber schon sehr deutlich werden, damit es gehorchen kann – ja, diese Formulierung ist natürlich extra so gewählt. Erst in den letzten zwei Jahrhunderten bewegt sich die Forschung dahin zu verstehen, wie der Mensch und andere Tiere wahrnehmen und empfinden und

Der Rüde zeigt, dass der Schreckreiz, den seine Besitzerin eingesetzt hat, für ihn unangenehm war: die Rute ist abgesenkt, der Körper etwas abgeduckt, die Ohren liegen an und die Lippen sind aufeinandergepresst. Gleichzeitig richtet er den Blick auf seine Bezugsperson, um die konflikthafte Situation einschätzen zu können – als nächstes kann die Halterin ein erwünschtes Verhalten vorschlagen, um ihn dafür zu loben.

beides miteinander zu vergleichen. Erst langsam begreifen wir im Detail, wie groß die Ähnlichkeiten sind und worin die Unterschiede bestehen. Mit diesen Erkenntnisprozessen wird auch immer deutlicher, dass bestimmte Erziehungsmaßnahmen und Hilfsmittel im Hundetraining (und nicht nur dort, bei Pferden beispielsweise passiert das gleichermaßen) gewaltvoll und brutal sind und mitnichten notwendig. Die veraltete und absurde Vorstellung, dass ein Tier mit Schlägen oder Tritten so lange malträtiert werden muss, bis es sich ergibt und damit „gebrochen" ist, gehört dazu. Und dennoch findet sie heute immer noch Anwendung.

Es ist also durchaus sinnvoll, in der Erziehung des Hundes hellhörig zu werden, wenn es um Bestrafung geht. Falsch, auch fachlich falsch, ist es allerdings, unter diesem Begriff alles miteinander zu vereinen: das überlebensnotwendige Wahrnehmen von Unangenehmem und möglicherweise Lebensgefährlichem und unnötige Gewalt, die nichts tut, außer Schmerzen, Leiden oder Schäden zu verursachen. Diese drei letzten Begriffe nehmen einen direkten Bezug zum deutschen Tierschutzgesetz, das genau solche Handlungen verbietet. Aber gleichzeitig haben die Debatten um die Berücksichtigung des Tierwohls eben auch dazu geführt, dass es falsche Formulierungen bis in die deutsche Tierschutz-Hundeverordnung geschafft haben. Hier lautet die Begründung des vollkommen gerechtfertigten Verbotes von

Strom- und Stachelhalsbändern, dass es wissenschaftlich erwiesen sei, dass Strafreize in der Erziehung des Hundes tierschutzwidrig seien. Strafreize als verhaltensbiologische Begrifflichkeit zur Beschreibung einer Verhaltensänderung können nicht tierschutzwidrig sein – sie sind lebensnotwendig. Die derzeit verfügbaren Erkenntnisse sind vielfältig, konkrete Aussagen beziehen sich auf spezifische Szenarien und es gibt mehr als genügend Ergebnisse die zeigen, dass Hunde davon profitieren, wenn ihnen Informationen klar und/oder facettenreich vermittelt werden, indem sie schneller lernen (Kovács et al. 2024, Johnson und Wynne 2024, Schalke et al. 2007). Man kann es sich ein wenig wie das alte „Topfklopfen"-Spiel vorstellen: Erhält die Person mit den verbundenen Augen immer nur die Information „heiß", wenn sie sich dem Topf nähert, aber nie die Information „kalt", wenn sie sich davon entfernt, dann wird ihr die Hälfte aller möglichen Informationen vorenthalten und sie braucht länger, um das Ziel zu erreichen. Nichts mindert die Qualität der „kalt"-Information, wenn sie richtig und im Sinne des Gegenübers vermittelt wurde. „Kalt" ist nicht Gewalt. Es mag frustrierend sein, es mag unangenehm sein, aber es ist eine wichtige Information, die uns dabei hilft, uns zurechtzufinden.

Die Darstellung dieser Lernprozesse durch Sinnbilder soll eine sachlichere Ebene gewährleisten. Wünschenswert wäre eine differenzierte Betrachtung, die mit dem Wissen, das wir über das Lernen bei Hunden und ihr Ausdrucksverhalten haben, mehr als möglich ist und schon viel weiter fortgeschritten sein könnte. Wir halten die Auseinandersetzung mit dem Thema der lerntheoretischen Strafe und ihrer Umsetzung im Hundetraining in diesem Buch für immens wichtig, denn wir gehen davon aus, dass diejenigen, die es in die Hand nehmen, bereits mit einem Hund konfrontiert sind, der ein Problemverhalten zeigt. Wenn dieses Verhalten etabliert ist, dann besteht auch oft schon ein großer Leidensdruck, der wiederum den Einsatz von Strafen wahrscheinlicher macht – was allerdings auch mit der Gefahr einhergeht, dass sich das eigentliche Ziel des Trainings in einer Gewaltspirale verliert.

An diesem Punkt wird oftmals angeführt, dass klar sei, dass ein Strafreiz im Sinne der operanten Konditionierung ein festgelegter Fachbegriff und auch im Alltag ein omnipräsentes Element des Lernens sei. Die Frage, die man sich als Mensch stellen müsse, sei eine ethische: Wie wollen wir als Menschen mit Hunden umgehen? Diese Frage ist in ihrer Natur philosophisch, nach Jahrzehnten des Zusammenlebens und Arbeitens mit Hunden für uns aber auch in vier Erkenntnissen (siehe Kasten) beantwortbar.

WIE WOLLEN WIR MIT HUNDEN UMGEHEN?

1. Wir wollen für die Hunde, mit denen wir zu tun haben oder mit denen wir zusammenleben, oder deren Personen wir darin anleiten, immer fair und wohlwollend sein. Wir wollen die Bedürfnisse des Individuums erkennen und berücksichtigen.
2. Wir wollen in unserer eigenen Art und Weise für diese Hunde klar und berechenbar sein, damit unsere Reaktionen und Aktionen so verständlich wie möglich für sie sind.
3. Wir wollen dabei – soweit es uns als Menschen möglich ist – sowohl berücksichtigen, welche kognitiven Leistungen ein Hund erbringen kann, als auch, welche Einschränkungen das Zusammenleben von Mensch und Hund in einer vom Menschen gestalteten Gesellschaft und Natur mit sich bringt.
4. Wir wollen es dem Hund ermöglichen, Lösungen für seine Probleme zu finden, die von Menschen und Gesellschaft getragen werden können – so schnell und sinnvoll wie möglich. Dafür soll der Hund alle Informationen erhalten, die wir zur Verfügung haben, ohne ihn oder Menschen zu gefährden.

Diese vier Erkenntnisse aus dem Kasten auf Seite 61 mögen etwas abstrakt und auch sehr groß wirken, aber wir sind der festen Überzeugung, dass wenn diese Werte als Ziele am Horizont anvisiert werden, das Wohl des Hundes und seiner Menschen immer im Fokus bleibt. Dabei sind wir nicht perfekt oder frei von Fehlern. Jeder Mensch befindet sich – idealerweise – in einem permanenten Entwicklungsprozess und sollte auch die Fehler, die begangen werden, als Anlässe zur Änderung schätzen. Denn nur wer das eigene Fehlverhalten anerkennen kann, kann lernen (!) und es in Zukunft besser machen.

BELOHNEN IM TRAINING

Es gibt ausreichend Literatur darüber, wie sich ein Hund im Training am besten belohnen lässt, welche Varianten es gibt und wann welche Variante die richtige ist. Hier wollen wir uns darauf konzentrieren, dafür zu sensibilisieren, wie eine sinnvolle, faire und vertretbare Strafe im lerntheoretischen Sinne aussehen kann und worauf es zu achten gilt. Dabei setzen wir eine Grundregel voraus: Der Hund, mit dem trainiert wird, kennt ein sogenanntes Alternativverhalten:

01

01 – 02
Beide Junghunde, der Border Collie und der Deutsche Pinscher, befassen sich mit der gleichen Übung, aber die Ziele sind ganz unterschiedliche: Während der eher unsichere Collie lernt, durch Explorationsverhalten Erfolge zu erzielen, erfährt der selbstsichere und aufbrausende Pinscher, dass die Lösung einer Aufgabe anstrengend und langwierig sein kann – je nachdem, ob sich die Belohnung auf oder unter der in den Sand gedrückten Plastikschüssel befindet.

ein erwünschtes Verhalten, das für ihn leistbar ist und das er nutzen kann, um eine Strafe zu vermeiden. Das kann ein Blick zu seiner Bezugsperson sein, ein Herankommen oder ein Sich-Hinsetzen. Wichtig ist, dass dieses Verhalten zuverlässig gezeigt werden kann. Es wird jeder Übung vorangestellt und bringt zwei wesentliche Vorteile mit sich:

1. Der Hund erfährt schneller einen Erfolg, wenn er das Alternativverhalten nutzt. Wenn ein Hund verstanden hat, dass ein erwünschtes Verhalten lohnenswerter als ein unerwünschtes ist, dann fällt es ihm leichter, etablierte Muster zu verlassen. Ein zuverlässiges und gut aufgebautes Alternativverhalten schwächt auch die Wertigkeit des Reizes, der das Problemverhalten auslöst.
2. Der Mensch, der den Hund in diesen Abläufen trainiert, kann sich auf das Zeigen des Alternativverhaltens konzentrieren und nimmt den Fokus weg von dem unerwünschten Verhalten. Zu erkennen, dass der Hund etwas Erwünschtes beherrscht und dass er es zeigen kann, verschiebt die Gewichtung des Trainingsziels und damit auch die Stimmung im Hund-Mensch-Gespann, was wiederum das Training angenehmer werden lässt.

02

ÜBUNGSAUFBAU

Auch für den Hund muss eine lernfreundliche Umgebung geschaffen werden, vor allem, wenn für ihn bisher ein problematisches Verhalten eine gute Lösung war.

Es ist wichtig, sich Gedanken darüber zu machen, wie man ein Problem angehen möchte. Im Leben im Allgemeinen, aber im Speziellen mit dem Hund, der das Verhalten nicht ohne Grund zeigt. Es gibt einige gute Ansätze, um eine Übung zu planen, die dabei helfen zu reflektieren, welche Voraussetzungen notwendig sind, damit eine Trainingseinheit ohne Hürden für Hund und Mensch stattfinden kann. Das mag im ersten Moment kompliziert wirken, aber es ist zielführend, vor allem dann, wenn man als Mensch zwischen Alltag, eigenen Emotionen und dem belasteten Blick auf den Hund beeinflusst wird.

DAS ABC-MODELL

Mit dem ABC-Modell (Friedman 2009) kann zum einen das Entstehen eines Problemverhaltens betrachtet, aber zum anderen auch ein Plan für ein Training angegangen werden: Das ABC-Modell geht davon aus, dass ein Verhalten (Behavior) immer eine Reaktion auf etwas ist, immer eine Ursache (Antecedens), und immer eine Konsequenz (Consequence) hat. Das ist im Grunde die vereinfachte Darstellung der biologischen Sichtweise auf die Existenz von Verhalten an sich. Verhalten ist das, womit ein lebender Organismus auf seine Umwelt reagiert, um in ihr möglichst sicher zu existieren. Verhalten ist variabel, weil die Herausforderungen der Umwelt es ebenfalls sind. Verhalten ist keine Eigenschaft, sondern eine Mixtur aus genetischer Veranlagung und Erfahrungen. Und Erfahrungen sind wiederum nichts anderes als die Verarbeitung von Informationen und ihre Reaktion darauf – also Gelerntes.
Wenn eine Trainingseinheit angegangen wird, dann wird zuerst bestimmt, was die Ursache des Verhaltens ist. Hierin verbergen sich mehrere Elemente, unter anderem auch der Grund oder die Motivation für ein (Problem-)Verhalten. Der Hund kommuniziert ein Bedürfnis und das sollte im Training berücksichtigt werden, damit die Änderung des Verhaltens für den Hund leistbar ist.
Ein Trainingsansatz, der das eigentliche Problem nicht adressiert, kann für den Hund unklar oder nicht umsetzbar sein. Andererseits kann ein unerwünschtes Verhalten auch der Gipfel eines Eisbergs sein, der sich zeigt, dessen Training aber die Themen unterhalb der Wasseroberfläche ansprechen sollte, damit nach Trainingsende nicht die nächste Problematik in Erscheinung tritt.
Ein häufiges Eisberg-Problem ist beispielsweise eine fehlende Ansprechbarkeit des Menschen für den Hund und damit verbunden eine fehlende Ansprechbarkeit des Hundes für den Menschen.

DAS BALKEN-PRINZIP

Wenn klar ist, wo ein Training ansetzen soll, dann hilft das BALKEN-Prinzip aus der Didaktik dabei zu reflektieren, welche Schwierigkeitsstufen es für Hund und Mensch geben kann:

Grundvoraussetzung für einen gelungenen Übungsaufbau ist ein Hund, der aufmerksam ist und gelernt hat zuzuhören. Oftmals beginnt die Arbeit mit der Etablierung des Namens beim Hund. Es ist erstaunlich, wie viele Hunde nicht auf ihren Namen reagieren, weil entweder ein Kommando dazu folgt, wie zum Beispiel „Bello, runter vom Sofa“ oder einfach auch nichts und der Hund stumpft ab.

B: vom Bekannten zum Unbekannten
A: vom Allgemeinen zum Speziellen
L: vom Leichten zum Schweren
K: vom Konkreten zum Abstrakten
E: vom Einfachen zum Zusammengesetzten
N: vom Nahen zum Entfernten

Hund und Mensch müssen in der Lage sein, im Bekannten, Allgemeinen, Leichten, Konkreten, Einfachen und Nahen das erwünschte Verhalten zu zeigen oder auszulösen, also beispielsweise durch ein Handzeichen oder Wort. Erst dann wird – je nach Bedarf – von diesen Ausgangspunkten vorangeschritten: Aus dem bekannten Wohnzimmer in den Gartenbereich, der von unbekannten Komponenten beeinflusst wird (und damit mehr Ablenkungsreize bietet). Vom angeleinten Hund in unmittelbarer Nähe hin zum freien Hund auf 20 m Distanz.
Es geht nicht immer darum, ob ein Hund ein Verhalten schon zeigen kann – es geht darum, ob er es auch dann zeigen kann, wenn er sich durch seine Umwelt herausgefordert fühlt. Allzu viele Trainings scheitern daran, dass Menschen ihren Hunden nicht zugestehen, dass Lernen ein Prozess ist, der sich besonders dann schwierig gestaltet, wenn ein problematisches Verhalten gefestigt ist und sich für den Hund als probate Lösung dargestellt hat. Einem Hund, dem man nicht mit rationalen Argumenten in menschlicher Sprache begegnen kann, zu verdeutlichen, dass eine andere, bessere Lösung geschaffen werden muss, ist immer ein schwieriges Unterfangen.
Dabei sollte nie vergessen werden, wie sehr auch wir als Menschen in unserer Beziehung zum Hund und unserer Erlebniswelt verhaftet sind. Es ist schwer, besonders wenn es um negative Vorerfahrungen geht, sich zu lösen und den konstruktiven Blick auf das angestrebte Trainingsziel und die damit einhergehende Verhaltensänderung des Hundes, aber eben vielleicht auch des Menschen, zu bewahren.

VERBINDLICHKEIT, REGELN UND GRENZEN

Hunde sind keine Maschinen, die an- und ausgeschaltet werden. Auf ihre Erziehung wirken viele Elemente ein, weswegen man sich gut überlegen sollte, was im Zusammenleben tatsächlich wichtig ist.

Im weiten Feld der Hundeerziehung begegnen uns ganze Rudel an Fachbegriffen; solche, die es sein wollen, und Worthülsen, die gewichtig klingen, aber selten mit konkreten und sachdienlichen Definitionen gefüllt sind. Verbindlichkeit, Grenzen, Konsequenz, Authentizität, Souveränität, Regeln, Führung, Gehorsam, Erziehung. Sie beeindrucken diejenigen, die auf der Suche nach Lösungen sind, und dienen denen, die Kompetenz ausstrahlen wollen, allzu häufig als Nebelkerzen. Im Hundetraining kann, mal bewusst, mal unbewusst, die Hilfe suchende Person Ziel von Übergriffen werden, weil sie einer vermeintlich mehr wissenden Person Macht zugesteht. Die Erfahrung, dass die eigenen Fähigkeiten nicht ausgereicht haben, um das Verhalten eines Hundes zu verändern, öffnet Tür und Tor, um eine andere Person das eigene Wertegefüge und den Umgang mit dem Hund verändern zu lassen – bestenfalls zum Guten, aber in nicht wenigen Fällen auch zum Schlechteren.

DAS ZIEL DES TRAININGS KLÄREN

Wer sich auf die Suche nach Unterstützung für das Training des eigenen Hundes begibt oder auch selbst die Trainingseinheiten zusammenstellt, sollte immer zuerst hinterfragen, welche Kernelemente sich herauskristallisieren und wie man den Begriff für sich selbst definiert. Wird mir dazu geraten, „authentischer" im Umgang mit dem Hund zu sein, so muss ich zuerst begreifen, was ich unter dem Begriff verstehe, wo mir diese Eigenschaft fehlt, wann ich mich so abweichend verhalte, dass es unecht wirkt, und wie ich für meinen Hund glaubwürdig sein kann. Wenn ich beschließe, eine Regel im Zusammenleben mit dem Hund aufzustellen, dann muss ich darüber nachdenken, was diese Regel tatsächlich bedeutet, warum sie mir wichtig ist und wie ich sie klar vermitteln kann. Bleiben Begriffe reine Worthülsen, dann sind wir auch nicht dazu in der Lage, sie dem Hund verständlich zu machen. „Ich will" und „Ich will nicht" müssen aus der Perspektive des Hundes betrachtet werden, und wenn sich herausstellt, dass dieses Wollen mit allzu vielen Ausnahmen gespickt ist, dann wird die Vermittlung schwierig. „Ich will nicht, dass mein Hund am Zaun bellt." kann in einem Training nur dann wirklich angegangen werden, wenn das Wesen des Hundes bedacht ist (Welcher Rasse oder welchem Rassetypus gehört er an? Zeigt er häufig territoriales Verhalten oder bezieht es sich nur auf bestimmte Ereignisse, bspw. wenn eine Person mit einem Hund den Zaun passiert?) und der Mensch das Verhalten wirklich als störend empfindet. Wenn nämlich der Hund abends, wenn es dunkel ist, sehr wohl am Zaun melden

Der junge Rottweiler-Mischlingsrüde aus dem Tierschutz versucht sich gerade darin, mit Bedrängen, in die Jackenärmel beißen, bellen und anspringen die Aufmerksamkeit seines Besitzers auf sich zu ziehen, wenn ihm langweilig wird. Die Halte-Übung, die ein strafender Reiz sein kann, wenn das Ziel des Hundes freie Bewegung ist, kann helfen, das problematische Verhalten abzubauen.

soll, um vermeintliche Gefahren abzuwehren, oder es eigentlich egal ist, ob der Hund bellt, weil das Verhalten weder die Menschen vor Ort noch die in der Nachbarschaft stört, aber neulich eine Bekannte im Café erzählt hat, dass sie das Verhalten generell unmöglich findet, dann wird das Abtrainieren eines vielleicht schon seit Jahren etablierten Zaunbellens ein steiniger Weg mit geringen Erfolgsaussichten.

SINNVOLLE REGELN ETABLIEREN

Im Alltag hat sich der Fokus auf drei Aspekte in der Erziehung des Hundes bewährt: Sinnvolle Regeln, die sehr individuell sein können, klare Grenzen, die nicht tolerierbare Verhaltensweisen adressieren, und eine verbindliche Umsetzung. Synonyme für Verbindlichkeit können Konsequenz oder Konsistenz sein, gemeint ist die direkte, klare und zuverlässige Ansprache des Hundes. Es bleibt nicht bei der Ermahnung, wenn der Hund darauf nicht reagiert, sondern es folgt eine Aktion, die Informationen über das unerwünschte und das erwünschte Verhalten liefert. Und das, wann immer es passiert. Uns ist bewusst, wie groß das Wort „immer" ist – es soll hier helfen, um sich bewusst zu machen, wie wichtig es ist, sich genau zu überlegen, welche Regeln es wirklich durchzusetzen gilt. Ist es wirklich wichtig, ob der Hund vor dem Überqueren der Straße, während er angeleint ist, „Sitz" macht? Oder reicht es auch, wenn er steht? Ist es wirklich wichtig, dass der Hund nicht in die Reifen vorbeifahrender Fahrräder beißt und damit nicht nur sich selbst, sondern auch die Personen auf dem Rad massiv gefährdet? Im gemeinsamen Alltag mit dem Hund muss jeder Mensch für sich selbst entscheiden, wie viele Regeln er umsetzen kann und möchte. Die einen genießen und suchen die häufige Ansprache des Hundes, während die anderen wollen, dass das Miteinander funktioniert, ohne dass sie jeden Schritt des Hundes beaufsichtigen müssen. Was andere Menschen finden, ist in erster Linie nicht relevant, solange es den Hund, Personen und andere Lebewesen nicht gefährdet. Schnell verloren geht besonders in der Arbeit mit Problemhunden der Fokus auf das Gute. Strenge und Kritik überwiegen oft. Dabei festigt nichts Verbindlichkeit, Grenzen und Regeln mehr als ein Lob, wenn der Hund etwas Erwünschtes getan oder wenigstens versucht hat. Es lohnt sich, ihn als Wesen wahrzunehmen, das um Gemeinschaft bemüht ist, das vor allem positive Eigenschaften mit sich bringt, während das Problem oft nur einen Teil der gemeinsamen Zeit in Anspruch nimmt. Sei es ein Hundekeks, ein Tätscheln, ein Streicheln oder auch nur ein Lächeln – es wird Mensch und Hund gleichermaßen guttun, auch in diesem Sinne konsequent zu sein.

Nicht jeder Hund geht mit Offenheit und Neugier an neue Situationen heran – mit unbekannten Situationen können auch Unsicherheit und Besorgtheit einhergehen. Dieser Windhund beäugt das Treiben auf der Wiese aus der für ihn sicheren Position hinter seiner Halterin.

UNERZOGEN UND DEFIZITÄR

Was einen gut erzogenen Hund ausmacht, ist in vielen Aspekten relativ und hängt von seinem Lebensumfeld ab. Und Defizite zeigen sich häufig erst, wenn sich dieses Umfeld ändert.

Einst wurde der jungen Malinois-Hündin der Autorin (NB) unterstellt, sie wäre sozial defizitär. Das Urteil erfolgte nach einer halben „Sozialisationsstunde" in einer Hundeschule, in der Hund-Mensch-Teams über den Platz schreiten und die Hunde vermutlich nicht aufeinander reagieren sollten. Die Hündin tat das, was viele Schäferhunde tun: sozial motiviert verwies sie mit Imponierverhalten und angedeuteten Scheinangriffen die entgegenkommenden fremden Personen und Hunde auf dem Hundeplatz auf Distanz, soweit das möglich war. Während des darauf folgenden Social Walks, also des gemeinsamen Spaziergangs der Teilnehmenden und der Hundetrainerin, zeigte sie das Verhalten nicht, weil sich alle in eine Richtung bewegten und der Fokus weder auf ihr noch auf ihrem Menschen lag. Aber das Urteil war bereits gefällt, obwohl diese Hündin mit einem Rüden das Zuhause teilte. Sie lebte in ihrem Leben mit vielen Hunden zusammen und begleitete die Aufzucht von zwei Würfen, denen gegenüber sie sich als tolerante, aber konsequente Tante beliebt machte. Ihr Verhalten fremden Menschen und Hunden gegenüber hat sie nie geändert. Sozial defizitär war sie ganz und gar nicht – das war grober Blödsinn, auch wenn es beeindruckend klang. Sie war eine belgische Schäferhündin mit typischen Rasseeigenschaften und einem, auch dem Leben ihrer Menschen geschuldeten, Umgang mit Fremden. Sie konnte auf Messen mitlaufen oder auf Hundeseminaren sein, aber die Verwaltungskraft im Büro blieb ihr stets ein Dorn im Auge.

Begriffe wie „defizitär", also mit Mängeln behaftet, und „unerzogen" sind schnell gesprochen, aber ihre Wirkung kann groß sein. So sehr, dass sich selbst eine gestandene Autorin nach über einer Dekade noch daran erinnert. Ob ein Hund unerzogen ist, ein Defizit, also Mängel in der Erziehung, zeigt oder gefährlich für sich oder seine Umwelt ist, hängt von unterschiedlichen Faktoren ab und beschreibt ein Problem in der Haltung dieses Hundes nur oberflächlich. Ist ein Hund unerzogen, wenn er nicht auf Befehl „Platz" machen kann? Oder „Sitz"? Muss ein Hund auf ein „Hier!" in ein formschönes Vorsitz, also das frontale und sehr nahe Sitzen vor dem stehenden Menschen, preschen? Oder reicht es nicht auch, wenn der Hund in der Nähe seiner Bezugsperson bleibt und auf Ansprache diese Nähe zuverlässig aufsucht, selbst wenn er gerade durch etwas Interessantes abgelenkt wird? Wenn man es auf möglichst viele Lebenskonzepte überträgt, in denen ein Hund gehalten wird, dann ist neben einem angemessen gehemmten Verhalten gegenüber anderen eine der wichtigsten Verhaltensweisen, die in der Erziehung verfolgt werden sollte, der Abruf, das ausreichend lange Bleiben in der Nähe der Bezugsperson und das Dulden körperlicher Manipulation. Denn dann kann ein Hund angeleint werden, sollte es notwendig werden. Alles Weitere hängt von dem individuellen Umfeld der Hundehaltung ab:

FUNDAMENT FÜR EINE SINNVOLLE ERZIEHUNG

1. Der Hund darf keine Wirbeltiere jagen.
2. Der Hund darf keine Menschen gefährden, auch nicht durch per se freundliches Verhalten, bspw. Anspringen.
3. Der Hund darf nicht ungehemmt-aggressiv agieren, außer er verteidigt (nach seinem Verständnis) sein eigenes Leben.

Soll der Hund andere Menschen nicht verbellen oder nicht begrüßen? Soll der Hund den Kontakt zu anderen Hunden suchen oder vermeiden? Soll der Hund bei Bedarf ruhig oder aktiv sein? Und so weiter und so fort.

Allein im Bereich der durch Gesetze und Verordnungen vorgegebenen Regeln lässt sich darüber hinaus ein Fundament für eine sinnvolle Erziehung ableiten (siehe Kasten), auch wenn nicht alle Formulierungen, vor allem in Verordnungen verschiedener Bundesländer, gleich sinnvoll sind. Mit diesen drei Grundregeln sind die allermeisten der in Verordnungen für gefährliche Hunde aufgeführten Elemente abgedeckt.

Ein Hund kann darüber hinaus vollkommen unerzogen bleiben, solange die für ihn zuständige Person verantwortungsvoll handelt. Sätze wie „Der will nur spielen." und „Die regeln das unter sich." sind kein Zeichen von Unerzogenheit oder Defiziten aufseiten des Hundes – sie deuten darauf hin, dass der Mensch bei seinen Entscheidungen die Bedürfnisse seines Umfeldes nicht miteinbezieht.

Erst wenn ein Verhalten als problematisch empfunden wird, das sich durch Training beheben lässt, beginnt die eigentliche Erziehung. In den allermeisten Fällen wird das so etwas wie Stubenreinheit oder Leinenführigkeit sein, kein Anspringen, kein Essen klauen, keine Gegenstände zerstören oder geduldig warten. Defizite, die in der eigenen Lebensrealität keine Rolle spielen, sollten auch nicht als Defizite bezeichnet werden: Defizite zeigen sich häufig erst dann, wenn sich die Lebensumstände des Hundes oder

des Menschen ändern. Dann können fehlende Erfahrungen zu einem ernsthaften Problem werden. Der Umzug vom Land in die Stadt kann gleich mehrere Herausforderungen bieten: Verkehrslärm, der Wechsel vom Auto auf öffentliche Verkehrsmittel, Menschenmengen und viele andere Hunde beispielsweise. Wenn Hunde aus dem Auslandstierschutz ursprünglich auf der Straße aufgegriffen wurden, fehlt ihnen möglicherweise jede Gewöhnung an den direkten Kontakt zu Menschen, geschlossene Räume oder eine Leine.

Auch wenn es in der individuellen Entwicklung, der Ontogenese, des Hundes im jungen Alter Phasen gibt, in denen solche Erfahrungen besonders nachhaltig und gut generalisiert werden, bedeutet das nicht, dass ein adulter Hund sich nicht auch in späteren Jahren an solche Veränderungen gewöhnen kann. Ein Hund kann in seiner verhältnismäßig schnellen Entwicklung zum erwachsenen Tier nicht alles erlebt und positiv verknüpft haben, was diese Gesellschaft anbietet. Wir reden von Zeiträumen, die Tage oder Wochen betragen und in denen es im schlimmsten Fall kontraproduktiv wäre, den Welpen oder Junghund stundenlang neuen Reizen auszusetzen, von denen er sich nicht erholen und an die er sich nicht ausreichend gewöhnen kann, weil sie nur einmalig auftreten.

Ob Mensch oder junger Rüde: Wenn der Wunsch nach Distanz nicht akzeptiert wird, setzen Hunde, hier eine Dobermann-Hündin, Ausdrucksverhalten ein, um das übergriffige Verhalten abzustrafen und ihre Bedürfnisse durchzusetzen.

ORIENTIERUNG AM MENSCHEN

Damit Ansprechbarkeit entstehen kann, braucht der Hund zunächst Orientierung: Er muss erkennen, dass vom Menschen relevante Informationen kommen. Diese Orientierung ist der erste Stein, auf dem weitere erzieherische Maßnahmen aufbauen.

Ein weithin unterschätztes Element der Erziehung von Hunden ist das, was hinlänglich gerne als „Orientierung am Menschen" beschrieben wird. Es umschreibt ein Verhalten, das Hunde häufig schon im Welpenalter von sich aus zeigen: Sie richten ihre Aufmerksamkeit auf die Bezugsperson, um zu erfahren, wie sie sich verhalten sollen. In den ersten Wochen orientieren sich Welpen zuerst an der Mutterhündin, allerdings nehmen sie, sobald Augen und Ohren geöffnet sind, natürlich auch wahr, dass Menschen mit ihnen interagieren. Es dauert nicht lange, bis sie die Verhaltensmuster zwischen ihrer Mutter und den Menschen beobachten und daraus Rückschlüsse ziehen. Je nach Typ prüfen sie ab dann über das Gehör, das Beobachten, aber auch durch Gerüche, welche Reaktionen wahrgenommene Reize bei diesen Bezugspersonen auslösen, und verhalten sich entsprechend. Auch wenn in einer guten Zuchtstätte von Anfang an darauf geachtet wird, dieses Bezugsverhalten zu festigen, geht es häufig im neuen Zuhause wieder verloren. Zu übermächtig wirken die niedlichen Aktionen des Welpen, als dass sorgsam darauf geachtet wird, Grundregeln aufzustellen oder zu festigen: „Wenn dir etwas nicht geheuer ist, dann wende dich an mich oder komm zu mir, damit ich dich unterstützen kann."

Fragt der Hund häufig bei seinem Menschen ab, aber erhält keine klaren Informationen, dann wird dieses Orientierungsverhalten weniger oder weniger deutlich gezeigt. Die direkte Abfrage über einen Blick bleibt aus, das Horchen wird zu einem Zucken der Ohrmuschel.

Und das betrifft nicht nur Welpen. Auch ein erwachsener Hund, der in ein neues Zuhause einzieht, wird in den ersten Tagen und Wochen mehr oder weniger auffällig genau beobachten, wie sich seine neue Umwelt gestaltet. So wie bei uns auch , wenn wir uns im Urlaub in einem unbekannten Hotel zurechtfinden müssen oder das erste Mal Bekannte für mehrere Tage besuchen und ihr Gästezimmer in Beschlag nehmen, sind die Sensoren des Hundes in Alarmbereitschaft. Anekdotisch hört man häufig, dass ein Hund aus dem Tierschutz nach einigen Tagen oder Wochen doch noch sein „Päckchen ausgepackt" hätte: So lange hat dieser Hund benötigt, um sich in seiner neuen Umgebung zu orientieren. Bis zu diesem Zeitpunkt hat er sich zurückgehalten, war in seinem Verhalten gehemmt, um zu lernen, welche Regeln und Grenzen gelten.

In dieser Zeit wirkt der Neuankömmling vielleicht sogar besonders pflegeleicht und umgänglich und es kommt die Frage auf, warum dieser Hund wohl im Tierheim

Die Großpudel-Hündin wird am besten durch ruhigen körperlichen Kontakt belohnt – alles darüber hinaus überfordert sie mehr als dass es ihr hilft. Sie berührt das Bein ihrer Besitzerin, während die ihre Hand an die Wange des Hundes gelegt hat, mehr braucht es nicht.

gelandet ist. Die Menschen entspannen sich erleichtert, sehen von dem Vorhaben, Regeln von Anfang an verbindlich umzusetzen („Aber auf die Couch darf er nicht!"), wieder ab und agieren möglicherweise zusätzlich noch besonders nachgiebig, weil der Aufenthalt in einem Tierheim als sicherlich belastende Erfahrung gesehen wird. Der Hund hingegen lernt in dieser Zeit, welche Freiheiten er sich nehmen kann.
In neun von zehn Fällen entsteht dadurch weder für den Hund noch für seine neuen Menschen Schaden. Kein Hund ist per se auf Konflikte aus, sondern zielt auf ein möglichst harmonisches und sicheres Zusammenleben ab. Außer eben, es gibt etwas, was ihm wichtiger zu sein scheint – und das ist der Moment, wo es problematisch werden kann. Der Welpe testet, ob er seine Kaustange verteidigen kann, und der Tierschutzhund prüft, ob er das Bett mit seinen Menschen teilen muss. Der Junghund verweigert, dem Rückruf zu folgen, und der Tierschutzhund feuert in die Leine, um Nachbars Labrador anzubrüllen.

ANKER SETZEN: „SCHAU MICH AN!"

Am Anfang jedes neuen Zusammenlebens mit einem Hund kann man sehr einfach einen Anker setzen, auf den man später in vielen Situationen zurückgreifen kann: „Wenn du etwas möchtest, dann schau mich an oder komm zu mir und ich helfe dir." Mit dieser Übung etablieren wir den Namen des Hundes als Ansprache, wir bauen ein Grundverständnis für die Orientierung an der Bezugsperson auf und vermitteln die Erfahrung, dass diese Person relevante Entscheidungen trifft. Zur Abrundung lässt sich mit dieser Übung ein Abbruchwort aufbauen, also beispielsweise ein „Nein!", das der Hund auch tatsächlich mit einem Verhalten verknüpfen kann. Er kann verstehen, dass über unerwünschtes Verhalten mit einem „Nein" informiert wird und erwünschtes Verhalten lohnenswert ist.
Selbst ein Hund, der von sich aus über einen rückversichernden Blick bereits das gewünschte Orientierungsverhalten am Menschen zeigt, kann so die Ansprache in Form seines Namens lernen und ein Abbruchwort, das später in vielen Situationen hilfreich sein wird.
Nicht selten erlebt man im Hundetraining, dass Menschen überhaupt nicht mehr wahrnehmen, dass ihr Hund zuverlässig abfragt, wie seine Bezugsperson handelt. Gerade wenn der Fokus auf einem problematischen Verhalten liegt, übersehen viele Menschen diese kleine, unscheinbare Abfrage und nutzen sie nicht, um ihren Hund zu erreichen und zu lenken. Mit dem konstruktiven Blick auf die Möglichkeiten, die sich aus dieser Kontaktaufnahme ergeben, lässt sich häufig schon viel im Zusammenleben zwischen Hund und Mensch verbessern. Denn letztendlich gilt Folgendes: Wenn der Hund bei seiner Bezugsperson abfragt oder die Aufmerksamkeit auch noch kurz von einem Reiz abziehen kann, dann ergeben sich hieraus die ersten sicheren Rahmenbedingungen für eine Trainingseinheit. Kann der Hund nicht mehr zuhören, dann ist die Situation oder der Reiz zu fordernd und ein Lernen oder Zeigen eines Alternativverhaltens nicht mehr ohne den Einsatz von stärkeren Reizen möglich. Vielmehr lohnt es sich dann, die Situation zu verlassen oder ohne erzieherische Maßnahmen zu durchlaufen, damit Mensch und Hund sich mit der Problematik dann befassen können, wenn sie ausreichend handlungsfähig sind.

Zwischen Erziehung und Dressur gibt es eine verschwommene Grenze: Wenn die erlernten Fähigkeiten vom Hundeplatz in den Alltag übertragen werden, profitiert der Hund und damit seine Menschen von seinem Können.

HÖFLICHKEIT UND GEHORSAM

Auf den Gehorsam eines Hundes zu setzen, ist in einer Zeit, in der Hunde Sozialpartner sind und viele Freiheiten genießen, nicht mehr nachhaltig. Es braucht mehr Verständnis für soziale Strukturen bei Hunden.

Nicht jedes freundliche Verhalten ist auch höflich. Nicht jedes freundlich aussehende Verhalten ist tatsächlich freundlich motiviert. Nicht jedes aufdressierte Verhalten ist belastbar genug, um bei Bedarf vom Hund angewandt zu werden.

DRESSURVERHALTEN EINSCHÄTZEN

Es gibt einen großen und wichtigen Unterschied zwischen einem Hund, der sich neutral bis freundlich verhält, und einem Hund, dessen Bewegungen mit viel Fokus auf Perfektion geformt wurden, um diese Einstellung darzustellen. Im Hundetraining spricht man im letzteren Fall häufig auch von Formalismen. Das „Platz!" zeigt sich dann als ein Abwinkeln aller Beine des Hundes in eine Sphinx-Stellung. Die seitliche Lage ist unerwünscht. Der Hund soll liegen, bleibt aber aufmerksam und erwartet das nächste Signal seiner Bezugsperson. Überstilisiert wird so die ruhende Haltung des Hundes dargestellt, ohne dass der sich in einer tatsächlichen körperlichen Ruhe befindet. Ganz im Gegenteil erwartet der Hund eine Belohnung oder ein weiteres, möglicherweise auflösendes Signal. Ein Hund, der diese Form des Liegens zeigt, erholt sich nicht. Es ist eine Ruhestellung ohne Ruhegewinn. Daran ist nichts Verwerfliches, das Training kann eine wunderbare gemeinsame Zeit mit dem Hund sein, aber im Kontext eines Problemverhaltens muss das Formale allen Beteiligten außer dem Hund bewusst sein. Es gibt Probleme, die sich mit formalistischen Darstellungen bewältigen lassen. Wie belastbar sie sind, weil eine klassische Konditionierung hin zu einem anderen erwünschten inneren Zustand ausbleibt, ist unklar. Wird das gezeigte „Dressur-Verhalten" falsch interpretiert, können sich daraus sekundäre Gefährdungssituationen ergeben.

Hinzu kommt, dass sich vor allem durch Film und Fernsehen, wo dressierte Hunde gezeigt werden, ein teils vollkommen verzerrtes Bild davon etabliert hat, wie sich ein Hund verhalten sollte, der höflich oder freundlich ist. Oder der gehorsam ist. „Lassie" als Serie der 1960er hat da vielleicht den größten Schaden angerichtet, denn in ihr wurde ein Hund (oder um genau zu sein, mehrere ähnlich aussehende) gezeigt, der eine verzerrte, vermenschlichte Wahrnehmung eines Tieres geschauspielert hat – und dass er schauspielerte, war ihm nicht einmal bewusst. Letztendlich wurde durch geschicktes In-Szene-Setzen, Dressurelemente und Verhaltensketten, die hinter der Kamera dirigiert wurden, ein Bild erzeugt, dem kein Hund je gerecht werden kann. Ob in „K9 – Mein Partner mit der kalten Schnauze", „Benji" oder „Scott und Huutsch" – die hündischen Darsteller dieser Filme und Serien folgen doch nur kontextlos und jenseits ihrer eigenen Bedürfnisse den Anweisungen ihrer Bezugspersonen und bekommen dafür das wohlverdiente Lob.

NATÜRLICHE HÖFLICHKEIT

Ein höflicher und freundlicher Hund nähert sich einer fremden Person möglicherweise nicht. Vielleicht beäugt er die Person und behandelt sie dann wie Luft und wäre damit

Auch wir Menschen haben eine ausgeprägte Körpersprache und die meisten Hunde reagieren sehr fein darauf. Verändert sich die Haltung oder Stimmung des Menschen, nimmt dies auch Einfluss auf das Verhalten des Hundes. Auf diesem Bild sehr schön zu sehen ist der skeptische Blick von Mensch und Hund.

wesentlich näher an einem natürlichen Verhalten als ein Hund, der naiv zu jeder Person rennt und sie wedelnd abschleckt, ohne zu wissen, ob von dieser Person eine Gefahr ausgeht. Evolutionsbiologisch betrachtet macht es Sinn, Fremde mit Vorsicht zu behandeln, denn ihr Verhalten ist nicht einschätzbar, solange sie fremd sind. Als Menschen sind wir im Verhältnis zu fast allen Hunden sehr große und damit allein aufgrund unserer Masse wehrhafte Lebewesen, die für ebenjene durchaus lebensgefährlich werden können. Nur weil wir in unserer Gesellschaft dem Irrglauben unterliegen, dass der Hund „der Freund des Menschen" sei, muss dieser Hund das noch lange nicht undifferenziert über jeden Menschen denken. Das Gleiche gilt, wenig überraschend, auch für fremde Hunde. Hunde sind soziale Wesen – seit einigen Jahren wird sogar immer betont, dass sie „hochsoziale" Wesen seien, auch wenn diese Steigerung keinen verhaltensbiologischen Erkenntnissen folgt. Sozial sind sie, wie es der Begriff schon beinhaltet, in der Gemeinschaft ihnen bekannter Hunde. Sie sind es nicht mit jedem fremden Artgenossen, dessen Gefährlichkeit sich ohne Kennenlernen und Einschätzen gar nicht beurteilen lässt.

Auch öffentliche Hundewiesen, die nicht tagtäglich einem Blutbad gleichen, sind kein stichhaltiges Gegenargument, sondern eher ein Auswuchs unserer Idee, wie vermeintlich freundlich und sozial Hunde seien. Denn natürlich lernen Hunde, mit solchen wiederkehrenden, stressigen Situationen umzugehen. Sie entwickeln Strategien, auf solchen Hundewiesen Konflikte zu vermeiden, und lernen sich bei wiederkehrenden Besuchen auch im Laufe der Zeit kennen und einschätzen.

Natürlich gibt es auch Hunde, die fremden Menschen und Hunden gegenüber angenehm freundlich sind und für alle Fälle gute Strategien entwickelt haben, um eine angespannte Situation zu deeskalieren oder den für sie wichtigen Sicherheitsbedarf herzustellen. Sie nähern sich mit abgesenktem Kopf, haben die Ohren angelegt, lecken sich friedfertig über die Lefzen und wedeln wenig aufgeregt, während sie sich in einem angenehmen Tempo zu dem Gegenüber begeben. Auf diese Hunde kann man ein neidvolles Auge werfen. Den eigenen Hund, der wütend schnaubend an kurzer Leine grollt, in diesen Hund verwandeln zu wollen, lässt außer Acht, welche Bedürfnisse der eigene Hund hat, nämlich die sichere Distanz zum Unbekannten. Beide Hunde sind im weiten Spektrum des Normalverhaltens unterwegs. Den einen möchte man möglicherweise zu ein wenig mehr Vorsicht anhalten, dem anderen mehr Sicherheit bieten, damit er seine Abneigung nicht so öffentlich kundtun muss.

Als nicht höflich würden wir auch Verhaltensweisen bezeichnen, die den Raum des Gegenübers einschränken. Praktisch nie rempelt ein Hund einen anderen oder einen Menschen aus Versehen an. Das Verhalten ist provokant und zielt darauf ab, eine Reaktion zu erzeugen und den Angerempelten zu bewegen. Im Spiel mag das noch ein probates Mittel sein, in Konfliktsituationen nicht. Wenn Hunde „Räume verwalten", dann steckt hinter dieser Formulierung ein Verhalten, bei dem – von Seiten des Hundes oder des Menschen – versucht wird, die Bewegung, die Laufrichtung oder auch den Aufenthaltsort des anderen zu bestimmen. Wenn der Hund solche Verhaltensweisen zeigt, dann kann sich daraus ein Problemverhalten entwickeln. Lässt sich der Hund nicht abhalten oder ignoriert gar die Ansprache der zuständigen Person, macht es Sinn, an der Struktur in der Gemeinschaft zu arbeiten. Dabei geht es eben nicht nur um Befehle, die ausgeführt werden – sondern es geht um den grundsätzlichen Umgang, das Akzeptieren von Freiheiten und Grenzen und das Verständnis, wer in dieser Gemeinschaft die Entscheidungen fällt.

LEINENFÜHRIGKEIT

Während es bei den einen so wirkt, als wäre der Hund an der Leine geboren, ist das Führen für andere ein Ziel, das kaum erreichbar scheint. Wenn ein Hund nicht leinenführig ist, dann kann das zu einem massiven Problem werden.

Eine Person und ihr Hund laufen entlang des Weges, gemeinsam und doch unabhängig betrachten sie ihr Umfeld und genießen die Natur. Eine Leine verbindet die beiden. Sie hängt locker zwischen der Hand der Person und dem an ihrer Seite wandelnden Hundes. So oder so ähnlich sieht die Idealvorstellung aus, wenn es um das gemeinsame Laufen mit dem Hund geht. Die Leine ist kaum mehr als eine letzte Absicherung für den Notfall.

In der Realität sieht es oft anders aus. Die Umwelt ist ein Ort voller spannender Reize, die die Aufmerksamkeit des Hundes auf sich ziehen. Hier summt eine Biene und dort riecht es nach einer interessanten Markierung eines anderen Hundes, ein Stock will erkundet werden und dort könnte eine Maus gelaufen sein. Besonders junge Hunde verhalten sich häufig wie kleine, behaarte Flipperkugeln, die von einem Reiz zum nächsten springen – und das auch, wenn sie an der Leine sind. Den richtigen Moment abzupassen, wo Explorationsverhalten, also das neugierige Erforschen der Umwelt, noch süß und auch willkommen ist, um den Hund an seine Umwelt zu gewöhnen, und dem, wo das Verhalten zu einer das Schultergelenk belastenden und den Gang stockend machenden Qual wird, ist eine Herausforderung.

Nicht jeder Hundetyp lässt sich mit guten Worten und ausreichend Keksen davon überzeugen, dass ein Spaziergang an lockerer Leine das Ziel ist. Weil Gassirunden und Spaziergänge täglich mehrmals geschehen müssen, damit der Hund sich lösen kann und ausreichend Bewegung bekommt, stellt sich sehr schnell eine Gewöhnung ein, sowohl an die erwünschte Variante der Leinenführigkeit, als auch an die nervenaufreibende unerwünschte. Diese Muster wieder aufzubrechen, kostet Mühe und Geduld. Besonders wenn der Hund sich jetzt auf dem direkten Weg in die Pubertät befindet und sich so manches Mal kaum an seinen eigenen Namen erinnern kann.

Gleichzeitig ist eine gute Leinenführigkeit auf verschiedenen Ebenen die Basis, um Problemen vorzubeugen. Ein Hund, der gelernt hat, dass er sich während des Laufens immer wieder daran orientieren muss, was seine Person gerade tut, kann seine Aufmerksamkeit nicht vollständig auf andere Dinge richten, weder auf den spannend riechenden Grasbüschel, den entgegenkommenden Hund oder das davonpreschende Reh.

Leinenführigkeit bezieht sich nicht nur auf Momente in Bewegung – ein Hund kann auch während des Wartens lernen, welchen Bewegungsspielraum er hat und wie viel Aufmerksamkeit er seiner Bezugsperson schenken muss. Dieser junge Lobito Herreno-Rüde tut das vor allem über sein Gehör, während er seine Umgebung beobachtet.

STRENGE REGELN VON ANFANG AN

Auch wenn es viel einfacher klingt, als es im Alltag tatsächlich ist: Die einfachste Variante, um eine gute Leinenführigkeit herzustellen, ist, sie von Anfang an strengen Regeln zu unterwerfen. Läuft der Hund an der Leine, darf er nicht ziehen. In keine Richtung. Wer seinen Hund nicht ableinen kann, weil sich die Spazierrunde beispielsweise nahe einer befahrenen Straße befindet, der kann zwischen kurzer Leine und langer Leine unterscheiden, je nachdem, in welchem Ring der Karabiner der Leine eingehakt ist. Dann sollte es aber immer so sein, dass der Hund an langer Leine in diesem Radius auch Reize erreichen kann, die ihn interessieren. Denn auch dann sollte er nie noch einen zusätzlichen halben Meter einfordern können, indem er sich in sein Halsband oder Geschirr lehnt.
Klare und praktisch immer umsetzbare Regeln sind auch für den Menschen wichtig. Gerade wenn es einmal schnell gehen muss, weil sich eine Person auf einem Fahrrad nähert oder ein Kaninchen aufgesprungen ist, muss man sich schnell entscheiden kön-

01
Die junge Dalmatiner-Hündin nutzt die Sicherheit der Leine, um passierende Hunde anzupöbeln. Hunde lernen, dass die Leine nicht nur den eigenen Bewegungsfreiraum einschränkt, sondern auch den des anderen Hundes – daran passen sie ihr Verhalten an.

02
Diese American Staffordshire Terrier-Hündin ist körperlich eher stumpf. Mit ihrem Gewicht und ihrer Kraft versucht sie, ihre Halterin dorthin zu zerren, wo sie selbst hinmöchte. Eine Leinenführigkeit bei einem Hund durchzusetzen, der mit diesem Verhalten Erfolge erzielt hat, ist ungleich schwerer und sollte neu aufgebaut werden.

nen, welche Regeln man durchsetzen kann. Kann oder will man das zu häufig nicht, fehlt schnell die ausreichende Konsequenz – gerade in der Zeit, wo der Hund noch versucht herauszufinden, was erlaubt ist und was nicht. Und das wird er sicher je nach Rassetyp immer wieder versuchen. Letztendlich steht eine gute Leinenführigkeit mit den letzten Kapiteln in direkter Verbindung. Ein Hund, dessen Ansprechbarkeit sauber aufgebaut wurde und der gelernt hat, sie auch unter verschiedenen Ablenkungen zu leisten, wird – bei klarer Vermittlung der bestehenden Regeln – auch mit dem Laufen an der Leine zurechtkommen. Wurde das in der Anfangszeit verpasst, dann kann man das Problem entweder mit einem expliziten Leinenführigkeitstraining angehen oder, wenn das Verhalten besonders gefestigt ist, kann eine Kombination aus systemischem Neustart und Sozialstrukturierung dabei helfen, einen effektiven Reset-Knopf zu drücken, um die Leinenführigkeit neu anzugehen. Man weicht also zuerst die dem Hund bekannten Muster auf, übt dann, dass er gesetzte Grenzen akzeptiert, und überträgt beides auf den Spaziergang.

FALLBEISPIEL BOSCO

Wenn die eigentliche Motivation eines Problemverhaltens im Training nicht aufgegriffen wird, dann kann alle Mühe seitens des Menschen nutzlos sein.

Bosco kam als Welpe mit einer Wurfschwester aus Rumänien nach Deutschland. Es waren gut sozialisierte, aufgeweckte Hunde, kleine, hübsche und lustige Wesen, die schnell vermittelt waren.

Bosco ging zu einem jungen Paar, beide waren berufstätig. Die Frau arbeitete im Homeoffice und der Welpe war ständig unter Aufsicht. Das Paar gab sich alle Mühe, es richtig zu machen. Der kleine Hund lernte ganz viele Kommandos, die er mit Freude und viel positiver Verstärkung auch gerne zeigte. Er war wissbegierig und lernwillig, aber auch lebhaft. So wurde ein Lastenfahrrad angeschafft, damit man mit dem kleinen Hund gemeinsam die Welt entdecken und er viele Eindrücke zur weiteren Gewöhnung an Umweltreize sammeln konnte.

Sie gingen viel an verschiedenen Orten spazieren und boten Bosco immer kleine Erziehungs- und Beschäftigungselemente während dieser Runden. Diese Wanderungen wurden durchgeplant. Der junge Hund sollte ja nicht überfordert werden. Ziel war, dass das Paar mit Bosco zwei bis drei Stunden wandern konnte, selbstverständlich immer mit Snack- und Spielpausen für den Hund.

Das Paar besuchte zwei Hundeschulen.

In einer wurde Apportieren trainiert. Bosco apportierte daraufhin alle Gegenstände bei Aufforderung. Das machte man sich zunutze, wenn er unerlaubte Gegenstände geklaut hatte. Sagte man das richtige Kommando, brachte er den Gegenstand und gab ihn ab. Es zeigte sich nämlich schon recht früh, dass er Beute oder Futter nicht gerne abgab und auch knurrend und Zähne fletschend verteidigte.

Mit der zweiten Hundetrainerin wurde Alltägliches geübt. Alles wurde unter Kommando gestellt. Als Bosco im Tierheim abgegeben wurde, brachte er eine sieben Seiten umfassende „Vokabel"-, Kommando- und Verhaltensanweisung mit. In der Trainingsanleitung für die nächsten Menschen, die ihn halten würden, stand zum Beispiel bei dem Befehl „Sitz!": „Unterstützende Körpergeste: Finger hoch halten, vor Körper". Und zusätzlich: „Wir haben das ‚Sitz' nach Anton Fichtlmeier praktiziert, das ist ein kleines In-die-Knie-Gehen als Signal". Die Anleitungen waren sehr differenziert nach dem möglichen Szenario, in dem Kommandos angewandt werden sollten.

Es gab mit ausführlicher Beschreibung die Kommandos „Nein¡", „Stopp!" und „Schluss!" mit jeweils anderem Kontext.

Bosco wurden nach Anleitung Spielsachen gebastelt, damit er in frustrierenden Situationen beschäftigt war, wie beispielsweise im Restaurant. Hierfür gab es extra Spielzeug, an Leinen befestigt. Man achtete penibel auf die Gesundheit. So wurde auch bei den Gegenständen, die Bosco zur Beschäftigung bekam, sehr auf Schadstofffreiheit und Gefahrenausschluss geachtet. Er bekam Oliven- und Kaffeeholz, Filz und Taue aus Biobaumwolle und extra Zeitschriften aus Naturpapier ohne Metallklammern zum Schreddern.

Durch das Kommando „Spuck aus!", das im Rahmen eines Giftköder-Trainings aufgebaut wurde, gab Bosco bereitwillig alles her, was ihn nicht so sehr interessierte. Ihm wichtige Dinge verteidigte er heftig und schluckte sie auch ab. Die Anleitung zu

Bosco, ein junger Rüde, der ursprünglich aus Rumänien kam, lernte viel, aber nicht das, was unbedingt notwendig war: Einschränkungen gehören im Zusammenleben mit Menschen dazu.

dieser Problematik war, sehr vorausschauend die Spazierwege mit dem Blick abzusuchen und Gefahren zu erkennen, bevor sie Bosco entdeckte.
Es kam aber immer wieder und im Laufe der Zeit gesteigert zu Attacken, wenn unverhofft etwas geschah oder von ihm erbeutet wurde. Früh wurde auch mit Medical Training begonnen, und alle geübten Situationen waren auch in der tiermedizinischen Praxis herstellbar. Aber als sich Bosco mit sechs Monaten am Kopf verletzte, war es nicht möglich, die Wunde mit einem getränkten Tuch zu reinigen und zu versorgen. Erklärt wurde sein Verhalten mit Schmerz-Verunsicherung. In der Folge rastete er förmlich aus, wenn jemand ein Taschentuch in der Hand hielt, wohl in der Ahnung, man könne damit seinen Körper berühren wollen. Daraufhin wurde diese Übung umgehend in das Medical-Training mit eingebaut.
Bosco verteidigte Spielzeug, sein Futter, wahllose Beute, die er unterwegs fand, das eigene Erbrochene. Schnelle, falsche Bewegungen der Menschen, beispielsweise ein Stolpern, wurde von ihm sofort durch aggressives Anspringen und Drohen beantwortet. Ebenso reagierte er sehr wütend, wenn er gemaßregelt wurde. Aus Langeweile bellte er zu allen möglichen Zeiten, um die Menschen zur Beschäftigung aufzufordern.
Zum Eklat kam es, als die Familie mit Hund wie jeden Abend zunächst auf dem Sofa lümmelte. Bosco schlief fest. Es gehörte zum Abendritual, dass man den Hundekorb mit ins Schlafzimmer nahm und Bosco dort weiter ruhte. Bei der Aufforderung aufzustehen, damit man den Korb nehmen konnte, drohte Bosco sehr deutlich. Er wollte nicht aufstehen. Daraufhin ging die Besitzerin in Richtung des Schlafzimmers vor, rief den Hund und nannte das Kommando „Apport Korb!“. Der Hund nahm erwartungsgemäß seinen Korb, brachte ihn der wartenden Besitzerin, aber als sie den Korb aufnehmen wollte, attackierte Bosco sie. Sie konnte sich, den Korb schützend vor den Körper haltend, auf das Bett retten, wo Bosco sie stellte und weiter drohte.
Ab da hatte die Besitzerin Angst vor ihrem Hund. Bosco war 15 Monate alt, als er im Tierheim abgegeben wurde.
Die Schwester von Bosco entwickelte sich zu einem angenehmen und freundlichen Familienhund. Bosco hingegen wollte anfangs im Tierheim auch alles ausdiskutieren. Der Umzug ins Tierheim brachte automatisch einen systemischen Neustart mit sich, und in der Folge wurde mit ihm an seinem Verständnis für die soziale Strukturierung zwischen Mensch und Hund gearbeitet.
Es dauerte einige Monate, aber dann war auch Bosco wieder vermittlungsfähig und benahm sich wie ein normaler Junghund.

ÜBER-PROBLEME

PROBLEME, DIE DURCH EIN ZUVIEL ENTSTEHEN

Tauscht man sich über die Probleme des eigenen Hundes aus, dann wird nicht selten die immer gleiche Lösung angeboten: Der Hund braucht einfach mehr Auslastung. Auffälligkeiten werden schnell Langeweile zugeschrieben – egal, wie sie sich zeigen. Sicher wäre es schön, wenn es so einfach wäre, aber das ist es nicht. Manchmal ist das Letzte, was ein Hund, der Problemverhalten zeigt, braucht, mehr Auslastung. Es lohnt sich ein sorgfältiger Blick auf den großen Komplex des Umgangs mit Stress. Denn letztendlich ist förmlich alles, was einen Hund aus seinem Ruhezustand bringt, Stress. Was nicht immer klar wird, ist, dass nicht jede Form des Stresses schlecht ist – aber eben auch nicht jede gut. Und dass die Einordnung ganz individuell von den angeborenen und erlangten Fähigkeiten des Hundes, Stress zu verarbeiten, abhängt. Ruhe ist nicht gleich Ruhe, und Strategien der Verarbeitungen können gut und überhaupt nicht gut sein. Ein Hund kann seine Bedürfnisse mitteilen – aber nicht selten wissen nur wir Menschen, was tatsächlich gut für ihn ist. Genauso wenig wie die Antwort auf alle Fragen mehr Auslastung ist, ist es die Unterbringung in einer Box. Immer wieder wird empfohlen, den Hund an eine Box zu gewöhnen, denn dort würde er dann Ruhe finden. Damit sind meist Gitterboxen gemeint, auch wenn man inzwischen über das Internet ganze Möbel finden kann, die eine vergitterte Unterbringungsmöglichkeit für Hunde bieten. Das Problem ist nicht, dass es falsch wäre, den Hund darin zu unterstützen, Ruhe zu finden, und dabei auch Aspekte der eigenen Machbarkeit miteinzubeziehen. Wenn der Haushalt oder die Arbeitsstelle es erfordert, dass die Bezugsperson sich immer wieder bewegen muss, dann kann ein abgeschlossener Bereich die Konsequenz in ein Ruhe-Training bringen, die anders nicht herstellbar ist.

Das Problem ist, dass vielen Menschen nicht bewusst ist, dass sie ihren Hund nicht in einer Box halten können. Halten im Sinne einer artgerechten Pflege und Unterbringung, in der der Hund sich bewegen, natürliches Verhalten zeigen, seinen Bedürfnissen nachgehen und Sozialkontakte aufsuchen kann. Das geht in einer Box nicht. Viel zu häufig wird die Box nicht zu einer Unterstützung, sondern zu einer Lösung – aber nicht für den Hund, sondern für den Menschen, der mit dem Problemverhalten des Hundes nicht umgehen kann oder möchte. Wir haben mehr als genug Fälle gesehen, in denen Hunde über Monate und Jahre an kurzen Leinen oder in Transportboxen in Kellern tierschutzwidrig abgeschoben wurden. Sie standen, saßen und lagen in ihrem eigenen Urin und Kot, ihre Muskulatur war abgebaut und ihr Allgemeinzustand prekär. Binder et al. (2020) und Döring et al. (2022) haben – auch als Vollzugshilfe für Behörden – diese Problematik aufgegriffen und eine klare Einordnung geschaffen. In der Welt der Hundehaltung wurden beide Artikel viel kritisiert, aber sie waren unbedingt notwendig, um darüber zu informieren, dass Tierwohl nicht immer an einem ruhenden Hund zu erkennen ist, vor allem, wenn der keine anderen Optionen hat. Gerade weil Über-Probleme so belastend sein können, ist es wichtig, stets einen kritischen und reflektierten Blick darauf zu werfen, ob das, was man für den Hund tut, wirklich im Sinne seiner artgerechten Haltung ist.

RUHE UND STRESS

Bevor man sich über die Auslastung eines Hundes Gedanken macht, sollte man sich darüber im Klaren sein, wie viel Ruhe er benötigt, um auch – durchaus guten – Stress verarbeiten und sich davon erholen zu können.

Stress! Stress ist möglicherweise das Unwort des letzten Jahrzehnts. Stress ist omnipräsent, meist geht es um Arbeitsbelastung und Burn-out, also um depressive Erkrankungen, die mit Überbelastung in Verbindung gebracht werden. Stress ist in unserem Sprachgebrauch nichts Gutes. Wer viel Stress empfindet und darunter leidet, der wird daran sogar statistisch betrachtet früher sterben. Wenn Stress hingegen als etwas Positives und Produktives angesehen wird, dann kann ein vergleichbares Stressniveau sogar das Gegenteil bewirken (Keller et al., 2012). Mendl et al. (2010) konnten zeigen, dass Hunde, die unter Trennungsstress leiden, öfter eine pessimistische Einstellung haben. Kis et al. (2015) konnten zeigen, dass Oxytocin, ein Hormon, das Stress entgegenwirkt, direkte, positive Auswirkungen auf Hunde in Bedrohungssituationen hat – je weniger empfundener Stress, desto weniger stark eskalierten die Hunde im Aggressions- oder Angstverhaltensbereich.

LERNEN UND STRESS

Mit der sehr negativen Konnotation des Begriffes Stress sind seine biologisch sinnvollen und guten Eigenschaften so weit in den Hintergrund gerückt, dass heute in der Hundeerziehung immer wieder darüber debattiert wird, ob jede Form von Stress vom Hund ferngehalten werden sollte oder ob er wichtig ist, damit ein Hund lernen kann. Denn auch für Letzteres gibt es ganz klare Hinweise. Das Yerkes-Dodson-Gesetz besagt, dass der optimale Zustand zur Lösung eines Problemes dann erreicht ist, wenn der Körper ein mittleres Erregungsniveau innehat (Beerendonk et al. 2024). Ist die Erregung zu hoch oder zu niedrig, kann der Organismus mit dem Problem nicht so gut umgehen und wesentlich schlechter eine Lösung finden. Man könnte es auch so beschreiben: Wenn wir keine Notwendigkeit sehen, etwas Neues zu lernen, dann wird es vermutlich auch nicht passieren – diesen Effekt kennen wir alle aus der Schule. Wenn sich ein Thema riesig und komplex anhört, dann sind wir schnell überfordert und können selbst den einfachsten Erklärungen nicht mehr folgen. Interessiert uns ein Thema und wir sind motiviert, uns damit zu befassen, dann erfassen wir es auch früher oder später. Wie ausgeprägt dieser Effekt ist, hängt auch davon ab, wie der individuelle Organismus mit Stress umgehen kann und welche Mechanismen ihm zur Verfügung stehen, damit umzugehen.

COPING-STRATEGIEN

Unter Coping-Strategien versteht man Verhaltensweisen und Denkmuster, die einen Stressauslöser (Stressor) einordnen und Wege bereiten, damit umzugehen. Nicht alle Coping-Strategien sind gut. Eine adaptive Coping-Strategie folgt einem optimistischen Weg, beispielsweise in einem konstruktiven Denkmuster: „Das gehe ich Schritt für Schritt an – passieren kann ja nichts." Eine maladaptive oder schlecht angepasste Copingstrategie wäre es, den Stressor zu ignorieren oder etwas vollkommen anderes zu tun. In dem Fall verschwindet der Stressor nicht und wird auch nicht bearbeitet. Gesunde Coping-Strategien helfen langfristig, Stress zu bewältigen und Sicherheit zu gewinnen. Ungesunde Coping-Strategien verschaffen kurzfristig Erleichterung, führen aber zu langfristigen Problemen, weil der eigentliche Stressor nicht angegangen wird – etwa zwanghaftes Lecken oder stereotypes Verhalten.

Dieser Hund beschwert sich lautstark über die Ruhe auf dem Hundeplatz, in der die Seminarleiterin mit den anwesenden Personen die nächste Übung bespricht. Wenn Hunde entsprechende Erfahrungen auf einem Hundeplatz gesammelt haben, führt ihre nicht erfüllte Erwartungshaltung zu Frust.

AUSWIRKLUNGEN VON STRESS

Während akuter Stress eine schnelle Reaktion auf Reize sein kann und ein mittleres Erregungsniveau das schnelle Erfassen und Bearbeiten von Problemen ermöglicht, führt ein anhaltender, mehr oder weniger latenter Stressor zu chronischem Stress. Kann die Ursache für den Stressor nicht entfernt werden, reagiert der Körper mit der Bereitstellung von Energiereserven, die er eigentlich nicht zur Verfügung hat. Sukzessive nimmt er selbst Schaden, was letztendlich zum Tod führen kann. Während eine körperliche Belastung durch akuten Stress durch Ruhephasen gut ausgeglichen werden kann, benötigt ein Organismus, der unter chronischem

Stress gelitten hat, einen langen Zeitraum, um sich zumindest teilweise von den Folgen zu erholen. Die Hormone und Botenstoffe, die bei der Stressbewältigung eine Rolle spielen, benötigen Minuten (akuter Stress, Adrenalin) bis Tage (Disstress, Cortisol), damit sich eine Regeneration einstellen kann.

BEDEUTUNG VON SCHLAF

Dabei darf man nicht unterschätzen, dass Hunde ein anderes Schlafverhalten haben als wir Menschen. Wir legen uns zur Nacht schlafen und erfahren während des Schlafens mehrere Tiefschlafphasen, die notwendig sind, um Stressoren des Tages angemessen zu verarbeiten.

Hunde hingegen schlafen häufig nicht so tief und wachen bei Störungen viel schneller auf. Ein erwachsener Hund soll im Verlauf eines Tages zwischen 12 und 16 Stunden ruhen können. Dabei verbringt der Hund etwa 10 % dieser Zeit im Tiefschlaf, während es bei uns Menschen 20 % sind (Bódizs et al. 2020). Der Abbau von Stresshormonen und die Verarbeitung der erlebten Belastungen benötigen mehr Zeit. Das gilt für unangenehme Erfahrungen genauso wie für angenehme.

Ob ein Hund, der den ganzen Tag in einer Hundepension untergebracht ist, in der permanent unzählige Hunde bellen, oder ob er täglich stundenlang mit anderen Hunden oder Personen zur Auslastung auf dem Hundeplatz verbringt – Stressoren sind zuallererst durch ihre Dauer und Stärke belastend, nicht durch ihre Qualität. Beides wird einen Organismus gleichermaßen überlasten, wenn dafür keine Ruhephasen gewährleistet werden können.

WIEVIEL RUHE BRAUCHT EIN HUND?

Die Frage ist also, wie viel Ruhe ein Hund täglich benötigt. Es gibt unterschiedliche Möglichkeiten, diese Frage zu beantworten, und verschiedene Studien liefern dazu klare Aussagen. Griss et al. (2021) verglichen die Aktivitätslevel und Ruhephasen von schweizer Familienhunden, Hofhunden und zwei Populationen von Hunden in Menschenbesitz (free-roaming domestic dogs, FRDD) aus Guatemala und Indonesien, die sich permanent frei bewegen können. Während die „freien" Hunde unter 50 % eines Tages (24 Stunden) ruhend verbrachten, waren es bei den Familien- und Hofhunden zwischen 13 und 14 Stunden (also um 60 %). Das Forschungsteam erklärt den Unterschied damit, dass sowohl Familien- als auch Hofhunde stärker abhängig von der Aktivität der Menschen sind und deswegen längere Phasen hoher Aktivität (z. B. rennen oder spielen) und wesentlich kürzere Phasen moderater Aktivität (z. B. laufen) erleben, während „freie" Hunde vor allem moderate Aktivitätslevel zeigen. Familien- und Hofhunde gleichen diese Phasen hoher Aktivität dann durch längere Ruhephasen aus.

In 2004 befasste sich Lukas Schmid in seiner Dissertation mit einem anderen Ansatz: Er untersuchte das Verhalten von Laborbeagles auf Auffälligkeiten. Insgesamt sind die Haltungsbedingungen für Versuchshunde andere als die, die Familienhunde erfahren. Die Unterbringung ist einfach zu reinigen, der Umgang mit Menschen ist auf das Notwendige reduziert. Schmid fand heraus, dass diese Hunde über 80 % des Tages ruhen. Das entspricht über 19 Stunden am Tag. Hintergrund der Untersuchung

Für die Arbeit und das Verständnis von Problemhunden ist es wichtig, vor allem ihre positiven Eigenschaften herauszufinden und zu fördern. Gerade diese Hunde brauchen nicht nur Aufmerksamkeit im Problem, sie brauchen ganz viel ausgleichende Ruhe und wenn möglich auch viel Zärtlichkeiten für eine gesunde Beziehung.

war die Frage, ob die Reizarmut, die mit dieser Form der Haltung einhergeht, zu Verhaltensstörungen führt. Das ist eine Annahme, die sich auch in der normalen Hundehaltung immer wiederfindet: Wenn ein Hund nicht ausreichend Bewegung, Auslastung oder generell Reize erfährt, kann das zu Auffälligkeiten im Verhalten führen. Das ist auch die Sorge, die viele Menschen haben, die einen Hund halten. In der genannten Studie konnte kein Hinweis darauf gefunden werden, dass die reizarme Unterbringung der Laborbeagle zu Verhaltensauffälligkeiten führt. Das bedeutet nicht, dass Hunde nur fünf Stunden am Tag aktiv sein sollten – es bedeutet aber, dass Hunde enorm anpassungsfähig sind, wenn sie ihre Lebensumstände nicht selbst bestimmen können, sei es als Versuchshund mit extrem niedrigen Aktivitätsniveaus oder als Familienhund mit hohen. Eine manifestierte Verhaltensstörung wäre in diesem Szenario ein Ausdruck extremen Leids und sollte nicht der Referenzwert sein, an dem sich artgerechte und das Wohl des Tieres verfolgende Haltung orientiert. Dass Hunde, die frei entscheiden können, etwa zwölf Stunden ruhen, ist ein Anhaltspunkt, allerdings sollte man bedenken, dass die Lebensumstände eine nicht unwesentliche Rolle dabei spielen, wie viel Ruhe ein Hund benötigt. Neben der Aktivität der Menschen spielen auch das Alter des Hundes, Übergewicht, der Kastrationsstatus und auch ganz schlicht das Wetter laut Griss et al. (2021) eine Rolle.

Ruhe und Stress sind zwei Komponenten des Lebens, die in Abhängigkeit zueinander stehen und einen relativ großen adaptiven Spielraum haben. Wenn ein Hund problematisches Verhalten zeigt, dann sind diese beiden Größen die ersten, die man betrachten sollte. Gerade wenn durch ein zusätzliches Training noch weitere Belastungen auf den Hund zukommen, sollte sichergestellt sein, dass er auch die Kapazitäten besitzt, Neues zu lernen und Altes durch angemessene Verarbeitung gehen zu lassen. Aber dann gilt eben auch: Ein gewisser Stresspegel ist für die Lernbereitschaft des Hundes notwendig – auch wenn Menschen dazu neigen, jeglichen Stress vermeiden zu wollen. Unter kontrollierten Bedingungen ist Stress wichtig, damit der Hund auch für ihn positive Erfahrungen machen kann.

ÜBERAKTIVITÄT, ÜBERFORDERUNG, ÜBERLASTUNG

Ein Zuviel ist früher oder später ein Problem für den Hund und dann auch für den Menschen. Es ist am Menschen, diesen Prozess aufzuhalten, denn der Hund kann ihn nicht sehen.

Um die Grundlagen dieses Themenkomplexes zu verstehen, spielen mehrere Aspekte eine Rolle, die nicht ausschließlich den Hund betreffen. Einerseits bewegen wir uns auf physiologischer Seite im Sinne des Hundes im Bereich der Stresserfahrung und -bewältigung. Andererseits spielt aber auch die Wahrnehmung und deren Verzerrung bei der Person oder den Personen, die den Hund halten, eine wichtige Rolle.

Zu erkennen, dass ein Hund an den Auswirkungen von anhaltendem Stress leidet, und das wiederum in Verbindung mit seinem Lebensalltag zu bringen, ist eine Herausforderung. Es ist unglaublich schwer, das eigene Handeln objektiv und kritisch zu betrachten und Fehlerquellen auszumachen. Das gilt erst recht, wenn man immer darum bemüht ist, für den Hund ein optimales Lebensumfeld zu schaffen. Dass es häufig nicht eine Frage des Zuwenigs, sondern des Zuviels ist, kann eine schwer zu akzeptierende Erkenntnis sein.

Nicht alles, was Hunde an Bewegung anbieten und einfordern, ist letztendlich auch gut für sie. Gerade Rassen, die zu Überaktivität neigen, müssen Ruhe lernen. Besser wären für sie Konzentrations-Übungen und Entschleunigung.

Zeigt ein Hund Symptome, die durch anhaltenden Stress verursacht werden, während er in den letzten Monaten oder Jahren im gleichen Haushalt gelebt hat, in dem sich keine gravierenden Veränderungen ergeben haben, dann ist klar, dass die Quelle des Stresses in seinem Zuhause zu finden ist. Hunde sind nicht in der Lage, solche Problematiken zu reflektieren und ihr Verhalten anzupassen. Sie werden weiterhin versuchen, dieses Leben zu leben, und sogar einfordern, was ihnen eigentlich schadet. Das Anzeigen einer Erwartungshaltung ist aber kein Signal für ein Defizit, sondern nur das Darstellen eines Musters, dessen Abfolgen gelebt werden wollen, um diese Stabilität zu erhalten. Es ist Aufgabe der involvierten Personen, diese Muster aufzubrechen und neue Elemente in den Alltag einzubeziehen, die dem Hund helfen, Stress abzubauen oder gar nicht erst zu empfinden. Natürlich bedeutet das nicht, dass das Leben des Hundes stressfrei sein muss. Im Sinne der biologischen Definition von Stress ist auch das freudvolle Erwarten des vollen Futternapfes nichts anderes. Der Fokus liegt auf Stressoren, die anhaltend und wiederkehrend sind und das Ruhebedürfnis des Körpers unterbinden.

Es muss nicht immer (ungezuckerte) Sprühsahne sein – auszuhalten, dass Fressbares auf dem Nasenrücken oder im Liegen auf den Vorderbeinen platziert wird, ist eine gute Möglichkeit, mit dem Hund daran zu arbeiten, nicht jedem Impuls sofort nachzugeben, und sich selbst in Geduld und Timing zu trainieren.

SINNVOLLE BESCHÄFTIGUNG

Der Hund im Wandel der Zeit benötigt als Familienhund vor allem eine Beschäftigung, die seine Schwächen stärkt und nicht mehr Kondition für seine Talente bereitstellt.

Eines der Kernprobleme in der Hundehaltung ist heutzutage der Glaube, Hunde müssten ausgelastet werden, und damit seien speziell auf sie ausgerichtete Maßnahmen gemeint. Ursprünglich stammt diese Forderung aus Zeiten, als Hunde an Ketten und in Zwingern alleine ein tristes, reizarmes Leben fristeten und kaum mehr waren als Alarmanlagen, die statt mit Elektrizität mit Essensresten gefüttert wurden. Diese Hunde vegetierten auf wenigen Quadratmetern vor sich hin – Gewinner unter ihnen waren jene, die sich frei auf Höfen und in Gärten bewegen durften. Sie schliefen idealerweise in Hausfluren, aber waren selten im Wohnbereich erwünscht. Es gab keine Möglichkeit, das Tier vor Flöhen und Läusen zu schützen. Kein halbwegs vernünftiger Mensch riskierte die Verbreitung von Parasiten in diesen Räumlichkeiten, außer der Hund wurde auch zum Wärmen verwendet und das Parasitenproblem war eher zweitrangig.

WANDEL ZUM SOZIALPARTNER

Wann immer Hunde hauptsächlich für einen Gebrauch gehalten wurden und sie damit mehr Nutz- als Haustiere waren, sank ihre Lebensqualität. Als sich unsere Gesellschaft veränderte und sich der Hund mehr und mehr zum Begleiter und Sozialpartner des Menschen entwickelte, blieb der Ruf nach einer besseren Haltung durch Auslastung, aber das Problem stellte sich jetzt anders dar. Hunde, die in Häusern oder Wohnungen gehalten wurden, deren Bezugspersonen aber zehn und mehr Stunden auf der Arbeit verbrachten, waren nun nicht mehr angekettet, sondern eingemauert. Gleichzeitig wurde aber die Zeit mit dem Hund zum Sinnbild für Erholung: Spaziergänge und Wanderungen durch die Natur boten vor allem dem Menschen gesunde Bewegung und frische Luft. Die Hunde verbrachten die Tage mit einem Teil der Familie, den Kindern und wer sonst noch so ein und aus ging. Inzwischen hat sich in nicht geringem Ausmaß ein weiterer Wechsel vollzogen: Waren Unternehmen, die es erlaubten, dass man den eigenen Hund mit ins Büro oder Geschäft brachte, besonders tierfreundlich, befinden wir uns jetzt in einer Ära, in der das Arbeiten von zu Hause dank Internet immer gängiger wird. Mensch und Hund verbringen jede Minute des Tages miteinander. Es wird Kaffee gekocht, telefoniert, Gäste empfangen, ferngesehen, herumgelaufen, gegessen. Hunde müssen in einem aktiven Alltag erst wieder die Möglichkeit finden, tatsächlich zu ruhen.

DAS RICHTIGE MASS AN BEWEGUNG

Natürlich ist es so, dass in einem Alltag, in dem dem Hund das Futter in einem Napf vor die Nase gesetzt wird, die Bewegung zu kurz kommt. Bewegung unterstützt den Kreislauf, sorgt für den Erhalt der Muskulatur, die Beweglichkeit von Gelenken und Sehnen und verhindert schädliche Ablagerungen in den Gefäßen. Wie so oft im Leben macht allerdings die Dosis das Gift.

Sich täglich bewegen zu können, zu laufen und auch den einen oder anderen Geschwindigkeitswechsel oder Gangwechsel zu ermöglichen, ist etwas anderes als Hochleistungssport. Nicht ohne Grund sind die Körper vieler Menschen, die Hochleistungssport betreiben, weit früher geschädigt, als sich das durch das Alter erklären ließe. Auch wenn Hochleistungssport als das Ultimative der Gesundheit und Leistungsfähigkeit verkauft wird, ist es medizinisch betrachtet ein Raubbau für Aufmerksamkeit ohne jeglichen Sinn für Nachhaltigkeit.

Jeder Körper muss ruhen. Jeder Körper muss sich bewegen können. Für alles gibt es ein Maß.

Sofern ein Hund in seinem Alltag die Möglichkeit hat, sich frei zu bewegen, und Teil des Lebens seiner Bezugspersonen ist, bedarf es keiner gesonderten physischen Auslastung. Wer etwas mit seinem Hund machen möchte, weil der Hund genau dafür angeschafft wurde, muss nicht darauf achten, dem Tier genug Aktivität zu gönnen, sondern genügend Ruhezeit. Wer täglich mehrere

Der junge Greyhound beschäftigt sich mit etwas Ungewöhnlichem: einer vorher mit Pansen ausgelegten Geruchsspur. Als Hunderasse, die für die Jagd auf Sicht gezüchtet wurde, muss er hier seine Nase einsetzen.

Hunde rennen gerne, am liebsten frei. Daher ist bei aller Beschäftigung und Erziehung wichtig, ihnen genau solche Freiräume zu schaffen, in denen sie auch einmal selbstbestimmt und ausgelassen toben dürfen.

Stunden laufen gehen möchte, sollte den Hund nach Stunde drei nach Hause bringen und dann alleine weitermachen.

SINNVOLLE BESCHÄFTIGUNG

Sinnvoll können all jene Beschäftigungen sein, die auch einen Mehrwert für den Alltag bieten. Mit dem Hund beispielsweise kleine Tricks oder Kunststückchen zu erarbeiten, fördert das Verhalten des Hundes, auf seine Bezugsperson zu achten. Kleine Parcours über liegende Baumstämme, über Besenstiele, durch Stuhlbeine, über Rampen oder Leitern in aller Langsamkeit und mit der dafür notwendigen Konzentration schaffen ein besseres Körperbewusstsein und helfen, dass der Hund geländefester wird und nicht unüberlegt losprescht. Gemeinsam erarbeitet, schafft es eine festere Beziehung und hilft auch dem Menschen, den Hund für seine Leistungen zu schätzen. Als Grundregel gilt praktisch immer, dass es wenig bringt, einem Hund, der vielleicht sogar für Geschwindigkeit gezüchtet wurde, beispielsweise einem Malinois oder einem Greyhound, genau das als Auslastung anzubieten. Der Irrglaube, ein Hund würde in irgendeiner Form unglücklich, wenn er seine Talente nicht ausleben könne, ist eine Mixtur aus – widerlegter – Triebstautheorie und Vermenschlichung. Wer effizient und sinnvoll beschäftigen möchte, konzentriert sich auf jene Fähigkeiten, die der Hund nicht unbedingt sein genetisches Eigen nennt.
Bei den genannten Beispielrassen wäre das vielleicht so etwas wie Langsamkeit, Kleinschrittigkeit oder Statik. Einem Sichtjäger eine Geruchsspur anzubieten, fordert ihn mehr als einen Jagdhund, der für das Aufspüren von Fährten züchterisch selektiert wurde. Einem reaktiven Draufgänger, wie es viele Malinois sind, die Geduld abzuverlangen, Schritt für Schritt über ein schmales Brett oder eine auf den Boden gelegte Leiter zu laufen – und nicht einfach einen großen Satz darüber zu machen – kann einem Schäferhund viel abverlangen.
Den Ideen sind keine Grenzen gesetzt und als Orientierung hält man sich immer vor Augen, wo man die Schwächen des eigenen Hundes sieht. Er ist eher unsicher oder ängstlich? Alles, was Selbstbewusstsein und Mut schafft, eignet sich: Vom Überlaufen eines seltsamen Untergrundes bis hin zum freien Shapen von Bewegungselementen lässt sich viel tun. Die Erfolgserlebnisse stärken den Hund und steigern den Stolz seines Menschen. Hunde, die Jagdambitionen zeigen, verwickelt man in das Erarbeiten von Tricks mit seiner Bezugsperson – denn das Gemeinsame mit der Bezugsperson schafft eine bessere Orientierung. Hunde, die wiederum ihre Bezugspersonen kaum aus den Augen lassen wollen, beschäftigt man mit Objektsuchen jeglicher Art, die sie von der Nähe selbstbestimmt in angemessener Distanz weitersuchen lässt. Und wenn der Hund kein Interesse an solchen Beschäftigungen hat und lieber auf der Couch liegt? Dann ist das möglicherweise einfach so und man kann sich auf einfache Übungen zur allgemeinen Ansprechbarkeit beschränken. Ist man selbst damit nicht glücklich, wird es vielleicht Zeit, über einen Zweithund nachzudenken.

BEISSEN ALS BESCHÄFTIGUNG

Ein Hund wird seine Zähne einsetzen, weil sie das ihm zur Verfügung stehende Greifinstrument sind. Aber es gibt keine intrinsische Notwendigkeit zu beißen, weswegen die Frage erlaubt sein muss, was der Sinn und das Ziel des Schutzhundesports ist.

Eine wiederkehrende Debatte dreht sich darum, ob der sogenannte Schutzhundesport eine sinnvolle Beschäftigung für Hunde ist oder nicht. Um es gleich vorwegzunehmen: Das häufig angeführte Argument, es gäbe Hunderassen und -typen, die einen „Beißtrieb" hätten und ihn ausleben müssten, oder eine besondere Freude daran hätten, in etwas zu beißen, ist fachlich falsch. Es basiert auf einem längst widerlegten Modell von Konrad Lorenz, dem psychohydraulischen Instinktmodell, das ebendieser in Bezug zu Aggression stellte. Hunde können beißen, aber es entsteht kein Unglück im Tier, wenn es nicht beißt. Es entsteht auch kein „Stau", der, sofern er nicht abgebaut wird, dazu führt, dass ein Hund sukzessive gefährlicher wird. An diesem Glauben wird

Schutzhundesport ist besonders in der Haltung von Schäferhunden weit verbreitet. Wichtig ist, sich bewusst zu machen, dass ein Hund nicht unausgeglichen oder gar aggressiv wird, wenn er nicht beißen darf – hinter dieser Annahme steckt die längst widerlegte Triebstautheorie.

immer noch, vor allem für Gebrauchshundetypen wie den Deutschen oder Belgischen Schäferhund, gerne festgehalten.
Auf der anderen Seite ist auch schlicht wahr, dass Hunde ihr Gebiss in verschiedenen Situationen einsetzen. Dabei kann die Motivation das Zerteilen von Fressbarem sein, es kann um Elemente des Spielens gehen oder auch um Kommunikation. Im Alltag bedeutet das, dass ein Hund lustvoll auf einer Kaustange herumbeißt, einen Stock oder ein anderes Spielzeug zwischen die Zähne ins Maul nimmt und vielleicht auch festhält, um daran zu zerren, oder eben auch mit einem aggressiven Abschnappen ein unliebsames Gegenüber auf Distanz zu halten versucht. All das sind Momente, in denen Hunde ihr Gebiss einsetzen. Situativ wird der Hund hoch motiviert agieren und das ist völlig in Ordnung.

ANTRAINIERTES BEISSEN

Die Problematik, die immer wieder diskutiert wird, ist, ob es wirklich sinnvoll ist, einem Hund beizubringen, in Richtung eines Menschen zu beißen. Das liest sich deswegen etwas gestelzt, weil es ganz unterschiedliche Perspektiven darauf gibt, was im Schutzhundesport eigentlich trainiert wird. Die einen werden sagen, dass der Hund lernt, einen Menschen in aggressiver Weise anzugehen – die anderen sagen, dass der Hund spielerisch lernt, in einen Gegenstand zu beißen, einen Beißarm oder Schutzanzug, der aber wiederum vom Menschen vollends abgekoppelt ist, sodass der Hund sich – vor die Wahl gestellt – für das Objekt und nicht den Menschen entscheidet.
Ab hier muss eine differenzierte Betrachtung erlaubt sein. Per se spricht nichts dagegen, einen Hund dadurch zu beschäftigen, dass er sich für ein Objekt interessiert, dessen habhaft werden möchte und es apportiert. Das kann ein Stofftier sein, ein Apportierbeutel oder eben ein Beißarm. So machen es Hunde nun einmal: Sie nehmen das Objekt der Begierde ins Maul und befassen sich damit – mehr oder weniger spielerisch werden hier Verhaltenselemente der Jagdkette aufgerufen und geübt. Das ist für ein ehemaliges Raubtier keine überraschende Motivation. Kritisch betrachtet werden darf diese Form der Beschäftigung, wenn nicht zu erkennen ist, dass die trainierende Person dafür sensibilisiert ist, dass Hunde auch Verhaltensweisen lernen und Motivationen verstärken können, die im Alltag mit dem Menschen gefährlich werden können. Wenn also beispielsweise, entgegen des Trainingsziels, sehr wohl der Mensch, der den Beißarm hält, in den Fokus des Hundes gerät und unbeabsichtigt eine Mannschärfe trainiert wird. Als Mannschärfe definiert man bei Hunden ein enthemmtes Aggressionsverhalten gegen Menschen. Diese Hunde zeigen weniger oder keine Hemmungen, in einer Konfliktsituation einen Menschen zu beißen. Es kann auch passieren, dass das im Schutzhundesport häufig propagierte und verharmlosend klingende Beutespiel tatsächlich dazu führt, dass ein fehlgeleitetes Beutefangverhalten trainiert wird oder allgemein die Impulskontrolle auf Bewegungsreize abgebaut und damit ein unkontrollierbareres Jagdverhalten verstärkt wird.
Damit ist nicht gesagt, dass das immer der Fall wäre. Nicht immer führt Schutzhundesport zu dieser Problematik abseits des Hundeplatzes im Alltag – aber es ist eine Möglichkeit, auf die bei der Beschäftigung in diesem Bereich ein kompetentes und aufmerksames Auge gelegt werden muss. Genau hier muss auch die Kritik erlaubt sein, dass in Hundesportvereinen keine geprüft sachkundigen Personen trainieren und ganz häufig tradiertes Wissen abseits aktueller wissenschaftlicher Erkenntnisse noch eine viel größere Rolle spielt. Häufig fokussiert sich das Beschäftigungstraining auf sport-

In der Schweiz verbreiteter als in Deutschland sind die Ringsportarten, wie beispielsweise das Mondio-ring. Viele der fast ausschließlich Belgischen Schäferhunde werden auch als Diensthunde eingesetzt.

liche Wettkämpfe, während das Grundlagenwissen um Hundeverhalten und Tierwohl, lerntheoretische Prozesse, Generalisierung von Verhaltensweisen und Beratung von Menschen, die diese Hunde halten, vernachlässigt wird. Eher noch werden rechtfertigende Parolen weitergegeben, als ein individueller Blick auf den Hund und die haltende Person geworfen wird. Das trifft nicht immer zu und natürlich gibt es auch hier Ausnahmen. Nichts spricht gegen die Erfahrungswerte und das Wissen, dass sich Leute auf dem Hundeplatz aneignen, das nie Einzug in wissenschaftliche Studien finden wird, weil es dort keine Relevanz hat. Allerdings sollten die Alarmglocken schellen, wenn sich im Hundesport Aktive explizit von den wissenschaftlichen Grundlagen distanzieren – denn die Schnittmenge dieser Grundlagen mit dem, was Menschen und Hunde auf einem Hundeplatz tun, ist riesig. Lernen ist überall lernen, und sowohl der Fokus auf das Wohl des Tieres als auch auf die betroffenen Menschen kann auf dem Hundeplatz nicht mit einem Abwinken ausgeschlossen werden.

Wer diese Übertragsleistung von Grundlagenwissen nicht schafft oder sich ihr verweigert, sollte keinen Schutzhundesport mit einem Tier betreiben, das für Menschen lebensgefährlich werden kann. Einfachste Erkenntnisse, wie die Widerlegung der Triebstautheorie (Schlagwort „Beißtrieb“ und „Beutetrieb“), müssen bekannt sein. Auch das Wahrnehmen von Jagdelementen in der Hundebeschäftigung spielt eine Rolle, da es Verhalten bewusst fördern oder hemmen kann.

FALSCHER FOKUS IM HUNDESPORT

Ein großes Problem ergibt sich aus der Interpretation von Hundesportrichtlinien und Prüfungsordnungen, wie sie von Aktiven im Hundesport vorgenommen werden. Ähnlich wie bei der Beschreibung einer Hunderasse in einem Rassestandard findet man in Prüfungsordnungen häufig Textabschnitte, die sich darüber auslassen, wie ein Hund zu erscheinen hat. Dieser Eindruck, den der Hund vermittelt, wird bewertet und kann im Wettkampf wertvolle Punkte für den Sieg bringen. So wird beschrieben, woran man bei einem Hund Freude und Motivation festmachen kann. Und genau hier trennen sich die Wege, die in der Verhaltensbiologie das Ausdrucksverhalten beschreiben und im Hundesport eine vermenschlichte Darstellung einer Emotion. Eine hohe Körperspannung, eine hoch erhobene Rute und ein stolz getragener Kopf, ein fokussierter Blick und aufgestellte Ohren beschreiben zwei vollkommen unterschiedliche Zustände, wenn es um das Verhalten des Hundes geht. Das Ausdrucksverhalten spricht für eine Anspannung, möglicherweise Alarmbereitschaft oder Imponierverhalten. Im Hundesport steht es für Freude und Ehrgeiz. Kommt hochfrequentes Bellen und vielleicht noch starkes Hecheln mit langer Maulspalte dazu, zählen diese als Indikatoren für das Empfinden von Stress in einem höheren Ausmaß. Im Hundesport könnte es als Lust und übermäßiger Enthusiasmus auf die anstehende Übungseinheit interpretiert werden. Wer mit einem – im Ausdrucksverhalten – entspannten und in sich ruhenden Hund auf einen sportlich ausgerichteten Hundeplatz kommt, wird möglicherweise von einem besorgten Vereinsmitglied mit der Frage konfrontiert, ob dieser Hund krank sei, er keine Lust auf Sport hätte oder warum ihm wohl die Freude fehle. Mitunter fehlt jegliches Wissen darüber, dass der Grundzustand eines Hundes nicht eine kurz vor dem Bersten stehende Anspannung sein sollte – und eine umfängliche Wahrnehmungsverschiebung, denn alle anderen Hunde wirken traurig, depressiv oder lustlos, was dann daran liegen könnte, dass sie keinen Hundesport betreiben dürfen. Diese Erfahrungen sind keine Einzelbeobachtungen, auch wenn sie möglicherweise nicht die Regel sind.

Wichtig ist, dass im Hundesport der Blick auf den emotionalen und physischen Zustand des Hundes leicht verschoben wird und auch hier das Maß verloren gehen kann, wenn keine angemessene Bezugsgröße vorhanden ist.

BEISSEN VERMEIDEN?

Bedeutet das, dass jegliches Beißen gefährlich ist und unter allen Umständen vermieden werden sollte? Ganz im Gegenteil. Der Fokus ist Gold. Der Fokus in der Beschäftigung mit dem Hund, wenn es um das Beißen geht, sollte sich ändern. Ein Hund wird sein Gebiss so oder so nutzen – wichtig wäre zu trainieren, dass es angemessen passiert und zuverlässig abbrechbar ist, dass der Hund nicht jedem Impuls unkontrolliert nachgeht und den Frust aushalten kann, etwas nicht beißen zu dürfen, in das er gerne beißen möchte. Und das in allen Facetten, die das Leben so zu bieten hat. Das Gebiss des Hundes und seine 42 weißen Argumente sollten nicht tabuisiert werden, sondern sich dessen angenommen werden. Denn im Alltag der Hundehaltung kann und wird es immer wieder zu Situationen kommen, in denen ein Hund seine Zähne einsetzt. Seine Erfahrung und sein angemessenes Verhalten in kritischen Momenten verringern die Wahrscheinlichkeit, dass der Hund zum Problem wird.

FRUSTRATIONSTOLERANZ UND IMPULSKONTROLLE

Frustrierende Situationen aushalten zu können und damit dem Impuls, etwas zu unternehmen, nicht nachzugeben, ist eine Kunst – nicht nur für den Hund, sondern auch für den Menschen.

Was ein Hund in der Lage ist auszuhalten, bevor er auf einen Reiz reagiert, hängt maßgeblich von zwei Faktoren ab: seiner allgemeinen Reaktivität und seinen Möglichkeiten, sich selbst zu regulieren. Die häufig verwendeten Begriffe der Frustrationstoleranz und Impulskontrolle beschreiben dieses Wechselspiel. Wie wir auch können Hunde je nach Temperament mit frustrierenden Reizen besser oder schlechter umgehen. Wie gut ein Individuum darin ist, hängt von vorgeburtlichen Faktoren ab, seinem Aufwachsen, seinem Alter und seinen Erfahrungen. Die Erfahrung von Frust kennen wir alle. Wenn die Person vor uns an der Kassenschlange anfängt, die Münzen zusammenzuzählen, während wir in der kurzen Mittagspause etwas zu essen holen

Tricks wie das Balancieren auf einer Kiste sehen unspektakulär aus, aber sie können ein wundervoller Einstieg in die Arbeit zu mehr Ruhe, Konzentration, Frustrationstoleranz und besserem Körpergefühl sein – und sie lassen sich auch ganz hervorragend auf Spaziergängen mit Baumstämmen und anderen Hürden einbauen.

Geht nicht gibt's nicht. So wie Stefans Huskys, die im Schlitten eingespannt erfolgreich Rennen fahren, und im gleichen Gelände selbstverständlich ohne Zug auf die Leine spazieren gehen können.

wollten. Wenn vor uns auf der Straße ein Auto mit 45 km/h herumtrudelt, während zu Hause unsere Lieblingsserie gleich startet. Frustrationstoleranz und Impulskontrolle sprechen zwei Reaktionsmechanismen an, wie wir mit diesen Situationen umgehen. Wir können an der Supermarktkasse schnaufen und uns aufregen oder beschließen, dann einfach im Sinne der Pause während des Wartens zu entspannen und dabei gelassen unsere Umgebung beobachten. Wir können hupen oder mit Fernlicht auf das langsame Auto auffahren oder wir rufen uns in Erinnerung, dass die Folge auch in der Mediathek des Senders zu finden sein wird. Dem Impuls des übertriebenen Ausflippens nicht nachzugeben, gehört zu der Betrachtung der Situation.

DREI KATEGORIEN VON REAKTIVITÄT

Die Reaktivität eines Individuums, egal ob Mensch oder Hund, kann in drei Kategorien eingeteilt werden. Wie stark ein Individuum reagiert und wie lange es benötigt, um den empfundenen Stress wieder abzubauen, also sich selbst zu regulieren, zeigt sich besonders dann, wenn mehrere frustrierende Ereignisse hintereinander auftreten. Das eine Individuum empfindet kaum Frustration und kann sich auch schnell wieder regulieren – beim nächsten Reiz ist es wieder entspannt und kann sich der neuen Situation wieder stellen. Das nächste Individuum reagiert zwar nicht auf den ersten frustrierenden Reiz, benötigt aber eine viel längere Zeitspanne, um sich wieder zu entspannen. Tritt in dieser Zeit ein neues Frustrationsereignis auf, herrscht immer noch eine Anspannung, auf die der neue Stressor aufbaut. Das Gleiche passiert bei einem weiteren Ereignis, bis das Maß voll ist und eine übermäßige Reaktion stattfindet. Das dritte Individuum flippt einfach bei jedem frustrierenden Reiz direkt aus. Es reagiert immer übersteigert. Ob es zwischen den Ereignissen dazu fähig ist, einen vollständigen Stressabbau zu gewährleisten, wird maßgeblich dazu beitragen, ob der Körper sukzessive unter chronischem Stress leidet oder nicht.

ROLLE VON ERFAHRUNG UND LERNEN

Auch wenn Elemente von Reaktivität und Selbstregulation erblicher Natur sind, so spielt in ihrer Ausprägung Erfahrung eine wesentliche Rolle. Damit ein Hund lernen kann, mit Frustration umzugehen, muss er Frust erfahren. Im Training kann man ihn dann darin unterstützen, geeignete Mechanismen und Strategien zu entwickeln, um damit umzugehen. Studien zeigen, dass Hunde, die gelernt haben, sich länger zu konzentrieren, und mehr Trainingserfahrung haben, besser in der Selbstregulation sind (Marshall-Pescini et al. 2016). Vorsicht sollte man bei Hunden walten lassen, die Stereotypien zeigen. Dort kann ein persistent gezeigtes Verhalten nicht unbedingt als (positive) Beharrlichkeit und Konzentrationsvermögen gesehen werden, sondern beruht auf Problematiken, die auch die Verhaltensstörung verursachen: Erlerntes ist ungewöhnlich lange löschungsresistent, der Hund braucht fast doppelt so lange, um ein Verhalten wieder abzulegen, auch wenn es nicht lohnenswert ist (Protopopova et al. 2014).

Eine Lernerfahrung, die Menschen und Hunde gleichermaßen machen können und die sich erst mit dem Erwachsenwerden ausbilden kann, ist der sogenannte Gratifikations- oder Belohnungsaufschub. Ein Individuum erfährt, dass es nicht immer sofort die beste Belohnung erhält, sondern arbeitet – trotz frustrierender Zwischenerlebnisse – weiter, wenn die Aussicht auf eine qualitativ hochwertigere Belohnung besteht. Sei es beim Angeln oder beim Wettkampfsport – wir machen weiter, wenn wir uns davon eine bessere Belohnung erhoffen. Das Gleiche haben Studien auch für Hunde nachgewiesen (Brucks et al. 2017).

Wenn Gelassenheit ein Zusammenspiel aus der Gewöhnung an (frustrierende) Trainingssituationen, dem Ausbau von Konzentrationsfähigkeit und dem Wissen um verzögerte Belohnungsgaben ist, dann wird deutlich, dass sie ein gelernter Wesenszug ist. Bisher konnten im Übrigen keine Rasseunterschiede festgestellt werden – es gilt für alle Hunde das Gleiche: Gelernt ist gelernt und je mehr davon, desto besser.

Eine Herausforderung wird es, wenn der Hund schon ein problematisches Verhalten zeigt, das bei den verantwortlichen Personen einen höheren Leidensdruck verursacht. Gerade dann ist es besonders wichtig, so ablenkungsarm und leicht wie möglich zu beginnen, um für viele Erfolgserlebnisse zu sorgen. Und das nicht nur beim Hund, sondern auch beim Menschen. Letztendlich gilt für die Menschen, die Hunde besitzen, genau das Gleiche. Wer möchte, kann sich an dieser Stelle den letzten Abschnitt noch einmal durchlesen und sich dabei vollständig auf die eigenen Fähigkeiten in Bezug auf Frustrationstoleranz und Gelassenheit konzentrieren. Wer selbst Schwierigkeiten in diesem Bereich hat, muss sich beim Training mit dem Hund auch den eigenen Hürden stellen, damit das Vorhaben von Erfolg gekrönt ist. Wer Frustrationstoleranz trainiert, erlebt dabei Frust – es ist schließlich das Thema des Trainings. Es kann sich also lohnen, auch auf die eigenen Coping-Strategien zu schauen und ganz bewusst Resilienzen aufzubauen, um ein erfolgreiches Training zu gestalten. Dafür kann man sich den Grund des Trainings bewusst machen, sich immer wieder daran erinnern, dass Langsamkeit und Wiederholungen Kernelemente der Übung sind, und man kann nachempfinden, wie schwierig es sein kann, in diesem eher abstrakten Bereich etwas an sich selbst zu verändern. Beim Ausbau der Frustrationstoleranz und Gelassenheit kann man nichts erreichen, indem man wütend aufstampft oder auf die Hupe drückt – man bleibt bei sich und ändert die eigene Empfindung.

☞ FALLBEISPIEL: IKE

Wenn die Rasse zu einem Stigma wird, leidet der individuelle Hund im Notfall stark. Verhalten wird falsch interpretiert und deutliche Zeichen nicht wahrgenommen.

Ike, ein großer, schlanker Malinois-Rüde, war im Tierheim gelandet, nachdem er seinem alkoholkranken Besitzer im Alter von sechs Monaten entzogen worden war. Anlass war, dass sein Besitzer mit ihm in einem Bus des ÖPNV unterwegs war und Ike mit der Situation vollkommen überfordert war. Während der Mann nicht handlungsfähig war, biss Ike sechs Fahrgäste und den Busfahrer, der helfend einschreiten wollte. Ike bekam Auflagen von der Behörde: Maulkorb- und Leinenzwang – denn es war nicht absehbar, wie gefährlich er war.
Im Tierheim kümmerte man sich engagiert darum, die Verhaltensproblematiken in den Griff zu bekommen – auch weil sich ein Belgischer Schäferhund-Rüde mit Auflagen schlecht vermitteln lässt. Eine Tierpflegerin nahm sich seiner an – aber auch die Freiwilligen, die mit den Hunden des Tierheims Gassi gingen, bemühten sich sehr. Ike bestand den Wesenstest mit Bravour.
Etwa zu dieser Zeit gab ich, Nora, ein Seminar in dem Tierheim. Viele wissen, dass ich einen besonders weichen Fleck in meinem Herzen für Malis habe – und es dauerte bis zur ersten Mittagspause, bis mir zwei Teilnehmerinnen erzählten, dass da ein Mali sei, den ich mir mal anschauen sollte. Das Tierheim gab mir Ike an die Hand, der mich, zusammen mit meinen eigenen zwei Hunden, den Rest des Wochenendes begleitete. Einige Monate später holte ich Ike aus dem Tierheim ab.

Ike war abgemagert mit stumpfem struppigem Fell und kotete riesige Mengen kaum verdautes Futter. Er konnte auf grobem Kies kaum laufen, weil seine Pfotenballen völlig wund waren. Offensichtlich hatte er nicht zur Ruhe kommen können. Er hatte eine Weide, die in dem Zwinger stand, in dem er mit einer Staffordshire Bullterrier-Hündin untergebracht war, komplett entrindet. Die meisten seiner Schneidezähne, aber auch die Eckzähne waren abgebrochen oder auf die Hälfte abgeschliffen, auch weil er – so erzählte die Tierpflegerin – schlecht allein bleiben konnte und sich bei dem Versuch, sich aus einer Box zu befreien, einige Zähne abgebrochen und einen Teil der Krallen blutig gerissen hatte. Ike wurde als artgenossenunverträglich beschrieben, eine Eigenschaft, die vielen Malis zugeschrieben wird. Ike war inzwischen zweieinhalb und zeigte in den ersten Wochen eine durchgehende, extreme Anspannung. Er schlief hauptsächlich, weil er zu fertig war, um etwas anderes zu tun. Seine Muskulatur war bretthart und jede Berührung führte zu unkontrollierbaren Ejakulationen. Schnelle oder mäßig druckvolle Ansprachen ließen ihn sofort eskalieren und zubeißen – inklusive nachfassen, wenn es ihm möglich war. Da er praktisch sein ganzes Leben an das Tragen eines Maulkorbs gewöhnt war, konnte er zielgenau und blitzschnell Stöckchen und Finger zwischen die Gitterstäbe fädeln. Weil seine Zähne dermaßen zerstört waren,

Ike, der Belgische Schäferhund, hatte keinen guten Start in seinem Leben – zu viele Erwartungen ganz unterschiedlicher Natur waren für ihn nicht leistbar.

waren die Verletzungen allerdings vor allem Schrammen.
Auf Seminare konnte ich Ike nicht mitnehmen. Hundeplätze und Trainingsgeräte verursachten eine völlig unkontrollierbare Appetenz, in der Ike praktisch nicht ansprechbar war und auf kleinste Bewegungen massiv reagierte. Sein Blick war besonders auf jene Elemente gerichtet, die auch im Schutzdienst Verwendung finden, sodass ich davon ausgehe, dass man versucht hatte, ihn, wie viele Belgische Schäferhunde, hier anzutrainieren. Er konnte sich erst beruhigen, wenn ein Großteil der Menschen und Hunde nicht mehr auf dem Platz war. In unserer Gemeinschaft zu Hause erwies sich Ike allerdings als großer, trampeliger, aber sozialer Hund, der mit allen, ob groß oder klein, zurechtkam. Er akzeptierte Einschränkungen und ging absolut jedem Konflikt überbetont aus dem Weg. Die Art und Weise, wie er mit großen Augen seine Ohren an den Kopf klappte und seinen Blick fast wie in einem Ausdruckstanz immer wieder deutlich abwandte, war beeindruckend.
Eines Tages fiel mir eine Brötchenhälfte vom Frühstückstisch und Ike stürzte in die Richtung. Sowohl ich als auch mein Lebensgefährte sprangen auf und riefen ein „Ey!" – nicht, weil etwas an dem Brötchen gefährlich

gewesen wäre, sondern weil wir von allen unseren Hunden erwarten, dass sie so einem Impuls nicht nachgeben. Ike fror ein. Dann begann er zu zittern. Mit aufgerissenen Augen und massivem Speichelfluss drängte er sich in eine Ecke des Esszimmers. Das Brötchen hatte er nicht angerührt, aber es war klar, dass wir uns Ike nicht nähern konnten – er befand sich kurz vor einem Überlebenskampf. Es liegt nahe, dass Ike als Junghund mit einer übermäßigen Härte erzogen worden war, die für ihn nicht vermeidbar und nicht aushaltbar gewesen war. Stattdessen wichen wir also zurück, nachdem wir das Brötchen eingesammelt hatten, und luden Ike mit ruhigen Worten ein. Es dauerte nur Sekunden, bis der große Rüde in sich zusammenfiel und sich schlotternd an meine Beine lehnte.

Wie bei allen Belgischen Schäferhunden, die ich kennengelernt habe, war Ike mit den kleinsten und feinsten Botschaften führbar. Er war von fliehenden Rehen abrufbar und fand, nachdem er kastriert worden war, auch die Gelassenheit zu ruhen. Er wurde ein weicher Clown, der bei aller Stattlichkeit und mit seinem großen Drahtmaulkorb selbst fremde Menschen um den Finger wickelte. Regelmäßig wurde er im Wartezimmer der Tierarztpraxis gekrault und mit Leckerchen gefüttert, die auch von älteren Menschen sehr sorgfältig durch die Gitterstäbe des Maulkorbs gefädelt wurden. Ohne Anspannung war Ike ein äußerst toleranter Mali Menschen gegenüber – auch bei dem Team der tiermedizinischen Praxis. Es kam kein Murren, wenn er untersucht wurde, und selbst eine Blutspende ließ er einfach über sich ergehen.

Ike hat hier einen großen Eindruck hinterlassen, auch wenn er mit noch vielen weiteren Baustellen kam, möchte ich nicht eine Sekunde missen, die ich mit ihm verbracht habe.

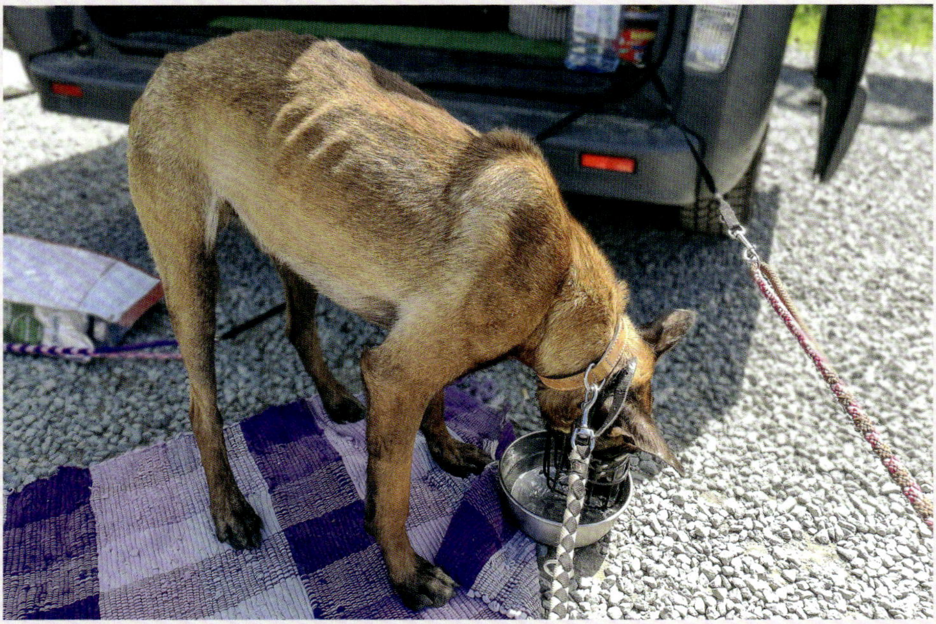

Ike am Tag des Kennenlernens im Tierheim. Seine Pfoten waren wund gelaufen, weswegen er eine Unterlage brauchte, um auf dem groben Kies stehen zu können. Er war abgemagert mit stumpfem Fell und so unendlich müde, dass er die kommende Stunde in einem ihm völlig unbekannten Kleinbus mit zwei gänzlich fremden Hunden schlief.

JAGDVERHALTEN

Ob Mäuse, Kaninchen, Eidechsen oder Vögel – viele Hunde finden im hohen Gras jagdbare Beute, die sie verfolgen.

Das Jagdverhalten ist nichts anderes, als das überlebensnotwendige Verhaltensrepertoire eines Hundes (und vieler anderer Tierarten), um sich Nahrung zu beschaffen. Gerade weil das Verhalten lebensnotwendig ist, ist es in seinen Kerneigenschaften unflexibel – so sehr, dass man in der Forschung zeigen konnte, dass sich die Verhaltenskette des Jagens mittels elektrischer Stimulation der zuständigen Hirnareale abrufen lässt (in dem Fall bei Ratten, nach O'Heare 2003). Während man bei Hunden im Zusammenleben besonders darauf achtet, welches Ausdrucksverhalten sie zeigen und ihre Form der sozialen Kommunikation interpretiert, bringt das Jagdverhalten eine andere Herausforderung mit sich: Der Hund kommuniziert nicht. Ganz im Gegenteil. Als Beutegreifer wird auch ein Hund sich so unauffällig wie möglich verhalten, um seiner Beute keinen Anlass zur Flucht zu geben. Er wird so schnell wie möglich handeln und seine Nahrung effizient und emotionslos töten. In der Erlebniswelt dürfte sich das erfolgreiche Jagen vergleichen lassen mit unserem Gang an das Supermarktregal, wo wir uns die bevorzugte Schokolade greifen und sie in unseren Einkaufskorb legen, die Karotte aus der Erde ziehen, den Apfel vom Baum pflücken oder uns eine Scheibe Brot abschneiden. Es gibt keinen Anlass, uns mit dem Apfel oder der Scheibe Brot zu unterhalten, ihr unsere Vorfreude auf die bevorstehende Mahlzeit anzukündigen – Nahrung ist ein Ding. Problematisch wird es, wenn das Jagdverhalten des Hundes unter keiner Kontrolle durch die verantwortliche Person steht, durch Übermotivation zu viel Raum im Alltag einnimmt oder auch, wenn sich in einem Alltag, in dem Jagen überhaupt keine Rolle mehr spielt, weil beispielsweise der Hund in der Stadt lebt, plötzlich eine Situation ergibt, die die Verhaltenskette auslöst. Selbst ein Hund mit einer außerordentlich guten Impulskontrolle kann bei Bewegungsreizen reagieren, wenn im Stadtpark direkt vor ihm ein Kaninchen aufspringt oder eine Katze aus dem Gebüsch bricht.

DAS JAGDVERHALTEN AN SICH

Das Jagen besteht in sich aus einer Kette an Verhaltensweisen, die in einer bestimmten, immer gleichen Reihenfolge gezeigt werden. Außer natürlich der Mensch greift züchterisch ein.

Das Jagen beginnt beim Hund schon, wenn er mit der Motivation, etwas Fressbares zu erbeuten, seine Umgebung wahrnimmt. Dieses Suchverhalten, auch orten oder ungerichtete Appetenz genannt, ist im Alltag unauffällig. Es kann sich auf olfaktorische, akustische oder optische Reize beziehen, was auch heißt, dass ein jagender Hund nicht unbedingt den Blick konzentriert in die Ferne richtet oder mit der Nase am Boden klebt – seine Sinne sind einfach darauf konzentriert, solche Reize aufzunehmen. Der Hund wirkt möglicherweise interessiert, aufmerksam oder konzentriert, leicht erregt oder auch nicht. Er kann ansprechbar sein.

DIE VERHALTENSKETTE

Findet der Hund einen Reiz, der erfolgversprechend wirkt, weil beispielsweise die Duftspur mehr oder weniger frisch ist, er ein

Beagle sind Meutehunde, die selbstständig arbeiten und mit ‚Geläut', also anhaltendem Gebell, die Beute verfolgen. Allzuoft folgen sie dabei einer Geruchsspur, die für den Menschen nicht wahrnehmbar ist, und bereiten damit als Familienhunde Probleme – GPS-Sender sind sehr beliebt bei dieser und ähnlichen Rassen.

bekanntes Geräusch gehört oder eine sich bewegende Silhouette gesehen hat, dann wechselt er in die gerichtete Appetenz. Er wird der Beute jetzt folgen und darauf abzielen, die Distanz zu der Beute zu verringern. In diesem Abschnitt wird auffällig, dass der Hund erregt wirkt, die Rute wird meist höher getragen, die Ohren sind aufgerichtet und der Körper befindet sich unter Spannung. Ab jetzt fokussiert sich der Hund darauf, bei Sichtung der Beute, dem Fixieren, so nah heranzukommen, dass seine Jagd erfolgreich ist.

Die Ansprache eines Hundes in der gerichteten Appetenz ist deutlich schwieriger, denn er konzentriert sich jetzt auf die Beute. Sobald der Hund die Beute sieht oder hört und damit abschätzen kann, in welcher Entfernung sie sich befindet, schleicht er sich an, bevor er sie hetzt. Wie dieser Abschnitt des Jagens dann letztendlich tatsächlich aussieht, hängt ganz stark von der Beute und der allgemeinen Situation ab. Das Packen und Töten, sofern die Jagd derart erfolgreich war, geht schnell. Üblicherweise wird die Beute mit den Canini, den Eck- oder Fangzähnen, festgehalten und schnell geschüttelt. Dabei bricht das Genick und die Beute stirbt schnell. Ob Maus, Ratte, Singvogel, Kaninchen oder Hase – abhängig von der Größe des Hundes macht dieser effizient einen kurzen Prozess. Je größer und wehrhafter die anvisierte Beute ist, desto schwieriger kann es für den Hund werden, die Beute zu töten. Letztendlich verschleppt der Hund die getötete Beute oder frisst sie direkt – auch das ist natürlich abhängig von der Größe.

Die Jagdverhaltenskette ist auch aktuell im Fokus der Forschung – gerade wurde das Ethogramm überarbeitet (Broseghini et al. 2024).

Sowohl bestimmte Jagdhundetypen als auch Wolfhunde zeigen mitunter die vollstände Verhaltenskette des Jagens, während Hütehunde in der Sequenz züchterisch abgewandeltes Verhalten zeigen.

ZUCHTEINFLUSS

Spannend ist, dass Coppinger und Feinstein (2015) zeigen konnten, dass die Verhaltenskette des Jagens bei verschiedenen Gebrauchshundetypen züchterisch beeinflusst wurde. Elemente der Verhaltenskette sind deswegen genetisch bedingt hyper- oder hypotrophiert (über- oder unterentwickelt). Der Großteil der Gebrauchshunderassen wurde und wird dank ihres Jagdverhaltens zum Arbeiten eingesetzt. Das gilt nicht nur für die eigentlichen Jagdhunde, bei denen die Verhaltenskette auf das Orten und Fixieren (Anzeigen, Vorstehen) beschränkt sein kann, sich auf das Hetzen und Packen (mit und ohne Töten) konzentriert oder auf das Verschleppen der Beute, das dann Apportieren genannt wird. Es gilt auch für die Rassen, die als Hütehunde eingesetzt werden – bei ihnen sollte die Verhaltenskette mit dem Hetzen enden (Koppelgebrauchshunde) oder mit dem Packen (Treibhunde).
Herdenschutzhunde sollen streng genommen nicht jagen. Nicht weil damit unbedingt die Gefahr einherginge, dass sie die Nutztiere töten würden, mit denen sie normalerweise sozialisiert sind, sondern weil sie sich mit diesem Verhalten von der Herde entfernen würden, die sie beschützen sollen. So wie es auch bei anderen Gebrauchshunden eine Idealvorstellung gibt, sieht man in ihren Ursprungsländern häufig Herdenschutzhunde, die beispielsweise am Halsband einen langen Stock gebunden haben, der, sobald sie sich schneller bewegen oder rennen, zwischen ihre Beine schlägt.
Grundsätzlich sollte sich Jagdverhalten auf Situationen beziehen, in denen eine realistische Chance besteht, die Beute tatsächlich erfolgreich zu töten. Bei Hunden kann das Verhalten übersteigert sein: Selbst alte Wildspuren führen zu einer extrem gerichteten Appetenz oder dazu, dass die Tiere in das Hetzen verfallen. Das kann häufiger bei Meutehunden passieren, die sich daraufhin mit ihrem Geläut (einem anhaltenden Bellen) in die Spur des Wildes setzen und es auch auf sehr große Distanzen verfolgen.
Eine Continental Bulldog brach urplötzlich während des Spaziergangs an einem Waldrand aus und verschwand für mehrere Stunden. Als die Halterin sie wiederfand, wirkte der Hund zuerst blutüberströmt. Es stellte sich dann heraus, dass der Hund mitnichten erfolgreich gejagt hatte, sondern er war beim Hetzen blindlings durch jedes Brombeergebüsch gerast, das in seinem Weg stand. Gesicht, Hals und Brustkorb sowie die Vorderläufe waren übersäht mit Dornen und die Haut blutig aufgerissen. Der Hund konnte tagelang nicht mehr normal laufen, weil seine Muskulatur vollständig übersäuert war. Dieses extreme Jagdverhalten zeigte der Hund zu mehreren Anlässen, ohne dass jemals etwas Jagdbares gesichtet wurde.

Huskys gehören laut Rassennomenklatur der FCI zu den Hunden vom Urtyp. Es sind oft solche Hunde, ausdauernde Läufer, die die komplette Jagdkette erfolgreich mit traurigem Resultat für Wild und Weidetiere durchziehen.

RASSESPEZIFISCHE PROBLEME

Elemente des Jagdverhaltens sind bei Gebrauchshunderassen überrepräsentiert und oft ist gar nicht klar, welche Eigenschaften damit verknüpft sind.

Morrill et al. (2022) untersuchten die genetische Vielfalt von Hunden und stellten fest, dass gängige Rassestereotype das individuelle Verhalten nur begrenzt vorhersagen. Gerade einmal 9 % des Verhaltens lässt sich wirklich mit Rassezugehörigkeit erklären. Gerade bei den Verhaltensweisen aus dem Bereich des Jagdverhaltens kristallisieren sich aber Besonderheiten heraus: Anzeige und Apportieren. Aber auch die Ansprechbarkeit der Hütehunde und die Selbstständigkeit bei bestimmten Jagdhunden wie Beagle und Dackel. Während es insgesamt Rassetypen gibt, deren Jagdverhaltenskette züchterisch abgewandelt wurde, gibt es auch hoch spezialisierte Hunderassen, deren Jagdverhalten in Einzelelementen so hypertrophiert ist, dass das im Alltag zu Problemen führen kann. Einige dieser Hunderassen gelangen normalerweise gar nicht in die Hobbyhundehaltung. Sei es der deutsche Jagdterrier oder der Heideterrier, beide gelten als hoch spezialisiert. Sie werden bei der Jagd auf Schwarzwild eingesetzt und bringen eine besondere Eigenschaft mit sich: Selbst wenn die Beute wesentlich zu groß für den Hund ist und dieser vielleicht auch schon verletzt wurde, attackieren beide Terrier weiter. Dabei vermischt sich reines Jagdverhalten mit „emotionalem" Aggressionsverhalten und macht, dass diese Hunde dranbleiben, auch wenn der Gegner ihr Leben akut gefährdet. Ziel ist, dass deutsche Jagd- und Heideterrier ein Wildschwein so lange aufhalten, bis es geschossen werden kann. Auch Border Collies mit ihrer extremen Empfindsamkeit für (Bewegungs-)Reize und Belgische Schäferhunde mit ihrer hohen Reaktivität sind für unerfahrene Personen und das reine Halten in der Familie problematisch, wenn auf ihre Besonderheiten nicht eingegangen wird – beide Elemente entspringen auch, aber nicht ausschließlich der Jagdverhaltenskette und sind doch mit ihrem Gebrauch verknüpft: Nordische Hunde wie Huskys und Malamutes, die häufig ein massives und schwer zu kontrollierendes Jagdverhalten zeigen und gleichzeitig eigenständig handeln, Jagdhunde wie Beagle oder Weimaraner, die einerseits sehr selbstständig arbeiten oder gleichzeitig Mannschärfe zum Schutz mit sich bringen, und Herdenschutzhunde, die mit ihren mobilen Territorien und mit einer Ernsthaftigkeit, Entschlossenheit und Körpermasse, die ursprünglich einem Wolf oder Bären etwas entgegensetzen musste, aufwarten – diese Aufzählung könnte man weiterführen. Alle diese spezialisierten Rassen können zwar auch in der Hobbyhundehaltung ihren Platz finden, aber wer sich nicht auf die Charakteristika dieser Rassen vorbereitet, wird eher mit Problemen konfrontiert sein.

Probleme ergeben sich nicht unbedingt in der Auslastung dieser Hunderassen, wie wir es weiter oben ansprechen. Vielmehr entstehen problematische Verhaltensweisen, weil Menschen den Hund entweder wegen seines Aussehens angeschafft haben oder sich der Besonderheiten einfach nicht bewusst sind.

01

Gerade wenn es um Verhaltensmerkmale geht, funktionieren Beschreibungen häufig nur, wenn eine Person bereits Erfahrungen mit dem Verhalten gemacht hat. Auch wenn wir gerne sagen, dass so ein Hund „auch nur ein Hund ist", so wissen wir doch sehr genau, dass die Fähigkeiten in der Haltung und Erziehung von spezialisierten Hunden breit aufgestellt sein müssen, damit Erwartungshaltung und Realität über das Wesen des Hundes nicht kollidieren. Selbstverständlich kann man einen Hütehund, bekannt für seine hervorragende Orientierung am Menschen, zu einem entspannten, angenehmen Begleithund machen. Das ändert nichts daran, dass er in seiner Reaktivität im Unglücksfall vom Balkon springt, nur weil man etwas zu motiviert in Richtung des Geländers gezeigt hat. Natürlich kann man einen Herdenschutzhund auch halten, ohne eine Nutztierherde zu haben, die durch die Landschaft wandert – aber das selbstständige und bestimmte Auftreten wird in einem Familienhaushalt immer mit Herausforderungen einhergehen, die man managen muss. Denn sonst bedient sich dieser Hund einfach selbst von der Küchenzeile und lässt eine Postzustellung zu einem mittleren Drama werden. Das Gleiche gilt, wenn man die Ruhe aufbringen muss, ein bis zwei Stunden auf den Beagle zu warten, der mit Geläut im Wald verschwand.

02

01
Terrier sind eigenständig, wenig schmerzempfindlich und reaktiv – gleichzeitig vermischen sich Jagdverhalten und Affekte bei einigen Rassen aufgrund züchterischer Einflussnahme. Ein Terrier als Familienhund kann besondere Herausforderungen mit sich bringen, die auch gerne als Charakterstärke abgetan werden.

02
Maggie ist ein Deutscher-Jagdterrier-Mischling aus dem Tierschutz –sie wird nicht für die Jagd eingesetzt, sondern arbeitet als Artenspür-, Schlagopfer- und ASP-Suchhund. Einfach nur im Alltag mitlaufen würde dieser Hündin nicht gerecht werden, weswegen reinrassige Deutsche Jagdterrier normalerweise nicht an Privatleute abgegeben werden.

Dieser Jagdhund-Mischling zeigt ein übersteigertes Jagdverhalten. Mitten in der Arbeit mit einer Reizangel entdeckte er auf dem benachbarten Feld eine Krähe und war (zumindest einige Minuten) auf und davon.

UNKONTROLLIERTES JAGDVERHALTEN

Wenn Jagdverhalten nicht kontrollierbar ist, dann muss der Hund angeleint bleiben. Die Schäden, die er sonst anrichten könnte, stehen in keiner Relation zu einem sicher gut gemeinten Freiheitsgedanken.

Gleich mehrere Aspekte machen deutlich, warum Jagdverhalten bei Hunden kontrollierbar sein muss. Wilderei – und nichts anderes ist unkontrolliertes Jagdverhalten auch in den Augen der Gesetzgebung – ist verboten und führt je nach Bundesland dazu, dass ein Hund, der dieses Verhalten zeigt, als gefährlich eingestuft werden kann. Mit so einer Einstufung geht eine ganze Reihe von Maßnahmen einher, um zu gewährleisten, dass Wild- und Nutztiere, aber letztendlich auch die Umwelt nicht gefährdet werden. Denn wildernde Hunde, die unkontrolliert über Straßen rennen, sind immer wieder Ursache für schwere Verkehrsunfälle, bei denen nicht nur das Tier getötet werden kann, sondern auch Verkehrsteilnehmende. Der Schutz des Menschen steht in der Gesetzgebung dem Tierschutzgesetz vor, auch wenn in diesem Fall beide betroffen sind. Je nach Gefahrenverordnung des Landes kann schon ein Hund, der die Motivation („Neigung", GefHundG, Sächsisches Staatsministerium des Innern, 2020) zeigt, andere Tiere zu jagen, als gefährlich eingestuft werden. Die Einstufung ist dann eine Einzelfallentscheidung. Sicher wird kein Hund als gefährlich eingestuft, wenn er Fliegen jagt. Was ist mit dem Recht auf ein unversehrtes Leben bei Mäusen? Auch in Deutschland wird, vor allem im landwirtschaftlichen Bereich, auf das sogenannte Ratting gesetzt.

Die Dienstleistung besteht aus Personen und einem relativ großen Trupp Terriertypen, die rund um landwirtschaftliche Betriebe Rattennester ausheben und die Nager töten. Hier steht natürlich das Argument der Hygiene und Krankheitsverhinderung im Vordergrund, aber wie ist es bei Singvögeln oder Wildkaninchen? Eine rigorose Grenze wird vor allem bei größeren Wildtieren wie Rehen gezogen, aber noch mehr bei Haus- und Nutztieren. Immer wieder findet man Pressemeldungen, wenn ein Hund unkontrolliert in einer Schafherde teils immense Schäden angerichtet, viele Tiere verletzt und getötet hat.
Unkontrolliertes Jagdverhalten lässt sich definieren als Jagdverhalten, bei dem der Hund durch die verantwortliche Person nicht mehr ansprechbar und nicht durch geeignete Maßnahmen gesichert ist. Es gibt Hunde, die dieses Verhalten erst zeigen, wenn sie unangeleint sind, aber wenn die Motivation zu jagen sehr hoch ist, dann können Hunde auch versuchen, sich loszureißen oder die Leine durchzubeißen, mit der sie gehalten werden. Ist der Hund kontrollierbar, so lässt er sich mindestens in der Verhaltenssequenz zwischen ungerichteter Appetenz und Fixieren, aber letztendlich auch während des Hetzens ansprechen und bricht das Verhalten ab. Ein Abbruch aus der Bewegung heraus mit der Beute im Blickfeld ist allerdings ein Reiz für die Impulskontrolle, der sich nur schwerlich im Alltag üben lässt. Zwar gibt es sogenannte Hasenzugmaschinen, die für das Antijagdtraining eingesetzt werden (und manchmal sind es stabile Angelruten), aber viele Hunde begreifen den Kontext aus „falscher“ Beute und Training sehr schnell und bleiben ansprechbarer als im Ernstfall. Dennoch ist ein erstes Training mit diesen oder ähnlichen Hilfsmitteln, die darauf abzielen, der Hund an Bewegungsreize zu gewöhnen, beste Ansatz, weil die Situation kontrollierbar und beeinflussbar bleibt.

JAGDVERHALTEN KONTROLLIEREN

Eine ganze Reihe wissenschaftlicher Studien befasst sich mit dem Jagdverhalten bei Hunden. Obwohl Stromhalsbänder in Deutschland verboten sind, finden sie vor allem bei dem Versuch, Jagdverhalten zu kontrollieren, immer noch Anwendung.
In anderen Ländern ist der Gebrauch von Stromhalsbändern entweder gar nicht verboten oder anders reguliert. Für die Forschung eignet sich dieses Hilfsmittel vor allem deswegen, weil es als sogenannter Strafreiz (also ein unangenehmer Reiz, aufgrund dessen im Anschluss ein damit verknüpftes Verhalten weniger häufig gezeigt wird) eine definierte Größe hat.
Der Grad des „Unangenehmen“ lässt sich direkt einstellen und auch auf Distanz hinzufügen. In den letzten Jahren haben zwei groß angelegte Studien gezeigt, dass ein methodisch eingesetzter Stromreiz Jagdverhalten nicht nur zuverlässig unterbindet – die Studien zeigen auch, dass die so trainierten Hunde weniger Anzeichen für Stress zeigten als Vergleichstiere (Schalke et al. 2007). Darüber hinaus waren die so trainierten Hunde die, die im Anschluss das Jagen vollständig aufgaben (Johnson und Wynne 2024).
In Deutschland und anderen Ländern, in denen Stromhalsbänder zu Recht verboten sind, weil zu viele Menschen damit ohne Wissen Tiere gequält haben, erfolgt der Aufbau kontrollierbaren Verhaltens durch präventive Arbeit an der Orientierung und Ansprechbarkeit und nicht als Abbruchtraining im Jagdverhalten selbst. Bis dahin gibt es ausreichende Hilfsmittel, um dem Hund die notwendige Bewegung und sinnvolles Explorationsverhalten zu ermöglichen, wenn sich ein ausreichend eingezäunter Auslauf nicht bieten lässt: Leinen. Die Einschränkung, die sich dadurch ergibt, steht in keiner Relation zu den Schäden, die ein unkontrolliert jagender Hund verursachen kann.

FEHLGELEITETES JAGD-VERHALTEN

Richtet sich das Jagdverhalten eines Hundes gegen Menschen, wird die Gefährdung akut. Es sollte auf jeden Fall eine Fachperson für Verhalten aufgesucht werden.

Das vielleicht gefährlichste Problemverhalten bei Hunden ist Teil des Jagdverhaltens, nämlich dann, wenn es sich um ein fehlgeleitetes Jagdverhalten (häufig auch fehlgeleitetes Beutefangverhalten) handelt. Die „Fehlleitung" beschreibt, dass sich das Jagdverhalten auf Menschen, meist Kinder, oder gegebenenfalls auf andere Hunde bezieht. Nicht jeder Hund, der einen anderen Hund aufgrund von Jagdverhalten tötet, ist fehlgeleitet. In den allermeisten Fällen geschehen Unglücke, weil der Hund beispielsweise einen kleinen, quietschenden und rennenden Hund nicht richtig einordnet und ihn packt und tötet, bevor er überhaupt wahrnehmen kann, dass es ein Artgenosse war. Wenn ein Hund allerdings mit Jagdabsichten Menschen anvisiert, dann droht akute Gefahr. Der Hund wird nicht anzeigen, was er vorhat. Gegebenenfalls wird sein erregtes Verhalten sogar als Freude interpretiert werden, bestenfalls wenigstens als unangenehme Wachsamkeit, die bedrohlich wirkt.

Besonders bei reaktiven Hundetypen und bei extremen Größenunterschieden sollte man nicht die Gefahr durch starke Bewegungs- oder Geräuschreize unterschätzen: Rennt ein kleiner Hund, der möglicherweise auch noch helle, quietschende Töne von sich gibt, dann kann das eine jagdliche Motivation auslösen und zu schweren Verletzungen führen.

Verhält sich der Hund vollständig unauffällig, um sich seiner vermeintlichen Beute zu nähern, dann ist das für einen Menschen nicht absehbar.
Ein Hund, der fehlgeleitetes Beutefangverhalten gegen Menschen zeigt, wird sich im Ernstfall auch nicht durch Rufe oder Gegenwehr abhalten lassen. Dass sich eine

tatsächliche Beute gegen den Tod wehrt, ist normal. Der Beutegreifer wird ohne emotionale Involvierung seine Tötungsabsichten fortsetzen, solange die Beute reagiert. Besonders wenn es sich dabei um Kinder handelt und der Hund eine bestimmte Körpermasse erreicht, besteht akute Lebensgefahr. Es gibt Hypothesen, die unterstellen, dass das Spiel mit Bällen und Spielzeug, das quietschende Töne von sich gibt, Ursache für fehlgeleitetes Jagdverhalten sein könnte (Heinze et al. 2014). Derzeit existiert aber kein Nachweis, dass jeder Hund, der mit solchen Utensilien beschäftigt wurde, mit größerer Wahrscheinlichkeit dieses Verhalten zeigt. Vielmehr lässt sich in einigen Fällen rekonstruieren, dass das Beutebild durch Bewegungs- und Geräuschreize verschoben wurde, ohne dass von Seiten der verantwortlichen Personen darauf reagiert wurde, weil das Interesse fehlinterpretiert wurde. Soweit wir wissen, gibt es ebenfalls keinen belastbaren Nachweis, dass das Training im Schutzhundebereich basierend auf „Beutemotivation“ (meist Beutetrieb genannt) in Verbindung mit der Rolle der Hilfsperson als „Bösewicht“ häufiger zu fehlgeleitetem Jagdverhalten führt. Hier spielt erlernte Aggression eine viel größere Rolle, die allerdings ebenfalls nicht unbedingt affekthaft (also emotional und kommunikativ) ist.

Ein Hund, bei dem fehlgeleitetes Jagdverhalten als Problem diagnostiziert wurde, sollte zur allgemeinen Sicherheit eingeschläfert werden. Als soziales Haustier, das auf die Gegenwart von Menschen immer angewiesen sein wird, gibt es praktisch kein sicheres Szenario, in dem so ein Hund ein qualitativ angemessenes, artgerechtes Leben führen kann, ohne eine permanente Gefahr darzustellen.

☞ FALLBEISPIEL LUPO

Ein klassischer Fall in der Hundeschule bei einem Hund mit Jagdverhalten war Lupo. Seine Bezugspersonen waren bereits in mehreren Hundeschulen gewesen, um zum einen Lupos Form von häuslicher Gewalt abzutrainieren, zum anderen war er draußen überhaupt nicht ansprechbar.

Lupo zog stark an der Leine und schaute dabei pausenlos mit dem Blick nach oben in Bäume oder Häuser, auf der Suche nach Vögeln und Eichhörnchen, die er jagen wollte. Lupo, ein Schäferhund-Mischling, wurde mit zwei Jahren aus dem Tierheim adoptiert, wo er einige Wochen völlig freundlich und unauffällig wirkte. Daher wurde er auch an ein junges Paar ohne Hundeerfahrung vermittelt. Lupo zeigte sich die ersten vier Wochen auch wie beschrieben, dann allerdings fing er an, sein Futter zu verteidigen. Er ließ sich nicht mehr gerne innerhalb der Wohnung rufen oder wegschicken. Bei Körperberührungen – beispielsweise um eine Schramme zu untersuchen oder eine Zecke zu entfernen – fing er an, nach den Händen zu schnappen.

Bald durften auch keine Besuche unangekündigt stattfinden, denn das wollte Lupo in seinem Zuhause nicht. Mit viel Management und Verständnis umschiffte das Pärchen das Verhalten des Hundes und kam so auch durchaus gut mit ihm durch das Leben. Lupo hatte die Hausregeln neu aufgestellt und die Menschen arrangierten sich damit.

Ein für sie weit größeres Problem war das starke Ziehen an der Leine und das ständige Absuchen der Umwelt nach Bewegungsreizen, hauptsächlich oben. So wurde mir (UH) der Hund vorgestellt, allerdings mit einem Abstand von fünf Metern, da Lupo mich attackieren wollte. Während des ersten Gesprächs lief der Hund sehr unruhig an langer Leine um seine Menschen herum und schaute dabei stets nach oben. Mir wurde erklärt, dass er „einen starken Jagdtrieb habe und Eichhörnchen sucht".

Erst im Gespräch nach und nach stellte sich heraus, dass Lupo durchaus noch andere Probleme zeigte, die vorher gar nicht angesprochen worden waren. Ich sah einen Zusammenhang zwischen der Unruhe des Hundes, dem Jagdverhalten und seinem aggressiven Verhalten zu Hause. Davon wollten die Menschen zunächst nichts wissen, da sie in ihrer Wohnung ja ihre Form des Friedens gefunden hatten. Das einzige Problem aus ihrer Sicht war die Jagdleidenschaft und das damit einhergehende Ziehen an der Leine.

Ich konnte ihnen jedoch glaubhaft erklären, warum ein „Antijagd-Training" schon im Innenbereich anfängt. Denn orientiert sich der Hund schon dort nicht am Menschen, wäre es unfair, ein solches Verhalten draußen bei viel größerer Ablenkung zu erwarten. Gemeinsam wurde ein systemischer Neustart erarbeitet. Gleichzeitig übten wir das Einfordern und Einhalten von Ruhe, erst in der Wohnung und dann auch auf dem Spaziergang. Dabei gebe ich ein Motto als Hilfe für die Ruheübungen: „Steht der Mensch, sitzt der Hund. Sitzt der Mensch, liegt der Hund." Gerade auf den Spazier-

Lupo, ein Schäferhund-Mischling, zeigte viele der Eigenschaften eines Hütehundes in unbegrenzter Form und wurde damit für seine Bezugspersonen zu einem Problem.

gängen wurde damit Stück für Stück auch das Suchen von Eichhörnchen unterbrochen. Gleichzeitig wurde die Orientierung am Menschen und damit die Ansprechbarkeit von Lupo auch draußen geübt. Weil das die Grundlagen für eine gute Leinenführigkeit sind, konnte das Pärchen, das inzwischen motiviert die vielen Hausaufgaben mit Lupo bearbeitete, bald ein lockeres Laufen an der Leine als Etappenziel erreichen. Es zeigte sich, dass in Lupo die Hütehund-Gene des Schäferhundes schlummerten. Nach einigen Einheiten freute er sich über die alternativen Angebote der Menschen beim Spaziergang und zeigte kein Appetenzverhalten mehr.

Letztendlich konnte Lupo lebenslang auch im Wald ohne Leine laufen, weil er eigentlich gar kein Vollblut-Jäger war und das Zusammensein mit seinen Bezugspersonen für ihn viel wichtiger war als Eichhörnchen.

AGGRESSIONS-VERHALTEN

»Aggression muss auf dem Sachohr ankommen, nicht auf dem Beziehungsohr.«

Wenn ein Hund beißt oder die Intention dazu deutlich zeigt, dann bedeutet das in unseren Breiten für die für ihn verantwortlichen Menschen häufig eine ganze Welle an notwendigen Maßnahmen. Zu dicht leben wir beieinander, zu häufig kann der Auslöser auch unangekündigt erneut auftauchen, zu massiv kann der Schaden bei anderen, aber auch in der eigenen Beziehung zum Hund, dem Familienmitglied, sein.
Uns allen sind die Medienberichte über beißende Hunde präsent, wir erahnen die Kosten, die entstehen können und fürchten, dass der Hund entzogen und eingeschläfert wird.
Des Hundes Aggressionsverhalten schwebt wie ein Damoklesschwert über unseren Häuptern. Gerade deswegen macht es Sinn, sich mit diesem Teil des Normalverhaltens aus dem Bereich der Agonistik genauer auseinanderzusetzen. Viele Verhaltensweisen, die außenstehend als „aggressiv" wahrgenommen werden, sind in Wirklichkeit Teil eines kommunikativen Konfliktverhaltens – oft mit dem Ziel, einen Kampf zu vermeiden. Letztendlich geht es immer um Distanz, entweder in einer ganz metrischen Auslegungsform oder aber auch abstrakter: hierarchische Distanz durch das versuchte Einnehmen eines höheren Ranges, das Vertreiben eines Konkurrenten, der das eigene Wohl gefährden könnte, das Abwenden von Bedrohungen durch Fremde oder das Entfernen eines Stressors, der Frustration verursacht.
Als soziales Tier steht dem Hund eine große Palette an Möglichkeiten zur Verfügung, in seiner Gemeinschaft seine Bedürfnisse und Motivationen zu kommunizieren und sich benötigte Freiheiten zu verschaffen – er tut es einfach nicht mit Sprache, sondern mit Ausdrücken und Maßnahmen. Dass die uns nicht immer verständlich sind, in den Kram passen oder vielleicht sogar eine ganz akute Gefährdung bedeuten, ist für ihn selbst nicht nachvollziehbar. In einem sozialen Miteinander nutzt der Hund einfach die ihm zur Verfügung stehenden Mittel, um einen für ihn empfundenen Konflikt zu lösen.
In Anlehnung an das Kommunikationsmodell von Schulz von Thun (1981) plädiere ich, Nora, in meinen Vorträgen dafür, die Botschaft, die ein Hund sendet, sachlich zu analysieren. Natürlich ist das einfacher gesagt als es getan ist, besonders wenn es um den eigenen Hund geht. Aber nur mit einer sachlichen Analyse kann man sicherstellen, dass man das Verhalten des Hundes richtig einordnet und die Maßnahmen ergreift, die notwendig sind, um den bestehenden Konflikt zu beseitigen.

BIOLOGIE: MOTIVATION, AUSDRUCK UND ESKALATIONSSTUFEN

»Aggression ist ein unverzichtbarer Bestandteil des Sozialverbandes, ein Regulativ für das Zusammenleben, für das ausgewogene Zusammenarbeiten und Streiten um Ressourcen, Requisiten und Randbedingungen (Futter, Platz, Bindungspartner) in hierarchisch strukturierten Verbänden, Rudeln oder Gruppen.«

Dorit Feddersen-Petersen (2004)

Es gibt eine ganze Reihe an Literatur, die sich mit dem Aggressionsverhalten des Hundes befasst. Es ist wichtig, Verhaltensweisen sicher einschätzen zu können, einerseits, um für Sicherheit zu sorgen, aber andererseits auch, um den Hund vor unnötig stressbelasteten Situationen bewahren zu können.
Im Normalverhalten dient das Aggressionsverhalten dazu, ein Gegenüber auf Distanz zu halten. Dabei ist der Begriff „Distanz" auf verschiedenen Ebenen zu verstehen, denn das Ziel kann eine rein räumliche Distanz sein, aber auch eine in einer Gruppenhierarchie, eine lebensvernichtende oder lebensrettende. Distanz spielt bei Sicherheit und eigener Freiheit die wichtigste Rolle. Ein Hund setzt verschiedene Verhaltensweisen ein, um sein Ziel zu erreichen – erst im Extremfall greift er dabei hemmungslos auf Zähne und Körperkraft zurück. Zwischen einem Hund in einem neutralen Daseinszustand und einem enthemmt attackierenden Hund liegen idealerweise viele Elemente, die aufeinander aufbauen und die alle wahrgenommen werden können. Dazu später mehr.
Grundsätzlich lassen sich bei Hunden, wie bei anderen Tierarten auch, unterschiedliche Motivationen benennen, die der Anlass für aggressives Verhalten sein können.

Es ist unerheblich, wie freundlich ein Hund aussieht oder ob andere Individuen seiner Rasse stets freundlich waren – ein Hund, der keinen Kontakt mit fremden Menschen möchte, kann, wenn er sich bedrängt fühlt, durch aggressives Verhalten eine Distanzvergrößerung einfordern.

Malamute-Mischling Nanook attackiert den Fuß einer Hundetrainerin – nicht, weil sie ihn irgendwie provoziert hätte, sondern weil er statusaggressiv motiviert das Stück Wiese verteidigt, auf dem er sich abgelegt hat.

Zu verstehen, warum ein Hund sich aggressiv verhält, ist der erste Schritt, um eine Problematik konstruktiv und mit der eigenen Sicherheit im Fokus anzugehen. Weil Aggressionsverhalten zum Normalverhalten gehört, gibt es biologische Ursachen, die man im Trainingskontext besser als Motivationen beschreiben kann. Ein Hund ist ein soziales Tier, das, seinem Ursprung folgend, lebenswichtige Strukturen verteidigen wird. Man kann diese Strukturen biologische Ressourcen nennen. Betrachtet man, wie Hunde leben, dann wird Aggressionsverhalten verständlich, wenn man diese Strukturen in ihrem Kontext, aber voneinander losgelöst betrachtet.

DAS TERRITORIUM

Das gesamte Leben eines Hundes spielt sich hauptsächlich in einem bestimmten Gebiet ab. In unserer Gesellschaft ist das der Wohnraum der Personen, von denen der Hund gehalten wird, möglicherweise der Garten und darüber hinaus das Terrain, in dem er ausgeführt wird. In diesem Gebiet findet der Hund alles, was für sein Überleben notwendig ist: Nahrung, Sicherheit, Sozialpartner und – zumindest nach seinem Verständnis – Fortpflanzungspartner. Ein Hund wird also immer motiviert sein, dieses Gebiet in einem angemessenen Maß gegen Eindringlinge, Konkurrenz oder Bedrohungen zu verteidigen. Dabei spielt seine Genetik eine Rolle, aber natürlich auch seine Erfahrungswelt. Ein Hund, der auf dem Spaziergang anderen Hunden gegenüber freundlich agiert und sie möglicherweise gerne zu einem Spiel auffordert, widerlegt territoriale Aggression nicht, er bringt nur diese Motivation nicht auf. Dann wiederum gibt es Hundetypen, denen reicht schon ein wenigminütiger Aufenthalt an einem vollkommen neuen Ort, um dieses Gebiet mit einer territorialen Motivation aggressiv zu verteidigen. Bei Hunderassen, die für den Herdenschutz gezüchtet werden, spielt diese Motivation eine wichtige Rolle. Selbst bei wandernden Nutztierherden reagieren sie zuverlässig und schnell auch an unbekannten Orten aggressiv auf Eindringlinge. Man spricht in diesen Fällen von mobilen Territorien, weil das Etablieren eines entsprechend motivierten Aggressionsverhaltens so schnell geht.

NAHRUNG

Eine der am häufigsten auftretenden Aggressionsformen ist die, die durch Futter motiviert wird. Und das ist auch verständlich, denn Nahrung ist unbedingt wichtig, um zu überleben. Gerne wird diese Motivation auch als Futter- oder Ressourcen-Aggression bezeichnet, wobei Letzteres missverständlich ist, denn eine Ressource ist keine ausschließliche Definition für Futter. Ein Hund kann, muss aber nicht, Futter verteidigen – das kann das Hauptfutter sein

Nicht nur Futter, sondern auch der Napf mit dem Wasser kann einen Hund dazu motivieren, diese Ressource zu verteidigen. So manches Mal weniger, weil es die einzige Quelle für Trinkbares wäre, sondern vielmehr, um sich dieses Recht herauszunehmen und vom Gegenüber einzufordern, dass diese Freiheit akzeptiert wird.

eine Kaustange oder etwas, das er selbst gefunden hat. Viele Hunde unterscheiden deutlich, ob das sich nähernde Gegenüber bekannt oder unbekannt ist, und räumen mitunter auch ein, dass ihnen das Futter weggenommen wird. Wie motiviert ein Hund Nahrung gegen andere verteidigt, ist unterschiedlich und nicht immer an beispielsweise schlechten Erfahrungen in der Vergangenheit festzumachen.
Gerade weil Hunde aber hin und wieder auch etwas zu fressen finden, das nicht für sie bestimmt ist oder gar schädlich ist, macht es Sinn, besondere Aufmerksamkeit auf eine Verhaltensänderung zu legen, wenn die ersten Anzeichen für eine aggressive Motivation auftreten. Während einige Hunde nur drohen oder gehemmt schnappen, kann eine Futteraggression auch extreme Ausmaße annehmen, in der beispielsweise der Ort, wo die Futtertonne oder der Fwtternapf steht, bis auf das Blut verteidigt wird oder die Küche nicht mehr betreten werden kann, wenn ein Hund versucht, das Essen auf dem Herd für sich zu beanspruchen.

SICHERHEIT

Gerne würde man glauben, dass jeder Hund sich zu jeder Zeit in der eigenen Obhut zuverlässig sicher weiß. Dennoch ist Sicherheit im biologischen Sinn eine wirklich wichtige Ressource: Nur wenn sich ein Lebewesen halbwegs sicher fühlt, kann es ruhen, entspannen, auf soziale Interaktionen eingehen und Nachkommen großziehen (z. B. Hunde schlafen im Garten insgesamt kürzer als im Haus: Adams und Johnson 1993). Das gilt umso mehr, wenn dieses Lebewesen standorttreu ist und – mehr oder weniger – in einer Gruppe lebt, so wie es bei Hunden der Fall ist. Ein Hund kann also dann dazu motiviert sein, aggressives Verhalten zu zeigen, wenn er in seinem Körbchen liegt, auf der Couch oder auch im eigentlich für die menschlichen Mitbewohner gedachten Bett. Das muss nicht unbedingt bedeuten, dass es dem Hund an Sicherheit fehlt. Wie in anderen Fällen auch besteht durchaus die Möglichkeit, dass der Hund sich schlicht das Recht herausnimmt, einen Ort für sich zu beanspruchen. Relevant wird aber auch hier der Ursprung der Motivation, wenn man ein plötzlich auftretendes Aggressionsverhalten beobachtet und auf Ursachenforschung geht.
Im Kern ist es für einen Hund sinnvoll, sich einen Ort zu sichern, an dem er ruhen und entspannen kann. Problematisch wird so eine Motivation, wenn sie mit den Lebensgewohnheiten oder -bedürfnissen anderer kollidiert und zumindest für die betroffenen Personen nicht rational nachvollziehbar ist. Wenn ein Hund also drei verschiedene, gemütliche Liegemöglichkeiten besitzt, oder wenn das gemeinsame Nutzen der Couch als soziopositive, gemeinschaftsbejahende Interaktion wahrgenommen wird und ein Verteidigen ebendieser wie ein Bruch dieser Gemeinschaft interpretiert wird. Das gilt besonders, wenn das Aggressionsverhalten über das Maß enthemmt ist.
Davon losgelöst sollte die sogenannte maternale Aggression gesehen werden. In den allermeisten Fällen wird sie in der normalen Hundehaltung keine Rolle spielen, weil nur die wenigsten Menschen in die Situation kommen, eine Hündin bei der Geburt von Nachkommen und deren Aufzucht zu begleiten.
Vor allem in den ersten Wochen nach der Geburt tendieren Mutterhündinnen dazu, die Wurfkiste zu verteidigen. Dabei geht es einerseits um den Sicherheitsaspekt, den die Wurfkiste für die wehrlosen Welpen bedeutet, aber natürlich auch um die Verteidigung der Nachkommenschaft. Manche Hündinnen bilden diese Motivation erst nach einigen Tagen aus und sie lässt erst dann nach, wenn die Welpen dazu in der Lage sind, sich selbstständig fortzubewegen.

SOZIALES

Sozialmotiviertes Aggressionsverhalten ist streng genommen ein weit gefasstes Feld, das alle Sozialpartner eines Hundes umfassen sollte. Es hat sich allerdings eingebürgert, diesen Begriff dann zu verwenden, wenn er Bezug auf die Personen nimmt, die einen Hund halten. Also dann, wenn der Hund eine Person gegen andere Personen oder Hunde verteidigt und Anspruch auf die Nähe zu dieser Person erhebt. In der Praxis hat sich gezeigt, dass Hunde hin und wieder sehr differenziert sozialmotiviert aggressiv agieren, also beispielsweise ausschließlich, wenn es sich um das Kind der Familie gegenüber Fremden dreht, oder nur, wenn eine Person alleine mit dem Hund spazieren geht, aber nicht, wenn beide oder mehr Personen mitgehen.

Die Erfahrung zeigt, dass es auch immer wieder zu einer bewussten oder unbewussten Verstärkung des aggressiven Verhaltens seitens der Menschen kommt, wenn das Verhalten als Botschaft besonderer Nähe interpretiert wird oder einem Sicherheitsbedürfnis einer Person entgegenkommt. Selbst wenn Personen äußern, dass sie das Verhalten problematisch finden, kann es sein, dass sie als direkte Reaktion auf das Verhalten nicht handeln oder gar subtil wohlwollende Signale senden, die der Hund durchaus wahrnimmt. Je unbewusster die eigenen Bedürfnisse sind, desto schwieriger kann es werden, das aggressive Verhalten zu hemmen oder gar abzubauen.

Um zu überprüfen, ob es sich bei aggressivem Verhalten um eine soziale Motivation handelt, wird üblicherweise die mögliche Motivationsquelle, also die Bezugsperson, von dem Hund getrennt. Ein Hund, dem die soziale Motivation für Aggressionsverhalten fehlt, wird sich anders darstellen. Allerdings sollte man immer beachten, dass Hunde nicht nur aus unterschiedlichen Gründen motiviert sein können, sondern auch mischmotiviert oder ambivalent in ihrem Ausdrucksverhalten. Nähert sich also eine fremde Person einem angebundenen Hund, dann ist es natürlich möglich, dass er aus einem Schutzbedürfnis heraus auch dann aggressiv kommuniziert, weil er eine Bedrohung für sich selbst wahrnimmt – und dennoch sozialmotiviert aggressiv ist, wenn seine Bezugsperson anwesend ist. Mit einem geschulten Blick werden sich aber im besten Fall unterschiedliche Elemente im Ausdrucksverhalten zeigen, die man bei einer Analyse in Betracht ziehen kann. Natürlich kann ein Hund auch einen anderen Hund gegenüber Fremden verteidigen, wenn es einen direkten Bezug zu diesem Tier gibt. Wir trennen in der Betrachtung den Hund-Hund-Komplex vom Hund-Mensch-Komplex, weil im Zusammenleben zwischen Hunden noch einmal andere Motivationen eine Rolle spielen können, vor allem solche, die mit der Fortpflanzung zu tun haben. Es lohnt sich aber, im Hinterkopf zu behalten, dass einzelne Hunde je nach Grad der Sozialisierung, also der Gewöhnung an ihre belebte Umwelt, keine oder kaum Unterschiede machen, ob ihre Sozialpartner hündischer oder menschlicher Natur sind.

INNERARTLICHE AGGRESSION UND UNVERTRÄGLICHKEIT

Letztendlich ebenfalls sozialmotiviert betrachtet, aber eben im Sprachgebrauch davon noch einmal getrennt betrachtet, werden Konflikte zwischen Hunden. Verschiedene Motivationen spielen hier eine Rolle, deren einzelne Beleuchtung wichtig ist, um das aggressive Verhalten eines Hundes einschätzen zu können. Wie stark motiviert ein Hund ist, sich anderen Hunden gegenüber aggressiv zu verhalten, hängt auch von seinen

Lebensumständen ab. Eine zwölfjährige, kastrierte Hündin, die alleine mit ihrer Bezugsperson lebt, wird sich in der gleichen Konfrontation mit einem zweijährigen intakten Rüden gleicher Größe mit großer Wahrscheinlichkeit vollkommen anders verhalten als ein dreijähriger intakter Rüde, der nicht nur von gleicher Statur ist, sondern der außerdem mit seinen Bezugspersonen und einer weiteren, ebenfalls intakten Hündin zusammenlebt. Dieser dreijährige Rüde wird durch ein ungleich größeres resource holding value motiviert und verfügt deswegen über ein deutlich betontes resource holding potential. Diese beiden Fachbegriffe beschreiben die Quelle und das Ausmaß der Motivation, die einen Hund antreiben, um sich in einen aggressiven Konflikt zu begeben, weil er – je nach Lebenskontext – mehr oder weniger „Werte" verteidigen muss und kann. Diese „Werte" sind beispielsweise eine Fortpflanzungspartnerin, die gegen einen Kontrahenten verteidigt wird. Eine zwölfjährige Hündin wird sich einem Konflikt mit größerer Wahrscheinlichkeit nicht stellen, weil es nichts gibt, was das Risiko wert ist, in einem Kampf verletzt zu werden. Das gilt natürlich abseits der Verteidigung des eigenen Lebens. Es geht, wenn man so mag, um die Werte, die jeder einzelne Hund in seiner fiktiven Handtasche mit sich trägt. Befindet sich darin ein altes Lutschbonbon, ein vertrockneter Kugelschreiber und die Quittung des letzten Supermarkteinkaufs, ist man gerne bereit, diese Handtasche dem vermeintlichen Räuber in die Arme zu werfen. Aber enthält diese Handtasche die Bareinnahmen der letzten Woche Hundetrainingsstunden, alle Ausweisdokumente, die Haus- und Autoschlüssel sowie den heiß

Dieser Terrier ist hochgradig sozialmotiviert aggressiv, wenn es um seine Bezugsperson geht. Er attackiert enthemmt und würde großen Schaden bei der fremden Person anrichten, die seiner Halterin die Hand schütteln möchte.

Besonders in Gruppen von Hunden, die nicht zusammenleben, kann ein Objekt, wie ein harmlos wirkender Tennisball, zu ressourcenmotivierten Konflikten führen. Wenn unklar ist, ob einer der Hunde ein Spielzeug oder auch einen Stock als wertvolle Ressource ansieht, sollten solche Gegenstände entfernt oder der Hund mit Maulkorb gesichert werden.

geliebten Glücksbringer aus Edelstein-besetztem Gold, den man von der Großmutter geerbt hat und der auf allen Ebenen ein Unikat ist, dann wird man an dieser Handtasche festhalten, so lange es sich mit dem Drang zu überleben vereinbaren lässt. Biologische Ressourcen gegen Eindringlinge und Konkurrenten zu verteidigen, liegt in der Natur des Hundes. Das bedeutet nicht, dass jeder Hund Aggressionsverhalten mit diesen Motivationen zeigen muss, aber es ist weder außergewöhnlich noch beunruhigend, wenn er es tut. Je nach Ausmaß gilt es, mit erzieherischen Mitteln einzugreifen, damit der Hund kontrollierbar bleibt und keine Gefährdung für andere wird. Innerartliche oder intraspezifische Aggression zeigen Hunde gegen andere Hunde also auf der einen Seite, um einen vermeintlichen Eindringling in das eigene Territorium, auch Revier genannt, zu vertreiben (oder auch zu vernichten), damit dieser keine Nahrungsressourcen wegnimmt oder mögliche Sozialpartner – auch zur erhofften Vermehrung – abspenstig macht. Auch wenn Hunde nicht wie Wölfe leben, sind es trotzdem vor allem die Rüden, die dabei besonders schnell in eine sexuelle Konkurrenz geraten und darüber Konflikte austragen. Nichtsdestotrotz kommt auch bei Hündinnen diese Motivation zum Tragen, auch wenn sie meist zyklusabhängig betont auftritt. Damit wird auch klar, dass diese Form der innerartlichen Aggression normalerweise von intakten Tieren gezeigt wird, was

letztendlich der Grund ist, warum immer noch sehr viele Hunde wegen Verhaltensauffälligkeiten kastriert werden. Auch wenn es prinzipiell stimmt, dass durch eine Kastration einige Ursachen für aggressives Verhalten wegfallen oder zumindest reduziert werden können, bedeutet das nicht, dass diese Methode in allen Fällen zum Erfolg führt. Innerartliche Aggression ist auch Teil des normalen Kommunikationsverhaltens zwischen Hunden, die einander gut kennen oder permanent zusammenleben. Das Verhalten dient dem Schaffen von Freiräumen, der Sicherung beanspruchter Ressourcen, wie beispielsweise der gereichten Kaustange, und dem Bestehen auf eigenen Bedürfnissen. Leben zwei oder mehr Hunde miteinander und sind die grundsätzlichen Strukturen zwischen ihnen geklärt, dann wird das Aggressionsverhalten auf ein Minimum reduziert sein. Es reicht ein Steifwerden, ein Blick oder ein Knurren, um die benötigte Distanz zum Gegenüber einzufordern. Problematisch wird es, wenn durchgehend oder durch Veränderungen ein Konflikt schwelt, der nicht mit gehemmter Kommunikation beigelegt werden kann. Das kann auftreten, wenn zwei (intakte) Hunde gleichen Geschlechts einander auch in anderen Aspekten sehr ähnlich sind: ein ähnliches Alter, Erfahrungswerte, Statur, Persönlichkeit und Aggressivität. Es kann sich entwickeln, wenn ein Hund mit zunehmendem Alter ein verändertes Verhalten zeigt, auch weil er nicht mehr gleich gut hört oder sieht oder schmerzbedingt heftiger reagiert.

Abseits davon tritt bei einzelnen Individuen, auch züchterisch gewollt, bei ganzen Rassen und Rassetypen eine Artgenossenunverträglichkeit über das Normalmaß hinaus auf. Beobachtungen aus dem Tierheimalltag zeigen aber auch, dass das viel seltener der Fall ist, als häufig angenommen. Nur weil ein Hund einen fremden, vielleicht sogar gleichgeschlechtlichen Hund nicht toleriert und ihm mit Aggressionsverhalten begegnet, bedeutet das nicht, dass er sich bekannten Hunden und solchen, mit denen er zusammenlebt (oder leben soll) gleichermaßen verhält. Ein aufmerksames Auge sollte man allerdings auf Tiere legen, die besonders reaktiv sind und mit einer hohen Geschwindigkeit und Heftigkeit reagieren. Zwar kann das Verhalten für das Individuum normal sein, allerdings kann das Gegenüber das ungewöhnliche Maß der Reaktion als Eskalation empfinden. Belgische Schäferhunde und viele Terriertypen bringen solche Verhaltensaspekte mit sich. Sie sind schnell in ihren Reaktionen und dabei oft von einer Grundanspannung, die sich für andere Hunde schnell als eskalierende Heftigkeit interpretieren lässt. Ähnlich wie bei besonders langhaarigen Hunden oder brachyzephalen Tieren muss ein anderer Hund mit diesem Habitus vertraut sein, um das gezeigte Ausdrucksverhalten einordnen zu können.

AGGRESSIONSVERHALTEN GEGEN MENSCHEN GERICHTET

Wenn sich Aggressionsverhalten gegen Menschen richtet, dann müssen zuerst Sicherungsmaßnahmen erfolgen. Abhängig von der Motivation kann dann an Hemmung und Alternativen gearbeitet werden.

Eine besondere Gefährlichkeit und auch ein hoher Leidensdruck entsteht, wenn ein Hund enthemmtes Aggressionsverhalten gegen Menschen zeigt. Selbstverständlich wird und muss ein Hund ein Bedürfnis von Distanz auch gegenüber einer Person ausdrücken dürfen. Gerade wenn Personen nur wenig Kenntnis von Hundeverhalten haben oder dennoch in einer für das Tier unangenehmen Weise übergriffig agieren, dann muss ein Hund das nicht unkommentiert tolerieren. Das Ausmaß einer Eskalation in so einem Konflikt kann sehr unterschiedlich sein und hängt von unterschiedlichen Faktoren ab. Trotzdem ist es im Zusammenleben mit Menschen nicht möglich, enthemmte Aggression in beschädigender Absicht hinzunehmen. Das bedeutet nicht, dass der Hund in so einem Fall eine Verhaltensstörung zeigt – es bedeutet vor allem, dass die Lebensumstände möglicherweise ein gesondertes Training, aber vor allem Schutzmaßnahmen mit sich bringen. Die Szenarien sind sehr individuell: Ein Hund setzt verschiedene Verhaltensweisen ein, um sein Ziel zu erreichen – erst im Extremfall greift er dabei hemmungslos auf Zähne und Körperkraft zurück. Wenn ein Hund bei der Ohrenpflege oder dem Krallenschneiden dazu tendiert zu schnappen oder gar zu beißen, weil er die körperliche Einschränkung oder die Manipulation am Körper nicht gelernt hat oder nicht akzeptiert, dann sollte, bis dieses Training durchgeführt wurde, ein Maulkorb als Hilfsmittel unbedingt eingesetzt werden. Das Risiko eines Hundebisses kann so deutlich minimiert werden, während man dem Hund zugesteht, nicht jedes Szenario in seinem Alltag oder auch in Schrecksituationen hinnehmen zu müssen. Abgesehen davon gibt es einen Motivationsbereich, der – je nach Ausmaß – noch dem Normalverhalten zugeordnet werden kann, oder aber bereits in den Bereich der Verhaltensstörung fällt: die sogenannte statusbedingte Aggression. Hinter diesem Begriff verbirgt sich mehr als nur ein angemessenes Kommunikationsverhalten, mit dem sich ein Hund in seiner sozialen Gemeinschaft Freiheiten verschafft, die seinen Bedürfnissen entsprechen. Mit der statusbedingten Aggression ergeben sich verschiedene Aspekte des Aggressionsverhaltens, die mindestens wenig reguliert bis deutlich enthemmt sind.

Hunde, die eine statusbedingte Aggression zeigen, richten diese fast ausschließlich gegen Menschen und zeigen dabei eine sehr niedrige Toleranzschwelle vermeintlichen Fehlverhaltens gegenüber. Sie eskalieren schnell und massiv und gehen häufig ohne Einhalten eskalierender Zwischenstufen direkt zur enthemmten Attacke des Gegenübers über. Dabei beginnen sie Konflikte um objektiv irrationale Elemente: eine festgebissene Zecke, eine Fellflocke, eine Socke oder gar ein kaum sichtbarer Fussel werden bis auf das Blut verteidigt. Nicht weil der

Hund darin eine tatsächlich wertige Ressource sehen würde, sondern weil er anhand dieser Ressource unbedingt das Recht durchsetzen will, diese Ressource innezuhaben.
Was in einer sozialen Gemeinschaft in der Verhaltensbiologie als Dominanz beschrieben wird, beschreibt erst einmal, dass sich ein Individuum eine Freiheit herausnimmt, die von einem anderen Individuum wiederum akzeptiert wird. Mit Hilfe abgestufter und gehemmter Aggression wird diese Dominanz ausgeübt, beispielsweise durch einen fixierenden Blick, ein Starrwerden bei gleichzeitig abgewandtem Blick oder auch ein Runzeln des Nasenrückens. Akzeptiert das so angesprochene Individuum, ist der Konflikt beigelegt. Hunde, die eine statusbedingte Aggression zeigen, verlieren sich förmlich in den Regeln, die sie aufstellen, und in den Freiheiten, auf die sie bestehen wollen. Erfahrungsgemäß ist es mit Hunden, die so ein Verhalten zeigen, kaum möglich, einen gängigen Trainingsweg zu gehen, weil förmlich alles, was ihnen angeboten oder von ihnen gefordert wird, sofort einen neuen Konflikt initiiert.
Die derzeit effektivste und gleichzeitig fairste Herangehensweise bei dieser Aggressionsform ist, die Freiheiten des Hundes konsequent einzuschränken und ihm – ausgehend von einer strikt hierarchischen Lebensorganisation – ein Minimum an Rechten zu gewähren. Was möglicherweise grausam klingt, bedeutet in der Praxis vor allem, dass Hunde, die diese Aggressionsform zeigen, beispielsweise nie auf die Couch dürfen, nie zuerst durch die Tür gehen sollten, keine Leckerchen bekommen und nicht mit Aufmerksamkeit belohnt werden. Was für viele lächerlich klingen mag, hilft dem Hund. Wer keinen Status zu verteidigen hat, kann sich entspannen und das Leben genießen. Besonders wenn diese Form der Hundehaltung entgegengesetzt zu dem ist, was die betroffenen Menschen sich davon erhofft hatten, ist das Umsetzen solcher Maßnahmen extrem schwierig, weil sich die Personen als Sozialpartner dem Hund förmlich entziehen müssen. Aber auch weil trotz allem ein sichernder Maulkorb immer griffbereit liegen sollte. Insgesamt betrachtet trifft man sehr selten auf die wirklich manifeste Form der statusbedingten Aggression – in den allermeisten Fällen handelt es sich um erlernte Verhaltensweisen durch falsche Reaktionen, die den Raum für ein gesteigertes Aggressionsverhalten geöffnet haben. In solchen Fällen lässt sich eine Fehlverknüpfung oder auch ein enthemmtes Verhalten mit einem angemessenen Training im Sinne der Sozialstrukturierung rückgängig machen und auf ein akzeptables Maß reduzieren.

Statusbedingt aggressive Hunde initiieren häufig Konflikte um vermeintliche Nichtigkeiten. Dieser Altdeutsche Hütehund-Rüde hat zwar gelernt, dass er nicht enthemmt beißen darf, nur weil er Pfötchen gibt – aber auf dem Weg zu diesem Punkt haben viele Personen schwere Verletzungen erlitten.

LEINENPÖBELEI

Das Pöbeln an der Leine ist eines der häufigsten Probleme, mit dem Menschen zu kämpfen haben – dennoch besteht es vor allem aus vielen erlernten Komponenten.

Eine der häufigsten Problematiken ist das Pöbeln an der Leine gegen einen Artgenossen, auch Leinenaggression genannt, weil diese Aggressionsform abhängig davon ist, dass der Hund durch eine Leine gesichert ist. Ist das der Fall, dann spielt der Faktor des Lernens eine nicht unwesentliche Rolle: Der Hund hat gelernt, dass er an der Leine „abgesichert" besonders aggressiv reagieren kann, weil es letztendlich nie zu einem tatsächlichen physischen Kontakt mit dem Gegenüber kommen wird.
Wenn man es genau nimmt, ist Leinenpöbelei ein „hausgemachtes" Problem. Das Aggressionsverhalten wird in den allermeisten Fällen gezeigt, wenn sich zwei Hunde auf einem Weg begegnen. Wege bringen immer eine frontale Konfrontation mit sich, die in der sozialen Kommunikation des Hundes mit der Distanzverringerung, die das Aneinander-Passieren eben mit sich bringt, einer Eskalation eines Konflikts gleichkommt. Beide Hunde verorten sich möglicherweise und ursprünglich in ihrem eigenen Territorium und sind in Begleitung ihrer Bezugsperson. Sie müssen aufeinander zugehen und werden in den allermeisten Fällen in dieser dynamischen Situation das fremde Gegenüber beobachten, um abschätzen zu können, ob es eine Bedrohung darstellt. Dass eine aggressive Reaktion erfolgt, liegt also förmlich in der Natur des Weges. Problematisch wird es, wenn ein Hund so viel wiegt, dass er die Person, die ihn hält, zumindest ein Stück weit mitreißen oder gar vollständig umreißen kann. Erreicht der Hund derart enthemmt das Gegenüber, kommt es mit höherer Wahrscheinlichkeit zu einer Auseinandersetzung, die dann zusätzlich durch die Leinen und die anwesenden Personen zu einer gefährlichen Situation für alle Beteiligten werden kann. Problematisch wird es auch, wenn die Frustration des Nichterreichens des Gegenübers dazu führt, dass der Hund seine aggressive Motivation gegen den einschränkenden Sozialpartner, also die Person am anderen Ende der Leine, richtet. Und für viele Menschen ist es ebenso problematisch, wenn ihr Hund wütend bellt und sich in die Leine stemmt und vielleicht sogar in Richtung des passierenden Hundes springt – selbst wenn der Hund gut haltbar ist, denn es bleibt der Eindruck eines unerzogenen, vielleicht sogar bedrohlich wirkenden Hundes.
In vielen Fällen erleben die Personen ihren Hund auch zum ersten Mal in diesem Szenario aggressiv. Daraus ergibt sich eine Kette an Reaktionen, die das Verhalten aber letztendlich häufig zusätzlich festigen und gegebenenfalls verstärken. Die Leine wird kurz genommen, vielleicht sogar stramm gezogen. Die Person spannt sich an und beginnt, möglicherweise ankündigend, auf ihren Hund einzureden. Es wird davon abgesehen, dem Hund einen Artgenossenkontakt ohne Leine zu gewähren, weil man davon ausgeht, dass er dann gar nicht mehr kontrollierbar

Dieser Hund zeigt klares Drohen gegen die Person, die ihn hält. Die Hand am Halsband dient der Absicherung, falls der Hund die Hand an der Flanke attackieren würde. Ein Maulkorb wäre hier eine sinnvolle Absicherung, vor allem wenn es keine Erfahrungswerte gibt, ob der Hund bereit ist, diesen Konflikt bis zum Angriff zu eskalieren.

ist und den anderen Hund verletzt. Leinenpöbelei ist immer wieder der Anlass, der Personen glauben lässt, dass ihr Hund artgenossenunverträglich sei. Nicht selten entscheiden sich Menschen dazu, mit leinenaggressiven Hunden nur noch nachts oder in extrem entlegenen Gegenden spazieren zu gehen – oder tun es gar nicht mehr, um sich und den Hund diesem Stress nicht auszusetzen. Die Lebensqualität aller Beteiligten kann durch Leinenaggression massiv eingeschränkt werden.

In der Praxis zeigt sich häufig ein ganz anderes Bild vom Hund, sobald die Leine abgenommen wird. Hat der Hund die Freiheit, sich einem anderen Hund in der eigenen Geschwindigkeit und selbstbestimmt zu nähern, dann verhält er sich vollkommen angemessen (wenn auch häufig in den ersten Kontakten etwas unbeholfen, weil entsprechende Erfahrungen fehlen). Natürlich macht es Sinn, einen Hund in so einer Situation nicht einfach von der Leine zu lassen – aber abgesichert mit einem Maulkorb und in Kontakt mit Hunden, die auch ein gewisses Maß an Fehlverhalten tolerieren können, profitieren diese Hunde von der Interaktion mit Artgenossen. Das bedeutet allerdings nicht unbedingt, dass sich ihre Leinenaggression bessert, die häufig so viele erlernte Komponenten hat. Aber für die haltende Person kann es eine enorm wichtige Erkenntnis sein, dass der eigene Hund eben nicht gefährlich ist. Dann entstehen Handlungsspielräume, was die Anspannung in der Begegnung an der Leine angeht, die im Training aufgegriffen und ausgebaut werden können.

ZAUNPÖBELEI

Das Pöbeln am Zaun ist oft eine selbstbelohnende, ritualisiert-überbetonte Art des Territorialverhaltens – und damit vor allem und bei angemessener Sicherung ein Lärmproblem.

Ähnlich frustrierend wie die Leinenpöbelei ist auch das Pöbeln am Zaun. So natürlich es ist, wenn ein Hund sein Kernterritorium verteidigt, so ärgerlich ist das anhaltende und laute Bellen häufig für die Menschen, die dort oder in der Nachbarschaft wohnen. Auch hier verstärkt häufig eine erlernte Komponente das Problem, das durch unsere Infrastruktur zusätzlich begünstigt wird. Denn verläuft die Zaungrenze entlang eines Geh-, Rad- oder auch befahrenen Weges, dann nimmt der Hund immer eine Annäherung wahr, die er durch eine aggressive, die Distanz vergrößernde Aufforderung kommentiert und darin eskaliert, solange Personen mit oder ohne Hunde entlang des Zaunes passieren. Er lernt, dass er erfolgreich sein Revier verteidigt hat, weil sich die vermeintlichen Eindringlinge dann auch wieder von dem Revier entfernen, auch wenn es rational nur ist, weil sie weiter ihrem Weg folgen. Die Tatsache, dass der Hund mit seinem Verhalten subjektiv praktisch immer Erfolg hat, hat einen hohen selbstbelohnenden Effekt. Und das alles gesichert hinter einem Zaun, der verhindert, dass es je zu einem tatsächlichen Konflikt kommt – ganz ähnlich wie bei der Leinenpöbelei.
Eine nicht zu unterschätzende Gefahr geht von diesem Verhalten aus, wenn die Begrenzung zu niedrig, durchlässig oder mit einem Tor ausgestattet ist, das sich nicht automatisch verschließt. Viele Vorfälle mit teils schweren Verletzungen für passierende Personen, aber vor allem Hunden, ergeben sich, weil ein sein Revier verteidigender Hund die Möglichkeit bekommt, den Eindringling tatsächlich und ohne einschränkenden Zaun zu vertreiben. Zwar findet man im Internet auch immer wieder Videos von Hunden, die in ihrer Zaunpöbelei ein erlernt massives Aggressionsverhalten zeigen, solange die Barriere vorhanden ist, aber ein deutlich abgestuftes und gehemmtes Verhalten, wenn diese Barriere fehlt (ähnlich der absichernden Leine im letzten Unterkapitel) – aber das Risiko, das von einem Hund ausgeht, der sein Kernterritorium verteidigt und damit eine höhere Motivation mit sich bringt, ist größer als auf einem Spaziergang im erweiterten Territorium.
Weil Zaunpöbelei selbstverstärkend ist, ist das Training je nach Lebenssituation oft aufwendig und verlangt ein größeres Maß an Planung. Der Hund wird, zumindest wenn das Wetter entsprechend ist, ausreichend Zeit an dieser Territoriumsgrenze, dem Zaun, verbringen können und nicht immer können die verantwortlichen Personen jeden Auslöser vor dem Hund wahrnehmen. Um das Verhalten abzubauen, bedarf es eines kontinuierlichen Trainings ohne Lücken, während man keinen Einfluss darauf hat, wie stark der auslösende Reiz sein wird, der den Zaun außerhalb passiert.
Wenn ein Gefährdungspotenzial für Mit-

menschen oder passierende Hunde vorhanden ist, macht es deswegen unbedingt Sinn, Sicherungsmaßnahmen einzuleiten. Das kann eine Erhöhung des Zaunes sein, ein selbstschließender Mechanismus am Gartentor, eine Sichtbarriere oder auch ein weiterer Zaun, der verhindert, dass der Hund bis an die Territoriumsgrenze mit direktem Kontakt zum vermeintlichen Eindringling gelangen kann. Damit umgeht man ein Training nicht unbedingt, aber gerade weil auch passierende Menschen und Hunde immer wieder dazu neigen, auf Zaunpöbelei ihrerseits zu reagieren und damit eine Eskalation des Verhaltens – beabsichtigt oder nicht – zu verursachen, sollte Management eine wichtige Rolle spielen, um alle Beteiligten vor Verletzungen zu schützen. Und vor einer Anzeige wegen Lärmbelästigung.

Nicht immer ist die territorial motivierte Aggression, also Zaunpöbelei, nur Lärm und Bluff – würde die Person links im Bild versuchen, den Hund zu berühren, würde sie schwere Verletzungen erleiden. Der Hund signalisiert deutlich seine offensive Aggression durch die kurze Maulspalte, das volle Blecken der Zähne, den drohfixierenden Blick mit aufgerissenen Augen und die, soweit möglich, nach vorne ausgerichtete Körperhaltung.

☞ FALLBEISPIEL: BÄRBEL

Dass Bärbel als Herdenschutzhündin keinen optimalen Start in ihr Leben hatte, führt in der Folge zu vielen, nicht ungefährlichen Problemen – und forderte Utes ganze Kreativität.

Bärbel ist eine Kangal-Hündin, ihre Herkunft ist nebulös. Im Alter von vier Monaten wurde sie aufgrund eines Unfalls der Besitzerin bei Ute abgegeben. Bärbel kam mit gestellten Haaren, drohend auf das Grundstück, und sobald sich die Besitzerin setzte, stürzte der kleine Hund in die anwesenden Hunde und verbiss sich in ihnen. Sie hielt keifend alle auf Abstand. Das war der Moment, als Ute wusste, dass dieser Hund bei ihr bleiben würde – denn wo sollte so ein Junghund denn hin?

Man vermutete zunächst, dass ihre hohe Aggressionsbereitschaft mit ihrem gesundheitlichen Zustand zu tun hätte. Sie war klapperdürr und hatte beidseits ein ausgeprägtes Entropium, eine Fehlstellung des Augenlids, bei der sich das Lid nach innen rollt. Sie konnte kaum etwas sehen. Doch das Gegenteil war der Fall: Operiert und gut genährt zeigte sie sich immer aggressiver im eigenen Haushalt. Sie verteidigte alle möglichen Ressourcen, ob Spielsachen, Plätze, aber auch Räume. Es konnte sein, dass sie mitten in einem Raum lag und fröhlich verteidigte und keiner der anderen gestandenen, erwachsenen Hunde sich getraut hätte, dem vier Monate alten Hundekind zu widersprechen. Selbst Fred, ein großer Presa-Rüde, traute sich nicht, die Kleine zu maßregeln.

Sie zeigte von Anfang an auch sozialmotivierte Aggression. Solange Ute stand oder lief, war sie freundlich zu allen Hunden. Doch in dem Moment, wo Ute Platz nahm, schoss Bärbel sofort nach vorne und biss in die Hunde, ob eigene oder fremde. Keiner durfte in Utes Nähe. Auf dem eigenen Grundstück, also ihrem Kernterritorium, war es anfangs nicht möglich, einen Besuchshund zu empfangen. Vor dem Grundstück spielte sie ausgelassen mit den Hunden, ein Schritt ins Grundstück und sie stellte sich drohend auf, um bei einem weiteren Schritt sofort zuzubeißen.

Ute lud nun einige stabile große Hunde ein, mit denen Bärbel vor dem Grundstück spielte, um dann mit den Menschen und Hunden ins eigene Territorium zu gehen. Bald nahm sie die Spiellaune mit aufs Grundstück und spielte dort weiter, solange sich niemand Richtung Haus bewegte. Der Aufenthalt im Haus war anfangs nicht möglich, aber inzwischen kann man sehr kontrolliert wieder Hunde ins Haus lassen. Bärbel muss meist nur noch ermahnt werden.

Der junge Kangal war von Anfang an selbstsicher und selbstständig. Sie war weder auf Menschen noch auf Hunde angewiesen und hatte ihre eigene Vorstellung davon, wie das Zusammenleben und ihr Tagesablauf so zu gestalten wäre. Alle Regeln wurden infrage gestellt oder ignoriert, Ermahnungen oder Verbote mit Zähnezeigen und offensivem Drohen auch gegen die Menschen beantwortet. Sie

Bärbel ist eine Kangal-Hündin, die mit vier Monaten bei Ute eingezogen ist und sie seitdem vor Herausforderungen stellt.

wuchs schnell in die Höhe, was eine Auseinandersetzung mit dem Hund noch schwieriger machte. Bärbel war sehr beeindruckend in dem, was sie tat.
Es war eine stete Gratwanderung, dem Hund so viel Freiheit wie möglich zu lassen, ihr dabei aber das enthemmte Aggressionsverhalten sofort zu untersagen. Futter war das größte Problem und auch das schwierigste. Es musste jemand nur einen Futterbeutel mit sich tragen, sofort biss sie andere Hunde weg. Zu Hause war es anfangs nicht möglich, Kauartikel zu verteilen, weil sie sofort ihren liegen ließ, die anderen Hunde biss und alles einsammelte. Das tat sie mit einer Vehemenz, dass die erwachsenen Hunde Meideverhalten zeigten, wenn ihnen etwas angeboten wurde, wohlwissend, dass Bärbel daraufhin handeln würde.
Die erste Maßnahme war, jegliches Aggressionsverhalten sofort zu unterbrechen, indem der Hund verjagt wurde. Der Junghund zeigte keinerlei Demutsverhalten, sondern einen Blick wie trotzige Kinder:

„Und ich mach's doch!" Sukzessive musste sie lernen, dass dieses Verhalten ihr keinen Vorteil mehr brachte. Nun wurden täglich mehrfach Leckereien verteilt, wenn alle Hunde in einer Reihe saßen. Sie musste warten und kam als letzte dran. Sie verstand schnell und verhielt sich friedlich.
Nun wurde begonnen, größere Kauartikel als Beschäftigung zu geben. Sie bekam das größte Stück, damit sie beschäftigt war, während sie aber die anderen beobachten konnte, wie sie auch kauten. Sie wurde immer gelassener.
Immer wieder kam es aber zu Streitereien, weil sie Räume in Anspruch nahm. Die erwachsenen Hunde mieden große Teile des Hauses, nämlich die, in denen der junge Hund residierte. Hier war es schwer weiterzukommen, weil die Hunde unter sich dieses Arrangement angenommen hatten und selbst bei Aufforderung und Unterstützung der Menschen nicht eintraten. Ein Blick von Bärbel reichte und die Hunde blieben draußen. Oft verweigerte sie ihnen sogar das Eintreten ins Haus. Selbst nachts bellten die Hunde und riefen um Hilfe, wenn sie ausgesperrt draußen im Regen standen. Da sich nichts änderte und wegschicken zum Teil mit heftiger Aggression auch gegen Menschen beantwortet wurde, packte Ute alle Hunde zusammen mit Bärbel in den Kofferraum des Autos und fuhr acht Stunden ohne Pause in den Norden. Dort verbrachten sie mehrere Tage in einem kleinen Hotelzimmer. Spaziergänge fanden nur kurz angeleint gemeinsam mit der ganzen Hundegruppe statt. Nach der Woche waren die Hunde zusammengewachsen und es gab nur noch kleinere Unstimmigkeiten im Haus.
Die neue Harmonie hatte allerdings zur Folge, dass Bärbel sozialmotivierte Aggression gegenüber anderen Hunden zeigte, wenn sie ihre Gang bei sich hatte. Bärbel hat als Kangal-Hündin ein sehr großes Grundstück, das sie Tag und Nacht bewachen darf. Es gibt zwei Hühnerscharen, die sie genauso bewacht wie zwei Schafe. Als Beschäftigung mag sie Mantrailing sehr, da es ja am Ende immer Futter gibt. Aufpassen muss man auch hier, weil kein Hund in der Nähe sein sollte, wenn sie an der langen Schleppleine die Person gefunden hat.
Bärbel ist täglich mit verschiedenen, auch fremden Hunden zusammen und hat in den Monaten ein ausgesprochen gutes Sozialverhalten entwickelt; selbst bei Angriffen reagiert sie neutral und lässt Aggression an sich abprallen. Sie ist zum Zeitpunkt des Artikels elf Monate alt. Mittlerweile lässt sie sich alles von Ute aus dem Maul nehmen, ohne bösen Blick und völlig entspannt. Auch die anderen Hunde können meist entspannt an ihr vorbei laufen, selbst wenn sie auf etwas herumkaut.
Sie ist ein sehr liebevoller, sozialer und freundlicher Hund geworden. Viele verschiedene Konfliktsituationen, in denen der Hund erfuhr, dass Aggression sie nicht weiterbringt, ließen Bärbel überlegter und schlauer werden. Sie sucht immer noch den eigenen Vorteil, überlegt sich immer die für sie beste Lösung, aber sie kooperiert mittlerweile sehr gut. Bei konfliktbehafteten Situationen sucht sie von sich aus meist Blickkontakt zu Ute, und ein Ermahnen und angedeutetes Wegschicken reichen, um die bessere Alternative zu wählen: Sie kommt heran.
Selbst wenn sie noch nicht erwachsen ist, sind nun so viele Weichen gestellt, so viele grundsätzliche Regeln aufgestellt, dass Bärbel auch bei sicher noch aufkommenden entwicklungsbedingten Verhaltensveränderungen verlässlich bleibt. Gewisse Aggressionsformen, wie das Territorialverhalten oder sozialmotivierte Aggression, werden gemäßigt jedoch rassebedingt bleiben und müssen gemanagt werden.

☞ FALLBEISPIEL: FRED

Es gibt Eigenschaften bei Hunden, die man nur begrenzt durch Training unter Kontrolle bringt. Fred, ein Presa Canario-Rüde von 75 kg, brachte eine Gefährlichkeit mit sich, die sich managen, aber nicht wegzaubern ließ.

Fred war ein stattlicher Presa Canario-Rüde mit FCI-Papieren aus Serbien. Der Import aus Serbien, einem Drittland, ist bei Hunden erst im Alter von sieben Monaten mit ausreichender Tollwutimpfung und offiziellem Test möglich. Somit kam Fred zwar als kräftiger kerngesunder Hund, aber illegal ins Land.

Ein junger Mann hatte sich diesen Welpen mit knapp drei Monaten „besorgt". Er hatte nicht viel Ahnung von Hundeerziehung, seine Familie, bei der er noch wohnte, hatte eine Aversion gegen Hunde im Haus. So kam Fred im Alter von fünf Monaten ins Tierheim. Ute verliebte sich sofort in diesen Tollpatsch, hatte sie doch gerade eine Hündin der gleichen Rasse verloren. Wohlwissend, dass der junge Hund viele kontrollierte soziopositive Sozialkontakte braucht, um später als erwachsener Hund dieser Rasse sozialverträglich zu sein, bekam er viele Möglichkeiten, um die freundliche Kommunikation unter Hunden zu üben. Mit sieben Monaten bremste ihn ein Rüde im Freilauf aus und Fred verbiss sich sofort und hielt fest. Ab diesem Zeitpunkt musste er im Erstkontakt Maulkorb tragen. Obwohl er mit Hunden zusammenlebte und immer wieder Hundekontakt hatte, wurden seine Reaktionen auf fremde Artgenossen zunehmend sozionegativer. Zunächst mit Rüden, zunehmend versuchte er aber auch Hündinnen und sogar Junghunde zu verprügeln. Im gleichen Alter verteidigte er auch zum ersten Mal sein Futter. Er stellte sich über den Napf und fing an, Ute massiv zu bedrohen. Sie jagte ihn vom Futter weg, immerhin ließ er sich in dem Alter noch gut beeindrucken. Sie wartete einige Zeit, dann rief sie Fred zurück und bot ihm freundlich das Futter wieder an. Ab da war Ressourcenaggression generell kein Thema mehr in der

Fred, der stattliche Presa Canario-Rüde, hat Ute über viele Jahre begleitet.

Fred bei einem Workshop, ganz in seinem Element. Schon seine Präsenz war für viele Hunde und Menschen überaus beeindruckend.

Familie. Erst im Alter von sieben Jahren und viele Privilegien und Zugeständnisse später versuchte er es noch einmal. Der Verlauf war der gleiche und das Ergebnis auch.
Bei fremden Menschen war Fred im Beisein von Ute eher desinteressiert oder verhalten verschmust. War Ute nicht dabei, wurde er sehr schnell übergriffig, bedrängte die Menschen sehr und berammelte sie sogar.
Er fing früh an, Hunde an der Leine zu fixieren, imponierend zu stolzieren und ging anfangs auch mit heftiger Aggression in die Leine, wenn er Artgenossen sah. Dies wurde von Ute allerdings sofort unterbrochen. Er lief dadurch sein Leben lang relativ entspannt und ruhig an der Leine. Egal wie andere Hunde sich verhielten, er konnte auch im Freilauf abgerufen und ohne Maulkorb gefahrlos von Ute geführt werden.
Sein Verhalten zu Artgenossen, vor allem starken Rüden gegenüber, blieb unverändert aggressiv. Fred zeigte hauptsächlich innerartliche Aggression motiviert durch sexuelle Rivalität. Wenn man bedenkt, dass die Hunde in osteuropäischen Ländern gerne noch zu Hundekämpfen genutzt werden, vor allem aber auch als Schutz- und Wachhunde, und nicht als Familienhunde in der Wohnung gehalten werden, kann man verstehen, warum Fred sich so verhielt. Seine Genetik kam trotz aller Sozialisierungs- und Vergesellschaftungsmaßnahmen zum Tragen.
Fred und Ute trafen ein Übereinkommen, dass er ohne Maulkorb und an der Leine oder aber liegend, wie z. B. im Seminarraum, jegliche andere Hunde zu ignorieren hatte und eine Kontaktaufnahme verboten war. Solche Regeln konnte er gut befolgen. Im eigenen Territorium konnte man ihn gut mit Hündinnen und auch Jungrüden vergesellschaften, aber erwachsene Rüden waren lebenslang zu Hause tabu, da die Gefahr, dass er sie einfach mit seiner Kraft und Masse von 75 kg getötet hätte, zu groß war. In all seiner Gefährlichkeit war Fred ein zuverlässiger, treuer und liebevoller Familienhund.

ANGST-VERHALTEN

MENSCHLICHES KERNZIEL: UNTERSTÜTZUNG BIETEN

Ebenfalls ein Teil des agonistischen Verhaltens zur Lösung von Konflikten ist das Angstverhalten. Zeigt ein Hund in seinem Ausdrucksverhalten, dass er sich nicht wohlfühlt, angespannt ist, Sorgen hat, dann belastet das auch seine Bezugspersonen.

Während Aggressionsverhalten oft konkreter ist, im Normalverhaltensbereich einfacher zu antizipieren, und deswegen zwar eine Belastung ist, vor allem, wenn Verletzungen drohen, bringt der Empfindungsbereich rund um die Angst eine zusätzliche Herausforderung mit sich: Befürchtungen eines Hundes lassen sich nicht unbedingt an realen Auslösern festmachen. Man kann nicht nachfragen. Man kann nicht erklären, was man selbst nicht erkennen kann. Man ist hilflos in seinem Bedürfnis, dem Hund zu helfen.

Je häufiger und anhaltender ein Hund Angstverhalten zeigt, desto schwieriger wird es, das Zusammensein auszuhalten.

Im – mehr oder weniger – Kleinen sieht man diese Dynamik an Silvester. Gerade in großstädtischen Räumen werden gegen Ende des Jahres die Stimmen in Austauschgruppen laut, die nach Lösungen suchen, um ihrem Hund die Angst vor dem Geböller zu ersparen. Menschen suchen nach Reisezielen abseits böllernder Bevölkerung – ein fast unmögliches Unterfangen im dicht besiedelten Deutschland. Menschen, die solche Hunde halten, verbringen den Jahreswechsel an Flughäfen, in den besonders schallgeschützten Flughafenhotels oder gar in U-Bahnen, um dem Lärm der Feuerwerkskörper zu entgehen.

Sich damit auseinanderzusetzen, welche Mechanismen Hunde in ihrem Verhalten beeinflussen und wie man damit umgehen kann, ist sinnvoll. Den Alltag zu nutzen, um mit dem Hund einen stressfreieren Umgang mit Ängsten und Furcht zu erarbeiten, sollte ein grundsätzliches Haltungsziel sein. Zu groß ist die Gefahr, dass das selbstbelohnende Meideverhalten von konkreten Ereignissen auf allgemeine übergreift. Hatte der Hund ursprünglich nur Angst vor dem Industriestaubsauger, kann sich seine durch Flucht geprägte Lösungsstrategie auch auf den normalen Staubsauger, den Haartrockner oder die Staubsaugergeräusche in benachbarten Häusern ausweiten. Im ungünstigen Fall entwickelt sich eine lebensbeeinträchtigende Generalisierung der allgemeinen Geräuschempfindlichkeit.

Unseren Hunden zu vermitteln, dass sie von uns soziale Unterstützung und Sicherheit erwarten können, ist das Kernziel in einer Umwelt, die für den Hund so wenig berechenbar und gleichzeitig so umfassend komplex ist. Mit einer entsprechenden Einstellung und durchdachten Maßnahmen kann man viel erreichen.

Auf die spielerische Annäherung eines fremden Rüden reagiert die junge Flatcoated Retriever-Hündin mit fiddlen oder flirten, um die Situation zu deeskalieren. Sie ist eher unsicher und empfindet den Fokus, den der Rüde auf sie legt, als unangenehm.

BIOLOGIE DES ANGST-VERHALTENS

Angst und Furcht sind die Empfindungen, die das Leben eines Hundes schützen. Durch Angstverhalten entgeht er Bedrohungen. Das Problem entsteht, wenn die Bedrohung nicht real ist.

Wenn wir von Angstverhalten sprechen, dann ist es wichtig, sich mit den unterschiedlichen Mechanismen zu befassen, die natürlicherweise dazugehören. Was auf den ersten Blick wie Haarspalterei wirkt, hat einen großen Einfluss auf die Art und Weise, wie man einem Hund helfen kann, der sich in diesem Spektrum bewegt.

Die wichtigste Unterscheidung ist die zwischen Angst und Furcht. Evolutionsbiologisch betrachtet gehören alle Verhaltensweisen aus diesem Bereich zu dem elementaren Repertoire eines Tieres, um das eigene Leben vor Bedrohungen zu schützen. Erst bei genauerer Betrachtung werden die Unterschiede klarer.

WAS IST ANGST?

Von Angst spricht man in der Verhaltensbiologie, wenn eine Gefahr erwartet wird, aber der Auslöser entweder unklar oder gar nicht unbedingt vorhanden sein muss. Dieser Zustand ist anhaltend und versetzt Mensch wie Hund in eine erhöhte Alarmbereitschaft. Auf einem niedrigschwelligen Niveau kann man sich eine Wiese vorstellen, über die man gerade läuft. Man weiß, dass auf dieser Wiese viele Hunde frei laufen dürfen und dass die Wahrscheinlichkeit, dass im Gras Hundehaufen liegen, ziemlich groß ist. Anstatt die Aussicht zu genießen oder den eigenen Hund zu beobachten, wird man mit suchendem Blick das Stück Wiese anstarren, das man als Nächstes betreten wird. Die Angst, in einen Hundehaufen zu treten, bereitet uns vor und hilft uns dabei, das Unangenehme zu vermeiden.

WAS IST FURCHT?

Von Furcht wird gesprochen, wenn die Gefahr akut und klar ist. Sie ist sichtbar, konkret und verlangt eine Reaktion, um sie zu vermeiden. Man läuft auf der besagten Wiese und plötzlich sieht man einen Kothaufen. Die Gefahr ist erkannt und man vermeidet sie, indem man den Haufen umläuft. Auch wenn das Beispiel wenig fürchterlich klingt, sind auch hier die Mechanismen die gleichen wie in bedrückenderen Szenarien.

ANGSTSTÖRUNG

Angst ist wichtig, so wie Furcht auch, um gesund und sicher das Leben zu bestreiten. Wer eine Bedrohung erwartet und stets aufmerksam ist, stellt sicher, dass er reagieren kann. Denn was ist die Alternative? Übersieht man eine Bedrohung, dann kann das zum Tod führen – vielleicht nicht bei einem Kothaufen, aber bei einem Abhang, einem Konkurrenten oder einem Beutegreifer. Problematisch wird Angst, wenn die körperlichen Reaktionen auf eine diffuse Angst überhandnehmen und den Alltag beeinträchtigen. In solchen Fällen spricht man auch beim Menschen von einer Angststörung. Panik ist übersteigerte Angst und die Eskalation dieser Empfindung. Bei Hunden äußern sich Panikattacken durch starkes Hecheln, eine erhöhte Herzfrequenz, Speichelfluss und beispielsweise Schwitzen. Es kann schwer sein, diese Extremreaktion von einer punktuellen körperlichen Überbelastung wie beispielsweise durch hohe Aktivität bei hohen Temperaturen oder von einer Reaktion auf einen akuten Schmerz zu unterscheiden. Hier sind Kontexte und das Ausdrucksverhalten des Hundes Hilfsmittel, um ein Verhalten richtig einzuordnen.
Hin und wieder aufzuschrecken oder alarmiert zu sein, ist hingegen vollkommen normal. Das Ausmaß der Ängstlichkeit, also der Bereitschaft, Angst zu empfinden, ist Teil der Persönlichkeit und wird maßgeblich von der frühen individuellen Entwicklung schon im Mutterleib beeinflusst. Bestimmt wird es aber auch durch die Art und Weise, wie Lebewesen dann aufwachsen.
Es kann also mitunter schwer sein auszumachen, wann man von einem Zuviel an Angst reden kann, und letztendlich bleibt in den allermeisten Fällen nur der Umgang mit dieser Eigenschaft.
Furcht ist die Empfindung, die ein ganz konkreter Reiz auslöst, oder zumindest einer, der so empfunden wird. Warum ist die Unterscheidung wichtig? Weil sich ein Hund beispielsweise vor einem bedrohlich auftretenden Artgenossen fürchten kann oder vor einem sorglos abgestellten Putzeimer, den er als solches nicht erkennt. Der Reiz ist konkret, die Furcht mal gerechtfertigt und mal nicht.

DIE VIER F

Empfindet ein Hund Furcht, dann stehen ihm verschiedene Verhaltensweisen zur Verfügung, um der konkreten Bedrohung zu begegnen. Die sogenannten vier F beziehen sich auf die englischen Begriffe für Verhalten:
Flirt (auch Fiddle about oder Fawn genannt, manchmal mit unterschiedlichen Zuschreibungen; Verhaltensweisen der Unterwerfung, Deeskalation oder Beschwichtigung, auch durch Elemente von Spielverhalten) ist eine Furchtreaktion vor allem gegenüber Artgenossen, aber auch Menschen und anderen Tieren, mit denen der Hund sozialisiert wurde. Häufig werden vor allem Ausdruckselemente aus dem Bereich der aktiven und passiven Demut fehlinterpretiert und als Ausdruck größter Furcht angesehen. Das Verhalten ist bei Hunden jenseits des Welpenalters allerdings ritualisiert und bekommt damit eine Signalwirkung. Es wird nur dann gezeigt, wenn der Hund zwar eine Bedrohung wahrnimmt, sie aber nicht als massiv einschätzt und versucht, sie durch Beschwichtigungen abzuwenden. Besonders die passive Demut verhindert eine Eskalation. An diesem Punkt sollte man eher von einem sozialen Umgang mit Verunsicherung sprechen und nicht von einer Furchtreaktion.
Freeze (einfrieren) ist ein Erstarren, bei dem der Hund eine erhöhte Aufmerksamkeit auf die vermeintliche Bedrohung richtet, und das dann gezeigt wird, wenn noch ausreichend Distanz zu der Bedrohung besteht. Wie ausgeprägt das Erstarren ist, hängt von der Tierart und vom Individuum ab – bei Ersteren kann es ein ausgeprägter Teil des arttypischen Verhaltens sein. Dabei setzt das

Die junge Laika-Mischlingshündin reagiert auf den Hund rechts im Bild mit aktiver Demut – sie möchte sich nähern, befürchtet aber – zu Recht – aggressives, distanzvergrößerndes Verhalten.

Lebewesen darauf, dass es z. B. durch seine Fellzeichnung oder das Gefieder mit seiner Umwelt verschmilzt und einem auf Sicht jagenden Beutegreifer nicht auffällt, weil es keinen Bewegungsreiz bietet. Insgesamt zeigen ängstlichere Tiere häufiger Freeze-Reaktionen. Es gibt Anzeichen, dass Tiere, bei denen die Freeze-Reaktion weniger ausgeprägt ist, eher zu aggressivem Verhalten tendieren (Roelofs 2017 und 2022). Roelofs (2022) unterscheidet nochmals zwischen einer Freeze- und einer Fright-Reaktion, wobei Ersteres einem konzentrierten und alarmierten Erstarren beispielsweise aufgrund eines Geräusches entspricht und Letzteres dann gezeigt wird, wenn die Gefahr konkret wird. Wenn Fluchtrouten vorhanden sind, dann wird ein Hund schneller und mit höherer Wahrscheinlichkeit die Verhaltensweise nutzen, die dem Freeze bzw. Fright in der Eskalationsstufe folgt: dem Flüchten.

Flight, also die Flucht oder Vermeidung, ist der nächstmögliche Weg, einer Bedrohung zu entkommen, indem man eine ausreichend große Distanz zwischen sich und der Gefahr herstellt. Auch wenn Fluchtverhalten häufig mit Beutetieren in Verbindung gebracht wird, so ist es tatsächlich eine Strategie, die überall in der Tierwelt existiert. Nicht immer ist die Gefahr durch einen Beutegreifer gegeben, es kann auch ein herabstürzender Ast oder ein das Nest verteidigender Wespenschwarm sein, von dem eine Lebensgefahr ausgeht. Ein Hund, der dieses Verhalten zeigt, wird so schnell und so lange wie möglich rennen, um der Gefahr zu entgehen. Je nach Gelegenheit kann er außerdem eine Schutzhöhle oder Ähnliches aufzusuchen versuchen. Das könnte der Grund sein, warum immer wieder Personen, deren Hund beim Spaziergang vor einer Gefahr geflüchtet ist, diesen dann beispielsweise unter ihrem geparkten Auto wiederfinden. Die Flucht ist ein Verhalten, in dem der Hund nicht ansprechbar ist, solange er nicht wahrnimmt, der Gefahr entgangen zu sein. Das wird dann problematisch, wenn die Gefahr nicht lokal ist oder wiederholt auftritt, beispielsweise an Silvester, wenn über einen längeren Zeitraum Feuerwerkskörper gezündet werden und explodieren. Immer wieder hetzen sich Hunde zu Tode, deren Personen aus Versehen den Leinenkasten der Ausziehleine fallengelassen haben. Der sich nun rappelnd dem Hund nähernde Kasten wird als gefährlich empfunden, aber eine Fluchtreaktion kann die Bedrohung nicht entfernen, denn sie ist über eine Leine mit ihm verbunden. Wenn der Flucht kein Einhalt durch Barrieren geboten wird oder sich der Leinenkasten in etwas verfängt, besteht akute Lebensgefahr für den Hund. Kann ein Tier einer Gefahr nicht entgehen, weil es keine Möglichkeit gibt zu fliehen oder die Flucht nicht die notwendige Distanz erbracht hat, dann bleibt ihm als letztes Mittel in der Furcht die Angstaggression.

Fight (kämpfen, häufig Angstaggression genannt) ist der Kampf um das eigene Überleben. Bei diesem Verhalten wird der Hund mit allen ihm zur Verfügung stehenden Mitteln bei der (vermeintlichen) Bedrohung den größtmöglichen Schaden anrichten, um die Gefahr abzuwenden, der er nicht entgehen kann. Im beruflichen Kontext gilt die Angstaggression als die gefährlichste Aggressionsvariante, weil der Hund selbst nicht mehr kommuniziert und eine Ansprache nicht möglich ist. Je nach Ausprägung wird der Hund enthemmt und mitunter offensiv gegen die vermeintliche Bedrohung vorgehen und seinerseits versuchen, sie zu vernichten – zum Schutz des eigenen Lebens. In abgeschwächten Varianten gehört hier aber auch ein Schreckschnappen oder ein gezielter Biss beispielsweise in Richtung der den Hund fixierenden Hände dazu. Man sollte nicht außer Acht lassen, dass Hunde in unserer Gesellschaft häufig gar nicht die Möglichkeit haben zu fliehen, weil sie angeleint sind oder sich nur auf

Der Rüde versucht sich im Zwinger des Tierheims einer Annäherung durch eine Person durch Abwehrverhalten zu entziehen: Defensiv aggressiv droht er und bemüht sich um Distanzvergrößerung. Da er nicht fliehen kann, besteht die Möglichkeit, dass er angstaggressiv reagiert, sollte die Bedrängung für ihn bedrohlicher werden.

beschränktem Raum bewegen können. Sie lernen deswegen, eine Freeze- bzw. Fright-Reaktion oder eine Flucht zu überspringen, wenn sie bereits wissen, dass diese Optionen nicht möglich oder nicht erfolgreich sind. Auch eine Furchtreaktion kann ein Übermaß annehmen – dann spricht man von einer Phobie. Bei einer Phobie wird ein nicht stärker dargebotener Reiz mit einem vollkommen übersteigerten Reaktionsverhalten belegt, das auch dann anhält, wenn die konkrete Bedrohung nicht da ist. Von einer Panik unterscheidet sich diese Reaktion im Grunde vor allem darin, dass der eigentliche Auslöser bekannt ist.

Das wohl problematischste Element an Angst- und Furchtreaktionen ist der enorme selbstverstärkende Effekt. Konnte ein Hund einer vermeintlichen Bedrohung entgehen, dann entwickelt sich das Folgeverhalten ganz klar im Sinne der operanten Konditionierung, also des Lernens, das das Verhalten beeinflusst. Jede erfolgreiche Vermeidung einer Gefahr verstärkt das Verhalten, das diese Vermeidung möglich gemacht hat. Zwar macht es evolutionsbiologisch Sinn, dass Erlerntes in diesem Bereich nur schwer abgebaut werden kann (denn immerhin hat es ja potenziell das Leben gerettet), aber gerade im Training bedeutet das, dass viel Geduld gefragt ist.

ESKALATIONSSTUFEN DER ANGST

Angelehnt an die Eskalationsstufen, die Feddersen-Petersen (2008) für das Aggressionsverhalten bei Hunden etabliert hat, kann man auch das Angstverhalten beschreiben. Das kann hilfreich sein, wenn es in der Evaluation und im Trainingsprozess darum geht, für den Hund ein leistbares Umfeld zu schaffen.

Der Ausgangspunkt dieser Einteilung ist ein Hund, der sich in einem neutralen Gemütszustand befindet. Er ist entspannt, nimmt seine Umgebung wahr, ohne einen Reiz, der seine Aufmerksamkeit über das Maß erregt. Sein Blick ist ungerichtet, das Ohrenspiel ist träge, der Körper und das Gesicht entspannt. Beginnt ein Hund, Furcht oder Angst zu verspüren, sind die Übergänge fließend. Angstverhalten basiert weniger auf Erfahrungswerten und liegt im Ausdrucksverhalten zwischen Elementen von Unsicherheit und Ambivalenz, die dann durch die 3- bzw. 4-F-Verhaltenskette abgelöst wird.

ERSTE STUFE: UNSICHERHEIT

Der Hund wirkt zögerlich, der Gang ist stockend, das Ohrenspiel kann intensiv sein oder die Ohrmuscheln sind auf die vermeintliche Bedrohung ausgerichtet. Über alle Sinne versucht der Hund, die Situation besser einzuschätzen: Er horcht, sondiert mit Blicken und wittert.

ZWEITE STUFE: FIDDLE UND FREEZE

Der Hund wird zunehmend unruhiger oder nervöser. Abhängig von der verorteten Bedrohung kann er sich deeskalierend und demütig beispielsweise einem Artgenossen zuwenden: Der Körper ist weich, dynamisch und wird geduckt gehalten, gegebenenfalls Andeutungen von Vorderkörpertiefstellung als Spielaufforderung (fiddle), licking intentions oder, wenn möglich, Lefzenlecken. Der Blick ist auf den Artgenossen ausgerichtet, das Ohrenspiel ist aktiv.
Ist die Bedrohung weniger gut auszumachen, weigert der Hund sich weiterzugehen – er friert ein (freeze), versucht aber möglicherweise auch, sich in entgegengesetzter Richtung zu entziehen. Die Rute kann, muss aber nicht unter den Körper geklemmt werden. Der Blick ist auf die vermeintliche Bedrohung gerichtet. Die Ohren werden dabei leicht angelegt.

DRITTE STUFE: FRIGHT

Der Hund zeigt leichte Stresssymptome, der Blick ist unruhig mit vergrößerten Pupillen, abgewandt oder starrend auf das bedrohliche Objekt, die Ohren sind angelegt, die Fibrissen aufgestellt. Der Körper ist gebeugt oder rund und angespannt. Er hechelt oder sabbert leicht. Das Anheben einer Pfote ist ein Zeichen von Eskalationsbereitschaft in Richtung Flucht.

Dieser Hund hat Angst vor der fremden Person, die neben ihm sitzt und ihn über eine Leine in seiner Nähe hält. Er zeigt deutliche Anzeichen von Stress mit den aufgerissenen Augen (Whale Eyes), dem weit geöffneten Maul, der langen Zunge und den eng anliegenden Ohren. Im Laufe des Trainings lernt er, dass von Menschen keine Gefahr ausgeht.

VIERTE STUFE: FRIGHT ZU FLIGHT (FLUCHT)

Die Unruhe des Hundes nimmt zu. Er zeigt deutlich z. B. Zittern der Muskulatur, Hecheln, Zurückziehen der Lefzen mit langer Maulspalte, deutliches Anlegen der Ohren. Der Blick ist gerichtet oder ungerichtet, abhängig von der Bedrohung, mit weit aufgerissenen Augen. Man spricht dann auch von Walaugen, weil sie hervortreten und das Weiße, die Sklera, sichtbar wird. Der Hund macht sich klein und rund. Die Rute ist jetzt unter den Körper gezogen. Nun zeigt der Hund ausgeprägt seine Intention, die Distanz zur Bedrohung zu vergrößern. Wenn es ihm möglich ist, flüchtet er. Der Hund kann jetzt vermutlich nicht mehr auf Ansprache reagieren oder kommunizieren.

FÜNFTE STUFE: VORBEREITUNG AUF DEN KAMPF (FIGHT)

Der Hund zeigt extreme Symptome von Stress, wie z. B. massives Zittern am ganzen Körper, speicheln, unkontrollierter Harn- oder Kotabsatz, Voll-Zähneblecken und abschnappen. Die Augen sind aufgerissen, die Ohren angelegt. Der Körper bereitet sich auf den Überlebenskampf vor. Die letzten Stufen sind vor allem Situationen vorbehalten, in denen der Hund aktiv durch ein anderes Lebewesen bedrängt wird.

SECHSTE STUFE: FIGHT

Im Überlebenskampf beißt der Hund ungerichtet um sich, schreit und versucht vehement zu fliehen. In schnellem Wechsel kann es auch zu zielgerichteten Attacken kommen, mit aufgestellten Ohren und gerichtetem Blick, wenn der Hund eine Chance sieht, die Lebensbedrohung zu vernichten. Bei der Arbeit mit sogenannten Angsthunden sollte man bei der Konfrontation nicht über Stufe 3 gehen. Der Stress des Hundes ist danach häufig so hoch, dass er nicht mehr aufnahme- oder lernfähig ist. Einen Hund in eine solche Situation zu bringen, wäre tierschutzrelevant.
Im Rahmen der ersten drei Stufen und mit guter Begleitung kann der Hund durchaus lernen, dass keine Bedrohung besteht, oder durch Coping-Strategien gestärkt sicherer aus der Situation hervorzugehen.

Dieser French Bulldog-Junghund nähert sich vorsichtig und fluchtbereit einer fremden Person. Neugier und Vorsicht lassen das Verhalten des Hundes ambivalent und unsicher erscheinen, aber durchaus sinnvoll.

BELEBTE UND UNBELEBTE UMWELT

Die Umwelt bietet für Hunde große Herausforderungen – sie zu lehren, damit umgehen zu können, entscheidet über Persönlichkeitsmerkmale hinaus, ob sie Angst oder Sicherheit empfinden können.

Die Erfahrungen eines Hundes mit seiner belebten und unbelebten Umwelt prägen sein Verhalten nachhaltig. Unsicherheiten und Ängste entstehen nicht einfach aus dem Nichts – sie sind das Ergebnis von Erlebnissen, genetischer Veranlagung und im Falle des Falles fehlender oder mangelhafter Sozialisation, also der Gewöhnung an die Erlebniswelt des Hundes. Daher ist es wichtig, genau hinzuschauen, bevor eine pauschale Beurteilung des vermeintlichen Angstverhaltens vorgenommen wird. Ein vorschnelles Urteil führt schnell dazu, dass am eigentlichen Problem vorbeigearbeitet wird.
Die Sozialisationsphase eines Hundes ist entscheidend für seine spätere Umweltkompetenz. Ein Welpe, der in einer kompetenten Zuchtstätte aufwächst, sollte in seinen ersten Wochen bereits mit unterschiedlichen Untergründen, Geräuschen, Gegenständen und Fahrzeugen in Kontakt gekommen sein. Fehlende Umweltreize können sich langfristig auf seine Fähigkeit auswirken, neue Situationen gelassen zu bewältigen.
Hunde aus dem Tierschutz haben oft ein anderes Ausgangsniveau: Sie haben einerseits möglicherweise eine Vielzahl an Umweltreizen kennengelernt – allerdings nicht immer unter positiven Bedingungen. Andererseits können solche Hunde auch sehr reizarm aufwachsen und kaum Kontakt zu Menschen gehabt haben. Häufig entwickelt sich daraus eine Strategie der Vermeidung, um mit der Flut an neuen Eindrücken umzugehen.
Nicht jeder Hund, der vorsichtig oder unsicher ist, hat jedoch eine Deprivationsproble-

matik. Von einem Deprivationsschaden spricht man, wenn ein Hund so extrem reizarm aufwächst, dass sich das neuronale Gerüst in der frühen Ontogenese des Hundes nicht ausreichend ausbildet und auch im späteren Leben nicht aufgebaut werden kann. Der Hund leidet unter den physiologischen Schäden und ist eingeschränkt in seiner Verarbeitung von Umweltinformationen. Oftmals haben Hunde jedoch schlicht wenig Erfahrung mit bestimmten Reizen, weil sie überbehütet oder mit ihrer Umwelt nur eingeschränkt konfrontiert wurden. Das führt nicht zu irreversiblen Schäden, sondern diese Erfahrungsmängel können mit gezieltem Training und positiver Begleitung gut ausgeglichen werden.

Eine gute Umweltgewöhnung bedeutet allerdings nicht, dass ein Welpe jede nur denkbare Situation durchleben muss. Es braucht keine Besuche an Flughäfen, Hauptbahnhöfen oder in Speditionslagern. Einzelne, bewusst gewählte Erfahrungen reichen aus, da Hunde – wie andere Lebewesen auch – in der Lage sind, Erfahrungen auf ähnliche Situationen zu übertragen. Sie generalisieren. Es genügt, wenn er in einem ruhigen Rahmen verschiedene Fahrzeuge sieht, hört und erschnüffelt – das befähigt ihn dazu, später auch mit anderen, ähnlichen Eindrücken umzugehen. Gerade deswegen ist es so wichtig, dass die Erfahrungen positiver Natur sind. Auch in der belebten Umwelt genügt es, gezielt Begegnungen zu schaffen, anstatt Reize zu überfrachten. Läuft ein Hund an einer Pferde- oder Schafweide entlang, nimmt er die Tiere über den Geruch und die Bewegung wahr – das schafft eine gute Basis, ohne dass er direkten Kontakt haben muss. Ähnlich verhält es sich mit Personen: Statt ihn aktiv in eine Menschenmasse zu führen, kann es sinnvoller sein, ihm zu ermöglichen, spielende Kinder oder Menschen mit unsicherem Gang aus einer sicheren Distanz zu beobachten. Gerade Letztere werden von vielen Hunden als bedrohlich wahrgenommen und häufig verbellt, wenn sie keinen Umgang mit ihnen kennengelernt haben. Durch schrittweise Steigerung lässt sich die Sicherheit weiter ausbauen. Ein Beispiel: Kann der Hund spielenden Kindern ruhig zusehen, ist das ein erster Fortschritt. Wenn er später auch dabei gelassen bleibt, während die Kinder einen Ball werfen oder kreischend herumlaufen, wurde ein wichtiger Meilenstein in seiner Entwicklung erreicht.

Der junge Rüde wurde im Tierheim abgegeben, weil er sich extrem umweltunsicher zeigte und immer wieder versuchte zu fliehen. Tatsächlich reagiert er sowohl auf Gegenstände als auch auf Personen und andere Hunde mit Fluchtversuchen, kurz nachdem er einfriert. Auch wenn seine Ohren aufgestellt sind, so zeigt die gesamte Körperhaltung die große Anspannung – die Ausrichtung des Kopfes spricht nicht von Neugier, sondern der Alarmiertheit des Hundes.

VON DESENSIBILISIERUNG BIS FLOODING

Im Angstbereich zu arbeiten, bedarf Fachwissen und einem äußerst umsichtigen Verhalten. Reaktionen des Hundes können ihn, aber auch die involvierten Personen gefährden oder das Gegenteil des Trainingsziels bewirken.

Ein Hund, der bereits viele Umweltreize kennengelernt hat – darunter auch negative –, entwickelt individuelle Strategien, um mit ihnen umzugehen. Nicht jeder Hund, der Meideverhalten zeigt, hat schlechte Erfahrungen gemacht oder wurde gar misshandelt. Manche Hunde haben schlicht zu wenig Erfahrungen gesammelt oder sind genetisch bedingt vorsichtiger. Die Unterscheidung ist für das folgende Training wichtig: Ein Hund mit fehlenden Erfahrungen kann mit neuen, positiven Erlebnissen und gezieltem Training an Sicherheit gewinnen. Hat der Hund schlechte Erfahrungen gemacht, benötigt es vorab vertrauensbildende Maßnahmen, um sich wieder auf die Umwelt einlassen zu können. Wenn nicht klar ist, warum der Hund so handelt, wie er es tut, arbeitet man sich von den vertrauensbildenden Maßnahmen vor, um kein wichtiges Element im Training zu überspringen. In beiden Fällen ist es entscheidend, dem Hund Sicherheit zu geben. Dabei sollte vermieden werden, auf aggressives Verhalten des Hundes mit aversiven Maßnahmen zu reagieren – das würde nur bestätigen, dass Menschen eine Bedrohung darstellen. Gleichzeitig ist es naiv, ausschließlich auf freundliche Worte und Futter zu setzen, wenn der Hund bereits tief in einer Angst- oder Abwehrreaktion steckt – auch weil eine solche Stimmung vom Hund als seine Annahmen bestätigend interpretiert werden kann und das Problem dann verschlimmert. Es braucht gezielte Handlungen, die für den Hund einen echten Mehrwert bieten und ihn erkennen lassen, dass der Mensch eine verlässliche Bezugsperson ist.

Dieser junge Hund zeigt sich auch nach einigen Trainingseinheiten immer noch unsicher in der Annäherung an die Bezugsperson. Da bei Ängsten jedes Meiden einen stark selbstbelohnenden Effekt hat, kann die Arbeit mit dem Hund langwierig sein.

THERAPIEANSÄTZE ZUR ANGSTBEWÄLTIGUNG

Es gibt verschiedene Ansätze, um mit Angstverhalten zu arbeiten. Wichtig ist, sich bewusst zu machen, dass nicht jede Methode für jeden Hund geeignet ist. Unüberlegtes Experimentieren kann mehr Schaden anrichten als Nutzen bringen. Es ist fast immer sinnvoll, eine spezialisierte Hundeschule mit in das Training einzubeziehen – auch weil der objektivere Blick auf das Geschehen Hund und Mensch hilft.

Doch was tun, wenn ein Hund plötzlich in Panik gerät und sich nicht mehr selbst beruhigen kann? In solchen Momenten kann direkter Körperkontakt helfen: Ein ängstlicher Hund, der fest gehalten, nicht festgehalten, wird, spürt, dass er nicht allein ist. Das kann beruhigend wirken – jedoch besteht dabei ein erhöhtes Risiko, gebissen zu werden. Hier braucht es Fingerspitzengefühl und Erfahrung. Rigoroses Ablehnen bestimmter Methoden kann dazu führen, dass dem Hund eine wichtige Hilfeleistung verwehrt bleibt. Ebenso kann ein zu sanftes Vorgehen das Problem verschärfen, wenn es dem Hund nicht hilft, neue Strategien zum Umgang mit dem Auslöser zu entwickeln. Letztendlich verursacht das Wahrnehmen einer Bedrohung Stress. Das bedeutet – wie in allen anderen Situationen, in denen ein Hund Stress erfährt –, dass er lernen muss, damit umzugehen (s. Kapitel zu Über-Problemen). Ein übermäßiger Schutz vor unangenehmen Erfahrungen kann langfristig schaden. Statt den Hund von allen negativen Reizen fernzuhalten, ist es sinnvoller, ihn eng zu begleiten und ihm dabei zu helfen, sich mit neuen Situationen auseinanderzusetzen. Dabei geht es nicht darum, ihn zu überfordern, sondern ihm durch gemeinsame Erfahrungen zu zeigen, dass er auf seinen Menschen vertrauen kann. Diese Sicherheit überträgt sich auf sein zukünftiges Verhalten und stärkt die Bindung.

HABITUATION

Unter Habituation versteht man eine schleichende Gewöhnung an einen Reiz, der irgendwann als normal empfunden wird. Dies geschieht oft unbewusst: Ein Hund, der täglich ins Auto steigen muss, gewöhnt sich mit der Zeit daran, selbst wenn er anfangs gezögert hat.

Gezielte Habituation

Hier wird der Hund bewusst und kontrolliert an einen Reiz herangeführt. Dabei ist wichtig, dass der Mensch als sichere Orientierung wahrgenommen wird. Unterstützend kann eine Gegenkonditionierung eingesetzt werden, bei der der Hund eine Bewältigungsstrategie lernt, indem der ursprüngliche Auslöser positiv verknüpft wird. Vorsicht ist geboten: Misstrauische Hunde können durch den Fokus auf die vermeintliche Bedrohung in ihrer Einschätzung bestätigt werden, das Angstverhalten verstärkt sich.

Desensibilisierung

Der Hund wird in kleinen Schritten an den Angstreiz herangeführt, während er sich in seinem Wohlfühlbereich befindet. Diese Methode ist zeitintensiv und benötigt einen intensiven Blick auf die Möglichkeiten der Steigerung der Reizexposition, ist aber bei nicht akutem Zeitdruck eine gute Wahl.

Flooding

Die Reizüberflutung ist in der Hundeerziehung umstritten und wird in der Regel nicht eingesetzt, da der Hund dabei keine Wahlmöglichkeit hat und das Risiko für Panikreaktionen hoch ist. Während Menschen in einer Flooding-Therapie jederzeit durch ein vereinbartes Codewort abbrechen können, ist das bei Hunden nicht der Fall.

Nur äußerst erfahrene Fachpersonen sollten über den Einsatz dieser Methode nachdenken – sie sollte für die sehr wenigen Fälle vorbehalten bleiben, in denen der Hund so massiv von Angst beeinträchtigt wird, dass seine Lebensqualität anhaltend eingeschränkt ist.

RITUALE SCHAFFEN

Rituale sind das An-die-Hand-Nehmen in einer Umwelt, die den Hund überfordert und ihn ängstigt. Sie schaffen die Ressourcen, um mit Stress umzugehen und neuen Mut für Unbekanntes zu finden.

Hunde, wie diese unsichere Hündin, die Meideverhalten zeigen, sind in ständiger Sorge und halten aus diesem Grund auch einen gewissen Sicherheitsabstand ein. Diesen gilt es zu unterschreiten und Körperkontakt einzufordern. Hunde nehmen dieses Angebot an, wenn sie spüren, dass die Nähe des Menschen angenehmer ist als in ihrer Not alleine dazustehen.

Bei Hunden, die manches nicht kennen oder im Verhalten unsicher sind, helfen immer wieder gleich ablaufende Bewegungsmuster und Rituale, mit der vermeintlichen Bedrohung besser zurechtzukommen. Rituale machen Situationen berechenbarer. Immer gleiche Abläufe sind zeitlich und räumlich besser einschätzbar für den Hund. Daher ist es gerade für sogenannte „Angst"-Hunde wichtig, solche Rituale einzuführen. Rituale fangen schon zu Hause an. Beispielsweise werden immer an der gleichen Stelle das Halsband und das Geschirr angezogen (denn eine doppelte Sicherung ist bei Hunden, die mit extremen Angstreaktionen aufwarten, äußerst sinnvoll), an der Stelle wird der Hund auch angeleint. Mit immer gleichen Handgriffen, mit Ruhe und Geduld. Der Mensch zieht an immer gleicher Stelle die Jacke an und wechselt die Schuhe. Dann kommt der anfangs sehr kurze und immer gleiche Spazierweg, wenn der Hund noch umweltunsicher ist. Solche Alltagsrituale, die auch von Seiten des Menschen eingehalten werden, damit auch er für den Hund berechenbarer und somit vertrauenswürdiger wird, helfen, langsam und unterschwellig eine Stressreduktion einzuleiten, die dem Hund später mehr Ressourcen verschafft, sich Problemen zu stellen.

Menschen neigen sehr dazu, ihren Hunden ganz viel zeigen zu wollen. Hunde sollen viel erleben und Spaß haben. Doch bei Hunden mit einer Angstproblematik bedeutet jede Veränderung übermäßigen Stress. Monotonie schafft Erholung für den stressgeplagten Hund. Wirkt er auf dem kurzen Spaziergang weniger angespannt, ist das ein guter Indikator, dass er sich erholen kann und nicht darunter leidet, zu wenig Abwechslung angeboten zu bekommen. Im Gegenteil: Er weiß bald genau: „Ich laufe bis zur Bank, dann biegen wir links ab, dann geht's zur Eiche, wo der andere Rüde markiert hat, dann nochmal links und schwupps sind wir wieder zu Hause. Geschafft!" Mit vielen Wiederholungen wird der Hund immer sicherer werden.

Je nachdem, wo das Problem des Hundes verortet ist, können aber auch Rituale im Haus, wie das gemeinschaftliche abendliche Kuscheln auf der Couch, wichtige Elemente

Sicherheitsgeschirre sind im Bereich des Angstverhaltens ein unerlässliches Hilfsmittel. Hunde, die mit Fluchtverhalten reagieren, sollten über drei Leinen gesichert sein. Eine wird am Brustgeschirr und eine weitere am Halsband befestigt. Zusätzlich sollte eine Leine, wie auf dem Bild zu sehen, über einen Bauchgurt auch am Menschen befestigt sein, denn selbst wenn der Mensch strauchelt oder ihm die Leine aus der Hand fällt, ist der Hund so gesichert.

des Zusammenlebens werden, auch wenn der Hund anfangs damit nichts anfangen kann oder sogar Nähe meidet. Jeden Abend an der gleichen Stelle zur gleichen Zeit eine Runde zu schmusen, auch bei „erzwungenem" wohlwollenden Kontakt, wird den Hund dieses Ritual bald annehmen lassen, bis er es vorsichtig genießen kann. Das Gleiche gilt für die Fütterung: Feste Plätze, feste Abläufe, feste Uhrzeiten helfen diesen Hunden ungemein weiter, ihren Tag zu strukturieren. Körperpflege kann man ebenfalls in Rituale einbinden, um es dem Hund leichter zu machen. An der gleichen Stelle um die gleiche Uhrzeit lassen sich fünf Bürstenstriche über den Rücken viel leichter ertragen als etwas, das der Hund nicht kennt und von dem er nicht weiß, wie es abläuft. Nach vielen Wiederholungen bindet man in ein solches Ritual vielleicht die Beine mit ein, dann die Rute. Ist der Hund entspannt, kann man ihn auch am ganzen Körper bürsten, dann die Augen und Ohren reinigen und zum Schluss sogar die Zähne kontrollieren.

Wichtig ist, dass, wenn man ein solches Ritual einfordert, man dann aber auch darauf besteht – selbst wenn das bedeutet, dass man den Hund mit einer Leine an Ort und Stelle hält. Wir verweisen hier auf die Eskalationsstufen bei der Angst. Wissenschaftlich erwiesen ist, dass Hunde bei leichtem Stresslevel sogar leichter und besser lernen (bspw. Bray et al. 2015). Erst später, wenn man beobachten kann, dass der Hund sicherer wird, verändert man nach und nach das Ritual etwas oder hebt es ganz auf. Manche Rituale werden dennoch vielleicht ein Leben lang ein fester Bestandteil bleiben. Solche Rituale sind wie ein sicherer, hoher Zaun zu sehen. Innerhalb solch klarer Grenzen kann sich der Hund relativ mutig und frei bewegen. Je niedriger und instabiler der Zaun ist, desto unsicherer wird sich der Hund verhalten. Dieser Zaun gibt aber auch klare Regeln vor, die von beiden Seiten zwingend eingehalten werden müssen, um mutige Schritte in die freie Welt möglich zu machen.

FAKTOR MENSCH

Die Arbeit mit ängstlichen Hunden ist auch eine Selbstfindungsreise – am Ende profitiert nicht nur der Hund, sondern auch der Mensch, der seine Gefühle und sein Handeln reflektiert, um dem Hund Stabilität zu vermitteln.

Bei all den Problemen, die der Hund in diesem Bereich zeigt, ist der Mensch ein ganz wichtiger Faktor. Zunächst einmal ist es die Stimmung des Menschen selbst, die einen großen Einfluss hat. Ist der Mensch unruhig, überträgt sich das auch bei ganz feinen Nuancen auf den Hund. Das heißt konkret, wenn man den Hund unterstützen möchte, aus seiner Angst herauszukommen, muss man darauf schauen, dass man selbst stabil und ausgeglichen ist. Schwer ist das gerade, wenn der Mensch sich selbst unsicher ist, ob das, was er tut, auch richtig und hilfreich ist. Alle diese kleinen Verzögerungen oder Zweifel spürt der Hund und es besteht das Risiko, dass es sein Misstrauen schürt.
Tatsächlich geht es bei der Arbeit mit angstvollen Hunden auch um Selbstreflexion. Es kann sogar eine Verbindung bestehen, bei der Menschen gerade ein besonderes Interesse an Hunden mit Angstproblemen haben, weil sie eigene Erfahrungen mit Ängsten gemacht haben. Sie gehen vielleicht selbst nicht gerne unter Menschen, haben möglicherweise sogar ein unschönes Menschenbild und verstehen – zumindest vermeintlich – nur zu gut, warum der Hund Personen meidet. In solchen Fällen kann der eigene Gedanke der Hilfe für den Hund im Weg stehen.

AUS DER OPFERROLLE HELFEN

Ähnlich verhält es sich, wenn ein Rettungsgedanke im Vordergrund steht: Der Hund kam aus schlechten Verhältnissen und soll es nun guthaben. In diesen Fällen sind das Verständnis und die Toleranz für das Angstverhalten des Hundes besonders groß. Diese Personen leiden häufig mit, während sie empathisch versuchen, das geschehene Unrecht durch maßloses Wohl wiedergutzumachen. Es werden gerne Opfer gebracht aus Rücksicht auf den Hund. Alles wird vermieden, was den Hund nur beunruhigen könnte. Dieses Verhalten hilft dem Hund allerdings nicht, sich weiterzuentwickeln und mutiger zu werden. Der Hund wird im schlimmsten Fall basierend auf dem Rettungsgedanken, lebenslang auf ein Opfer der Menschheit oder seiner Umwelt reduziert.
Hat man aber die Befürchtung, dass bei allem, was man tut, das Verhalten des Hundes vielleicht sogar noch schlimmer wird, kann man die benötigte Stabilität nicht gewährleisten. Aus Sorge vor Fehlern zögert man, vermeidet, fühlt sich hilflos, unsicher, ja, letztendlich ähnlich wie der Hund selbst. So ein Gefühl kann auch verbinden, man tröstet sich gegenseitig, was aber nicht wirklich

hilfreich ist. Man geht mit dem Hund und meidet verständnisvoll, statt zu sagen, „Schau, das schaffen wir gemeinsam!"
Es gehört Mut und Selbstvertrauen in die eigene Kraft dazu, den Hund aus seiner Opferrolle zu retten – und genau das muss immer Ziel in der Haltung eines angstvollen Hundes sein. Anhaltender Stress wegen fehlender Verarbeitungsstrategien wird chronisch und kann sukzessive die Gesundheit und damit die Lebensqualität gravierend einschränken. Es braucht Zuversicht und Hoffnung auf Besserung, ein Ziel, das es zu erreichen gilt und an dem man arbeiten kann. Möglicherweise kommt an einem bestimmten Punkt das Gefühl auf, schon einiges erreicht zu haben. Man ist zufrieden mit der Ist-Situation, obwohl der Hund immer noch viele Befürchtungen zeigt. Reflektiert man jetzt nicht, entstehen Inkonsistenzen und Abkürzungen, die der Hund erkennen wird. Dann kann es passieren, dass er bei Herausforderungen des Alltages wieder verhaltener reagiert. Auch hier nimmt man durch das eigene Verhalten dem Hund die Chance, mutiger zu werden, an den zu bewältigenden Konflikten zu wachsen und zukünftig sorgenfreier durchs Leben zu gehen.

AN DEN EIGENEN GRENZEN ARBEITEN

Wenn wir mit einem Hund arbeiten, der selbst wenig Sicherheit hat, ist es entscheidend, dass wir uns mit unserer eigenen Verfassung auseinandersetzen. Hunde sind Meister darin, feinste Veränderungen in unserer Körpersprache, unserer Mimik und sogar unserer Atmung wahrzunehmen. Sie

Dieser Mischlingsrüde reagiert verunsichert auf eine unangenehme Stimmungsänderung bei seiner Bezugsperson. Kopf und Rute trägt er tief, der Rücken ist abgerundet und die Beine eingeknickt – der Blick geht prüfend Richtung Mensch, während er selbst auf Distanz bleibt, bis er sicher ist, dass eine Annäherung möglich ist.

spüren, ob unser Körper angespannt ist oder ob wir ruhig und klar bleiben – und sie reagieren darauf. Je weniger stabil der Hund sich selbst erlebt, desto stärker ist er auf unsere emotionale Verfügbarkeit und Ausgeglichenheit angewiesen. Ein ruhiger Atemrhythmus kann nicht nur uns selbst regulieren, sondern wirkt sich oft auch unmittelbar auf das Erregungsniveau des Hundes aus. Gleichzeitig dürfen wir nicht ausblenden, wie anstrengend diese Arbeit für uns sein kann. Wenn wir über Wochen oder Monate versuchen, einem Hund Sicherheit zu geben, Strategien entwickeln, ihn liebevoll begleiten – und sich scheinbar nichts verändert, dann kann das zutiefst frustrierend sein. Wenn der Hund sich sogar wieder zurückentwickelt, wenn er sich uns gegenüber abwehrend oder aggressiv verhält, dann sind Gefühle wie Enttäuschung, Frust, Wut oder Hilflosigkeit vollkommen nachvollziehbar. Sie sind menschlich. Und sie dürfen da sein. Aber sie dürfen nicht die Grundlage für unsere Handlung werden – zumindest nicht in dem Moment, in dem wir mit dem Hund arbeiten.

Denn was wir als Gereiztheit, Frustration oder Erschöpfung empfinden, spürt der Hund nicht als Gefühl, sondern als Stimmung, die sich gegen ihn richtet. In seinem Zweifel, in seiner Unsicherheit, wird er in genau diesen Momenten in seiner Einschätzung bestätigt: Dass er sich nicht sicher fühlen kann – nicht einmal bei uns. Wenn wir in solchen Zuständen verharren, ist es klüger, Abstand zu nehmen und uns zu sammeln, bevor wir wieder in Kontakt treten. Was besonders hilft, ist, sich immer wieder vor Augen zu führen, dass nichts verloren ist, wenn wir eine Situation abbrechen. Fehler und eigene Herausforderungen zu erkennen, sind der beste Weg, um im Sinne des Hundes, aber auch für uns selbst nach besseren Lösungen zu streben.

Auch unser Gesicht spielt eine Rolle, die nicht zu unterschätzen ist. Hunde, die eng mit Menschen zusammenleben, haben gelernt, unseren Blick zu lesen – und unsere Mimik (Müller et al. 2015). Sie unterscheiden zwischen wohlwollender Aufmerksamkeit und prüfendem Blick, zwischen liebevoller Zuwendung und stiller Gereiztheit. Manchmal genügt es, sich leicht abzuwenden, den Blick zu senken oder eine unbewusste Anspannung aus dem Gesicht zu nehmen, um einen Hund zu entlasten. Gerade sensible oder überforderte Hunde empfinden direkten Blickkontakt als unangenehm, manchmal sogar bedrohlich. Dann hilft es, den Raum zwischen uns und dem Hund mit etwas mehr Weichheit zu füllen – durch körpersprachliche Zurücknahme, durch ein bisschen mehr indirekte Kommunikation, durch Entspannung auf beiden Seiten.

Die Arbeit mit ängstlichen Hunden verlangt uns viel ab. Sie braucht emotionale Stabilität, sie braucht Selbstreflexion und sie braucht Ehrlichkeit – vor allem uns selbst gegenüber. Wir müssen bereit sein, auch unsere Grenzen kennenzulernen. Und wir müssen bereit sein, an ihnen zu arbeiten. Denn wir können nur dann eine sichere Bezugsperson für den Hund sein, wenn wir lernen, mit unseren eigenen Unsicherheiten umzugehen.

Wer mit Angsthunden arbeitet, arbeitet auch an sich selbst. Wir trainieren unsere Frustrationstoleranz, entwickeln unsere Konfliktfähigkeit weiter lernen, eigene Impulse zu steuern – und Geduld zu haben, wenn alles viel länger dauert, als wir gehofft hatten.

Am Ende profitieren beide Seiten: Ein Mensch, der gelernt hat, ruhig zu bleiben, auch wenn es schwierig wird. Und ein Hund, der langsam begreift, dass er sich auf diesen Menschen verlassen kann – selbst dann, wenn es ihm nicht gut geht.

Nikita stammt ursprünglich aus Russland und wurde über einen Tierschutzverein nach Deutschland importiert – dass sie ganz andere Lebensbedingungen gewohnt war, zeigte sich schnell.

☞ FALLBEISPIEL: NIKITA

Die vierjährige Nikita wurde jung von einem Tierschutzverein aus Russland importiert. Laut ihrem Impfpass war sie ein Dackel-Sheltie-Mischling.

Ihr erstes Zuhause in Deutschland war mit diesem Hund völlig überfordert. Sie war ausschließlich im Badezimmer eingesperrt, da sie sich sehr ängstlich und scheu zeigte. Mit zwei Jahren wurde sie weitergegeben. Auch bei der neuen Besitzerin zeigte sich Nikita äußerst ängstlich. Sie verkroch sich in den dunkelsten Ecken der Wohnung. Sie ließ sich aber anfassen und anleinen, auch wenn sie kaum einen Meter lief. Die Besitzerin trug den Hund zwar raus, Spaziergänge waren aber nicht möglich. Hilfesuchend wandte sich die Frau an einen Hundetrainer. Der hatte den Eindruck, dass es weder dem Hund noch der Halterin gut ging. Die Besitzerin sprach bei den Trainingsstunden ununterbrochen mit dem Hund, sie kommentierte jegliches Verhalten und unterstellte Nikita bei jeder Begegnung, egal ob Auto, Kinder, Straße oder ein anderer Hund,

Angst. Dabei reagierte sie selbst sehr unruhig und zappelnd. Die Frau machte auf den Hundetrainer einen mental instabilen Eindruck, und bereits nach zwei Terminen meldete sich Nikitas Besitzerin nicht mehr bei ihm.

Zwei Jahre später, Nikita war nun vier Jahre alt, meldete sich die Halterin aus einer psychiatrischen Klinik wieder bei ihm: Nikita sei bei Freunden untergebracht, aber dort hätte sie sich komplett verweigert, sie verkroch sich, Spaziergänge waren unmöglich und nur mit größter Anstrengung war sie in den Garten zu bringen, von wo sie sofort wieder in die Wohnung flüchtete. Nikita hatte massiven Durchfall und pinkelte den Leuten ins Bett – die Nerven lagen blank.

Bei dem Besuch des Hundetrainers befand sich Nikita unter dem Tisch. Von dort kam leises Knurren. Er setzte sich auf den Boden, während er sich mit den Leuten unterhielt, und warf Leckerchen in Richtung des Hundes. Nach zehn Minuten nahm sie die

So sah Nikita aus, bevor sie zu uns kam.

Leckerchen aus seiner Hand. Weitere zehn Minuten später hatte er Nikita ein Brustgeschirr angezogen, ging mit ihr in den Garten und drehte mit ihr ein paar Runden. Wiederum 15 Minuten später verließ er das Grundstück und ging mit dem Hund um ein paar Häuserecken.

Nikita war zwar verunsichert, immerhin hatte das seit vier Jahren niemand von ihr verlangt. Doch sie orientierte sich an dem Trainer, der – das war schließlich sein Berufsalltag – eine deutliche Stabilität ausstrahlte. Da die Besitzerin auf unbestimmte Zeit in der Klinik untergebracht und das befreundete Paar mit der Gesamtsituation völlig überfordert war, nahm der Hundetrainer die Hündin kurzerhand mit zu sich nach Hause. Auch dort zeigte sich Nikita zunächst scheu und zurückhaltend, kam aber auf Aufforderung zu ihm. Am zweiten Tag versuchte sie, „ihr" Zimmer und ihren Korb gegen die beiden hündischen Mitbewohner zu verteidigen. Dabei zeigte sie keinerlei Unsicherheit. Diese Form der ressourcenbedingten Aggression aus dem Motivationskreis Schutz und Ruhe wurde ihr sofort und eindeutig untersagt.

Innerhalb von drei Monaten entwickelte sich die Hündin immer mehr zu einem fröhlichen Hund, der zwar noch unsicher und vorsichtig ist, doch immer besser mit den Außenreizen klarkommt. Zu Hause ist sie bereits ein fast normaler Hund.

Das Spezialfutter, dass sie vier Jahre wegen ihren dauerhaften idiopathischen Durchfällen bekam, wurde ausgeschlichen. Nach einem Monat konnte der Hund jegliches Hundefutter vertragen und hatte seither keinen Durchfall mehr.

Nikita beobachtet viel, wie sich die anderen Hunde verhalten, beispielsweise wenn Besuch kommt oder bei gemeinsamen Unternehmungen. Sie schaut sich das Verhalten ab und geht auch mit ihr fremden Situationen immer entspannter um. Sie kann mittlerweile Spaziergänge genießen.

VERHALTENS-STÖRUNGEN

Der Schäferhund-Mischling, ein intakter Rüde, zeigt obsessives Verhalten: Er gräbt die Kiesel im Fluss um. Davon kann ihn nicht einmal eine intakte Hündin abhalten, die ihn mehrfach anspielt, und er würde so lange weitermachen, bis seine Pfoten wund und blutig sind.

NICHT NUR STÖRENDES VERHALTEN

Wir können hier dazu einen Überblick geben, aber vor allem wollen wir auf die praktischen, wenn auch häufig anekdotischen Erfahrungen eingehen, die sich aus dem Berufsalltag in der Arbeit mit Hunden ergeben.

Es gibt Unmengen an Literatur über Verhaltensstörungen bei Zoo-, Zirkus, Nutz- und Haustieren. Auch wenn die Forschung dieses Gebiet noch gar nicht so lange bearbeitet, haben die veterinärmedizinischen Wissenschaften in den letzten Dekaden viele wichtige Erkenntnisse zusammengetragen, um Ursachen für Verhaltensstörungen zu ergründen, sie zu kategorisieren und im Falle des Falles die Lebensqualität des Tieres zu verbessern, indem das Verhalten durch unterschiedliche Maßnahmen bearbeitet wird. Als einziger Abschnitt befasst sich dieses Kapitel mit Problemverhalten, das durch eine Erkrankung verursacht wird. Das bedeutet auch, dass Entlastungen und Lösungen häufig nicht vollständig durch Training, Medikamente oder eine Kombination daraus angeboten werden können – bei Verhaltensstörungen kann es sein, dass die Erkenntnis, trotz aller Bemühungen und vermeintlicher Fortschritte nicht für das gezeigte Verhalten verantwortlich zu sein, das Beste ist, was möglich ist.
Verhaltensstörungen in einem gravierenden Ausmaß sind nicht häufig. Sie sind auch nicht in Stein gemeißelt, sondern sehr wohl ist auch dieses Blatt beschreibbar, auch wenn sich der ursprüngliche Text vielleicht nicht vollständig löschen lässt. Die große Herausforderung ist, das Entstehen der Verhaltensanomalie zu erkennen, aber nicht explizit zu beobachten, denn genau das kann es schlimmer machen.

VERHALTENSSTÖRUNGEN – ABSEITS DES NORMALEN

Weil Verhaltensstörungen letztendlich dem Normalverhalten entspringen, ist es wichtig, zu erkennen, wann ein Verhalten aus dem Rahmen fällt. Dann kann man auch in so einem Fall viel für den Hund tun.

Im alltäglichen Sprachgebrauch hört man häufiger Formulierungen wie: „Der ist doch gestört“ oder „Das ist ja nicht mehr normal“, wenn es um Verhalten bei Hunden geht. Ganz schnell wird Problemverhalten auch mit Verhaltensstörungen in Verbindungen gebracht. Wichtig ist, an diesem Punkt möglichst fundiert zu unterscheiden, denn nicht jedes problematische Verhalten ist gleichzeitig eine pathologische Verhaltensstörung. Auf der anderen Seite wird eine Verhaltensstörung in den allermeisten Fällen als problematisch eingestuft, selbst wenn das Verhalten für andere nicht belastend oder bedrohlich ist.

Das Problem, das sich in Bezug auf Hunde ergibt, ist, dass für die Benennung einer Störung eine Abweichung vom Normalverhalten notwendig ist. Der Hund ist in all seinen unterschiedlichen Varianten – auch was das Verhalten betrifft – an sich schon sehr unterschiedlich und es gibt, anders als bei vielen anderen Tierarten, für Verhaltensmerkmale eine große Breite an Ausprägung (s. Hyper- und Hypotrophierung der Jagd-Verhaltenskette). Im Falle von Hunden

Staffordshire Bullterrier neigen zum Jagen der Rute und Oberflächen ablecken. Dieser Rüde zeigt diese Problematiken nicht, dafür statusaggressives Verhalten, das die Halterin durch Training im formellen Bereich managt.

müssen deswegen mögliche Rassemerkmale mitbedacht werden, um das Normalverhalten möglichst gut zu definieren. Grundsätzlich hat Dorit Feddersen-Petersen eine umfassende Definition des Begriffes nach Buchholtz (1993) in ihrem Buch „Hundepsychologie“ vorgeschlagen:

> »*Eine [Verhaltensstörung ist eine] situationsinadäquate Verhaltensauffälligkeit eines Individuums. Sie tritt bevorzugt unter den Organismus überfordernden Umweltgegebenheiten auf. Sie ist gekennzeichnet durch solche Verhaltenselemente bzw. -sequenzen, die sich in Dauer und Häufigkeit sowie ihrer räumlichen und zeitlichen Einstellung gegenüber Umweltkonstellationen auffällig von der Norm unterscheiden.*«

Wenn ein Verhalten über das normale Maß hinaus in seiner Länge oder seines Auftretens, aber auch in der Heftigkeit und Ausdauer auffällig ist, kann man von einer Störung sprechen. Es kann eine qualitative oder quantitative Abweichung sein. Indikatoren dafür, dass das normale Maß nicht mehr gegeben ist, sind beispielsweise der Verlust ganzer Funktionskreise. Dem Hund ist es dann nur begrenzt oder nicht mehr möglich, beispielsweise Komfortverhalten, Explorationsverhalten oder Spielverhalten zu zeigen. Auch können Aktivitätsmuster der Tag-Nacht-Periodik aufgehoben sein (nach Buchholtz 1993).

Häufig wird eine Verhaltensstörung in Verbindung mit Stress gebracht. Das bedeutet nicht, dass Stress Verhaltensstörungen auslöst, sondern bezieht sich darauf, dass der Ursprung des Verhaltens in einem inadäquaten Umgang mit Stressabbau liegt. Die Intention mag ursprünglich gewesen sein, zur Ruhe zu kommen, aber die Umsetzung ist in vielen Fällen destruktiv. Was eine Verhaltensstörung auslöst, ist so mannigfaltig, dass sich darin kaum ein sinnvoller Ansatz für weitere Maßnahmen ableiten lässt: Genetik und Epigenetik (also die direkte Weitergabe von beispielsweise Stressanfälligkeit vom Muttertier an die Nachkommen während der Trächtigkeit), das Geschlecht und der hormonelle Zustand inklusive, ob ein Hund intakt oder kastriert ist, frühe Lebenserfahrungen, Haltungsbedingungen, aber auch Trainingsmethoden, sowie ganz allgemein Umwelteinflüsse, Gesundheit, Lernprozesse, die Ernährung oder eine veränderte Neurochemie. Und selbst das ist keine vollständige Aufzählung und es können mehrere Faktoren zusammen eine Rolle spielen.

Verhaltensstörungen, die vor allem durch Lernprozesse begünstigt werden, finden sich bereits in anderen Kapiteln, wenn auch teils nur angedeutet: Stress und der Versuch, ihn abzubauen, kann bei ungünstigen Umständen, Disstress und schlechten Coping-Strategien, einen selbstverstärkenden Effekt haben. So wie man zeigen konnte, dass Hunde, die Verhaltensstörungen aufweisen, schlechter von einem erlernten Verhalten ablassen können, so können Stereotypien und Zwangshandlungen sich als Coping-Strategien festsetzen (Bray et al. 2015).

Problematisch sind auch jene Verhaltensweisen, die selbstbelohnend sind und dadurch immer weiter verstärkt werden können, wenn die Selbstregulation des Hundes nicht funktional ist. Das gilt bei, auch fehlgeleitetem, Jagdverhalten, Meideverhalten aus dem Angstverhalten und dem Aggressionsverhalten, hier zum Beispiel bei der statusbedingten Aggression. Letztendlich können auch traumatische Ereignisse eine übermäßig starke Reaktion auslösen, die vom Normalverhalten abweicht.

Eine ganze Reihe genetisch bedingter Verhaltensstörungen lässt sich dadurch ausmachen, dass sie bei bestimmten Rassen signifikant häufiger auftreten: Staffordshire Bullterrier neigen mit 9,5 % der untersuchten Tiere zum Rutejagen (Salonen et al. 2019). Die gleiche Rasse neigte auch eher dazu, Oberflächen abzulecken. Über 4 % der untersuchten Border Collies zeigten (nichtexistente) Fliegenschnappen oder Licht- bzw. Schattenjagen. Über 20 % der Deutschen Schäferhunde fielen durch Hyperaktivität bzw. übersteigerte Impulsivität auf. Dobermänner zeigen fast exklusiv eine Verhaltensstörung, das Flankennuckeln. Dabei umgreift der Hund die Hautfalte zwischen Hinterbein und Flanke und saugt daran. Auslöser können Müdigkeit (Wohlbefinden) oder Erregung (Stressabbau) sein. Man hat eine Veränderung des Gehirns bei Dobermännern gefunden, die dieses Verhalten zeigen (Ogata et al. 2013 in Rigterink & Houpt 2014). Cao et al. (2014) fanden einen Zusammenhang zwischen Genetik und dem Kreiseln (anhaltendes Laufen in kleinen Runden, nicht unbedingt um die eigene Achse drehen, wie es beim Rutenjagen entsteht) bei Malinois, Belgischen Schäferhunden. Das bedeutet allerdings nicht, dass diese Störungen nicht auch bei anderen Rassen, Mischlingen oder rasselosen Hunden vorkommen können.

Im Sinne des Tierschutzes muss man sich bei der Betrachtung von Verhaltensstörungen auch immer anschauen, inwieweit die Lebenssituation des Hundes, der eine Verhaltensstörung zeigt, vertretbar ist. Durch Verhaltensstörungen können erhebliche Schmerzen, Leiden und Schäden entstehen, die eine Intervention unabdingbar machen (Buchholtz 1993).

Exzessives Schwimmen oder verschiedenen Bewegungsreizen zwanghaft zu folgen, wie dieser Bodercollie, der versucht, selbst Wasser zu hüten, wird von Hundehaltern oft belächelt und durch vermeintliches Spiel mit Bällen gefördert.

UMGANG MIT VERHALTENS-STÖRUNGEN

Auch wenn Verhaltensstörungen im Krankhaften verortet sind, kann durch Training auf den Hund eingewirkt werden. Nichts anderes ist eine Verhaltenstherapie, die sich speziell auf den Bereich der Stressbewältigung fokussiert.

Kuhne (2020) fasste in ihrer Habilschrift viele wichtige Aspekte zusammen, die für die Einordnung von Verhaltensstörungen bei Hunden relevant sind. Als Ursachen kommen viele Aspekte infrage, die allerdings nicht immer zu einer Verhaltensstörung führen müssen. Ein zu frühes Trennen vom Muttertier, ungünstige Bedingungen während der juvenilen Phase der Ontogenese durch ein Zuviel oder Zuwenig, Erkrankungen, aber auch Aufmerksamkeit heischende Motivationen und unbewusste Verstärkung durch die Bezugspersonen können Auslöser sein.

Grundsätzlich sollte der Umgang mit einem Hund, der Verhaltensstörungen zeigt, einigen Grundregeln folgen, die sich schon an anderen Stellen in diesem Buch wiederfinden lassen. Geht man die Arbeit mit verhaltensgestörten Hunden an, ist eine gute Strukturierung wichtig, weil verschiedene Faktoren das Verhalten aufrechterhalten oder verschlimmern können (Kuhne 2020).

STABILITÄT

Auch wenn es schwer sein kann, von einem Trainingsansatz überzeugt zu sein, wenn die direkten Erfolgserlebnisse im Fall von Verhaltensstörungen ausbleiben können, ist es wichtig, dass das unterbrechende Eingreifen immer gleich ist. Es kann nicht mal ignoriert und mal reagiert werden. Die Regeln müssen klar und für alle Bezugspersonen gleich sein. Auch bei Störungen gilt, dass die Bezugsperson über gute Selbstkontrollmechanismen verfügen muss (siehe „Faktor Mensch“ aus dem Kapitel über Angstverhalten).

SINNVOLLER LERNTHEORETISCHER AUFBAU

Besonders wenn Aufmerksamkeit die Verhaltensstörung verstärkt, müssen Kenntnisse über Verstärker präsent sein. Nicht vermeidbare Strafen und unkontrollierbare Belohnungen sind Gift für dieses Problemverhalten – der Hund nutzt destruktive Coping-Strategien, um mit dem empfundenen Stress umzugehen, die in einem solchen Szenario vermehrt auftreten werden.

KLARE SOZIALSTRUKTUR

Das Zusammenleben zwischen Mensch und Hund muss klar strukturiert sein, wobei die Bezugspersonen dem Hund Sicherheit und Anleitung bieten, während der Hund sich an ihnen orientiert und Regeln akzeptiert. Auch wenn man in Anbetracht des Leides des Hundes sicher dazu tendiert, sollte die gemeinsame Zeit nicht durch übermäßige Kontrolle zur zusätzlichen Belastung für den Hund werden.

Cavalier King Charles Spaniel leiden häufig unter der sogenannten Syringomyelie, die durch die Deformation ihres Schädels bedingt ist: Neben Schmerzen zeigen diese Hunde anfallsartige Kratzattacken. Die Erkrankung ist fortschreitend und unbehandelbar.

Insgesamt ist, wenn es um Verhaltensstörungen geht, fast jedes Mittel recht. Eine angemessene Auslastung und tägliche Routine helfen, wobei gerade bei der Ritualisierung von Abläufen darauf geachtet werden muss, dass sie Stress verhindern, aber gleichzeitig stereotype Verhaltensweisen nicht fördern. Beschäftigungsmöglichkeiten, die den Hund beispielsweise durch dynamische Elemente nicht zusätzlich stressen und die – sofern möglich – aus einem anderen Funktionskreis des Verhaltens stammen, in dem die Störung sich konzentriert, können helfen, Alternativen zu etablieren. Beispielsweise könnte man bei einem Hund, der im Funktionskreis Komfortverhalten exzessiv seine Hinterpfoten beleckt oder an den Flanken nuckelt, Futtersuchspiele anbieten.
Wenn es möglich ist, sollte auch mit Management über Hilfsmittel verhindert werden, dass der Hund seine Störung ausleben kann. Dabei kann zum Beispiel bei einem Hund, der an Stoffen saugt, sie beleckt oder sie gar zerbeißt und frisst (und bei anderen Formen der Allotriophagie, also des Allesfressens), die Gewöhnung an einen Maulkorb sinnvoll sein. Bei einem Hund, der koprophage Verhaltensweisen zeigt (der Kot frisst) sollten Spaziergänge ausschließlich an der Leine stattfinden und gegebenenfalls zusätzlich mit einem Maulkorb gearbeitet werden.

In der praktischen Arbeit hat es sich außerdem bewährt, Herangehensweisen, die in der Therapie von Menschen genutzt werden, abzuwandeln und einzusetzen.
Ein möglicher und in vielen Fällen hilfreicher Ansatz zur Behandlung zwanghafter Verhaltensweisen beim Hund ist die verhaltenstherapeutisch orientierte Arbeit mit Struktur, klaren Abläufen und gezielter Reizkonfrontation – denn letztendlich geht es immer darum, den Umgang des Hundes mit einem Stressauslöser zu verändern. Auch wenn die therapeutischen Konzepte nicht

eins zu eins auf den Hund übertragbar sind, lassen sich bestimmte Prinzipien der Verhaltenstherapie aus der Arbeit mit Menschen vorsichtig adaptiert nutzen – allen voran die schrittweise Gewöhnung an bestimmte Reize (Habituation) sowie die Entwicklung alternativer Handlungsstrategien.

Gerade bei Hunden mit ritualisierten oder repetitiven Verhaltensmustern – etwa beim Schwanzjagen, exzessivem Belecken oder obsessivem Verhalten – kann es hilfreich sein, zunächst mit klaren Regeln und gut strukturierten Tagesabläufen zu beginnen. Feste Rituale schaffen Orientierung und

Die schwarze Schäferhündin wurde von Behörden eingezogen – über ihre ursprüngliche Haltung ist nichts bekannt. Sie zeigt eine schlechte Sozialisation, auffälliges Verhalten mit Impulsstörungen und anhaltendem Bellen, Pica und übersteigert aggressives Verhalten.

reduzieren häufig die innere Anspannung, die bei vielen Hunden mit zwanghaftem Verhalten eine Rolle spielt. Das bedeutet nicht, dass man übermäßige Kontrolle ausüben sollte – vielmehr geht es um Verlässlichkeit, Vorhersagbarkeit und ruhige Führung.

Aufgaben, die an die jeweiligen Fähigkeiten des Hundes angepasst sind, können dabei helfen, das Tier aus dem zwanghaften Tun herauszuholen. Durch diese sogenannten Pflichtaufgaben erlebt der Hund im besten Fall ein Gefühl von Einflussnahme auf die eigene Umwelt – ein Element, das man im humanpsychologischen Kontext mit dem Begriff „Selbstwirksamkeit" beschreibt. Dabei geht es nicht um Leistung, sondern um bewältigbare Herausforderungen und eine angemessene Rückmeldung, die dem Hund Orientierung bietet.

Gleichzeitig kann es sinnvoll sein, mit Elementen der klassischen Gegenkonditionierung zu arbeiten. Ziel ist es dabei, problematische Reize, die mit starken negativen Emotionen verbunden sind, in einem neuen, positiven Kontext erscheinen zu lassen. Das gelingt nicht immer, aber es kann helfen, emotionale Verknüpfungen abzuschwächen und neue, alternative Handlungsstrategien zu etablieren.

Auch körperliche Aktivität und gezielte Beschäftigung können einen wichtigen Beitrag leisten – vorausgesetzt, sie sind so gestaltet, dass sie das zwanghafte Verhalten nicht weiter befeuern. Gerade bei Hunden mit einer Tendenz zur Übererregung (etwa sogenannte „Balljunkies") ist es entscheidend, Impulskontrolle und Frustrationstoleranz gezielt mitzutrainieren. Kontrollierte Bewegungsformen, in denen Pausen, Abbrüche und das Aushalten von Verzögerungen geübt werden, können in solchen Fällen mehr helfen als reines „Auspowern".

Grundvoraussetzung für jegliche therapeutische Intervention ist ein sicheres, möglichst konfliktarmes Umfeld. Hunde mit ausgeprägtem Kontrollverhalten oder selbstverletzenden Tendenzen sollten nicht zusätzlich Belastungen durch instabile Beziehungen oder unklare Kommunikation ausgesetzt sein. Stattdessen brauchen sie Menschen, die achtsam beobachten, nachvollziehbar agieren und in kleinen Schritten Sicherheit vermitteln.

Begleitend kann es sinnvoll sein, dem Hund Erfahrungen zu ermöglichen, in denen er selbst Entscheidungen treffen kann – etwa über die Wahl des Ortes, an dem er sich ausruht, oder bei der Wahl der Richtung beim Spaziergang. Auch einfache Mitbestimmung kann dazu beitragen, das Gefühl von Kontrolle zurückzugewinnen. Manche dieser Übungen ähneln – in sehr angepasster Form – Methoden, die in der Arbeit mit traumatisierten Menschen genutzt werden. Der Begriff „Selbstfürsorge" lässt sich auf Hunde natürlich nur eingeschränkt übertragen, doch das Erleben von Handlungsfähigkeit ist auch für sie ein wichtiger Bestandteil seelischer Stabilität.

Zusätzliche Angebote wie Entspannungsübungen, gezielte Ruheförderung oder der Einsatz von unterstützenden Reizen (z. B. Duftstoffen oder Musik) können flankierend hilfreich sein – vorausgesetzt, sie sind an die individuellen Vorlieben des Hundes angepasst. Ob und wann medikamentöse Unterstützung notwendig ist, sollte ausschließlich in enger Rücksprache mit tierärztlichen Fachpersonen entschieden werden. Auch pflanzenbasierte Präparate, Bach-Blüten oder Homöopathie sollten nur dann eingesetzt werden, wenn eine therapeutisch geschulte Begleitung sichergestellt ist – allerdings kann so ein Ansatz zumindest auch Menschen darin unterstützen, besser mit der Gesamtsituation fertig zu werden. Bei sehr ausgeprägtem, selbstverletzendem Verhalten kann der begleitende Einsatz von Psychopharmaka angezeigt sein – allerdings nur als Teil eines professionellen Gesamtkonzepts.

Dieser Hütehund-Mix sieht auf dem Bild freundlich aus – tatsächlich gilt sein ganzes Interesse Licht- und Schattenspielen, die er unablässig beobachtet. Er muss aktiv unterbrochen werden, damit er sich von dem Verhalten lösen kann.

STEREOTYPIEN UND ZWANGSSTÖRUNGEN

Zwischen unterschiedlichen Störungen zu unterscheiden, ist nicht einfach und es gibt fließende Übergänge und Krankheitsbilder, die von Fachpersonen unterschiedlich kategorisiert werden.

Wenn Hunde immer wieder dieselben Bewegungen oder Verhaltensmuster zeigen – etwa minutenlang in die Luft schnappen, kreiseln (um sich selbst oder um einen Gegenstand) oder bestimmte Stellen am eigenen Körper lecken –, spricht man im Alltag schnell von „Zwangsverhalten". Tatsächlich sind es aber mehrere Begriffe, die in diesem Zusammenhang verwendet werden – und sie beschreiben nicht dieselbe Verhaltensstörung. Dennoch sind sie nicht glasklar voneinander getrennt, sondern sind in ihrer Ausprägungsform zu unterscheiden.

ABNORM REPETITIVES VERHALTEN

Abnorm repetitives Verhalten ist ein Überbegriff, der alle ungewöhnlich häufig wiederholten Verhaltensweisen umfasst – also auch solche, die nicht stereotypisch im engeren Sinne sind. Hierzu zählen z. B. auch übermäßiges Kratzen, exzessives Bellen oder das wiederholte Fixieren auf Bewegungsreize. Ob ein solches Verhalten tatsächlich pathologisch ist, hängt davon ab, wie oft, in welchem Kontext und mit welchen Auswirkungen es auftritt.

STEREOTYPIEN

Stereotypien sind gleichförmige, rhythmisch wiederkehrende Bewegungen ohne erkennbares Ziel oder Auslöser, sehr wohl aber mit einem funktionellen Ursprung. Typisch sind etwa permanentes Hin- und Herlaufen am Zaun, Schwanzjagen oder monotones Lecken. Stereotypien gelten als Hinweis auf eine

FUNKTIONSKREISE DES VERHALTENS

Funktionskreis Bewegung

Hin- und herlaufen, kreiseln und wirbeln, entlang eines Zaunes laufen (auch als Hospitalismus bezeichnet), buddeln, erstarren, an einer Stelle hochspringen

Funktionskreis Komfortverhalten

An den Pfoten oder Krallen kauen oder lecken, Flankensaugen, kratzen, belecken von Gegenständen oder Böden, ggf. könnte auch das autoaggressive Beißen nach Pfoten und Rute ursprünglich aus diesem Bereich kommen (Kuhne verortet diese Störungen in einer eigenen Kategorie „neurotisch")

Funktionskreis Stoffwechselbedingtes Verhalten

Polyphagie (gesteigerte Nahrungsaufnahme), Polydipsie (gesteigertes Trinkverhalten), sabbern, Allotriophagie (auch häufig Pica-Syndrom genannt), Steine kauen, Stoffsaugen
Aus dem gleichen Funktionskreis kommen halluzinatorische Verhaltensweisen:
Starren, Fliegenschnappen ohne Fliegen, Beutesuchen oder schnüffeln ohne Geruchsspur, auf Beute stürzen, wo keine ist, fixieren von „falschen" Objekten (Letzteres vor allem bei Border Collies, deren fixierendes Verhaltens als „Eye" eine extreme Hypertrophierung erfahren hat)

Funktionskreis Soziale Kommunikation

Rhythmisches Bellen, verbellen von Futter, sich selbst anbellen oder -knurren

Funktionskreis Fortpflanzung

Exzessives Masturbieren

gestörte Anpassung an die Umwelt. Kuhne (2009) ordnet viele Stereotypien Funktionskreisen des Verhaltens (siehe Kasten S. 169) zu.

ZWANGSSTÖRUNGEN

Zwangsstörungen (im engeren Sinne) sind klinisch relevante Verhaltensauffälligkeiten, bei denen der Hund nicht mehr in der Lage ist, ein Verhalten zu unterbrechen oder zu kontrollieren, selbst wenn es für ihn negative Konsequenzen hat. Ein klassisches Beispiel wäre ein Hund, der sich trotz offener Wunden weiter beleckt oder bei jeder Aufregung minutenlang im Kreis läuft, auch wenn seine Pfoten bereits wund gelaufen sind. In der Veterinärverhaltensmedizin wird die Diagnose „Zwangsstörung" nur mit großer Sorgfalt gestellt, da viele andere Ursachen – etwa Schmerzen, neurologische Erkrankungen oder Haltungsprobleme – zunächst ausgeschlossen werden müssen.

Border Collies gehören zu den Gebrauchshunderassen, die im Alltag schnell von Reizen überflutet werden. Sie sind extrem reaktiv und lernen häufig schneller, als es sinnvoll ist.

Die Grade der Zwangsstörung werden folgendermaßen unterteilt:
Grad 1: Der Hund kann das Verhalten selbstständig beenden, es kommt regelmäßig vor, aber eher selten.
Grad 2: Häufigkeit und/oder Intensität sind erhöht und das Verhalten kann meist nicht selbstständig abgebrochen werden. Es kann aber durch eine externe Unterbrechung zumindest kurzzeitig beendet werden.
Grad 3: Die Störung nimmt einen Hauptteil des Tages ein und das Normalverhalten ist reduziert, inklusive der Möglichkeit zu schlafen. Eine Unterbrechung ist nur mit starken Eingriffen möglich.

Je nach Schweregrad kann es darüber hinaus zu Leiden oder Verletzungen kommen, wenn der Hund beispielsweise immer wieder erfolgreich seine Rute jagt und Teile davon abbeißt.
Beim Lesen dieser Kategorisierungen fällt einem möglicherweise auf, dass der eigene Hund ebenfalls Ansätze eines solchen Verhaltens zeigt. Vielleicht tendiert der Hund dazu, sich lange und schmatzend jeden Abend den Bauch zu lecken. Vielleicht kaut sich der Hund selbstständig die Krallen kurz. Erst das Ausmaß und die daraus resultierende Beeinträchtigung machen aus einem normalen Verhalten eine Störung – das sollte man sich immer vor Augen halten.

SELBSTZERSTÖRUNG

Wenn ein Hund sich selbst attackiert, dann sind die Handlungsspielräume nur noch sehr klein. Es muss gut abgewogen werden, ob die Lebensqualität des Tieres gewährleistet werden kann.

Ins Tierheim werden immer wieder vor allem Schäferhunde abgegeben, die bei zu viel Stress, fehlenden Mechanismen zur Verarbeitung von Umweltreizen, bei Vereinsamung oder aus Langeweile begonnen haben, ihren eigenen Schwanz zu jagen. Oftmals wird der Schwanz beobachtet wie ein jagdbares Tier, lauernd, um dann durch eine kleine Bewegung der Rute aufzuspringen und dem Schwanz hinterherzujagen. Dabei kommt es früher oder später zu schweren Verletzungen, die eine Amputation notwendig machen. Störung an sich ist durch die Amputation allerdings nicht behebbar, wenn auch das Risiko einer Infektion sinkt.
Die akrale Leckdermatitis gehört zu den Stereotypien. Der Hund leckt, kaut oder kratzt andauernd seine Gliedmaßen – oder eher einzelne Stellen. Was zuerst harmlos klingt, eskaliert schnell. Es entstehen kahle Stellen im Fell, dann wird die Haut entzündlich, bis sie aufbricht und der Hund sein blankes Fleisch erreicht. Unternimmt man nichts, werden die Stellen größer. Was ursprünglich Teil des Komfortverhaltens war und eine selbstberuhigende Wirkung haben sollte, führt nun zu Schmerzen und im Notfall dem Verlust von Gliedmaßen.
Riedel (2022) beschreibt einen Fall, in dem ein Hund letztendlich eingeschläfert werden musste, weil er, nachdem er über mehrere Wochen in einer tierschutzrelevanten Unterbringung überleben musste, so vielfältige und massive Verhaltensstörungen mitsamt selbstzerstörerischer Zwangshandlungen entwickelt hatte. Eine Kombination aus sozialer Isolation, nicht ausleben können

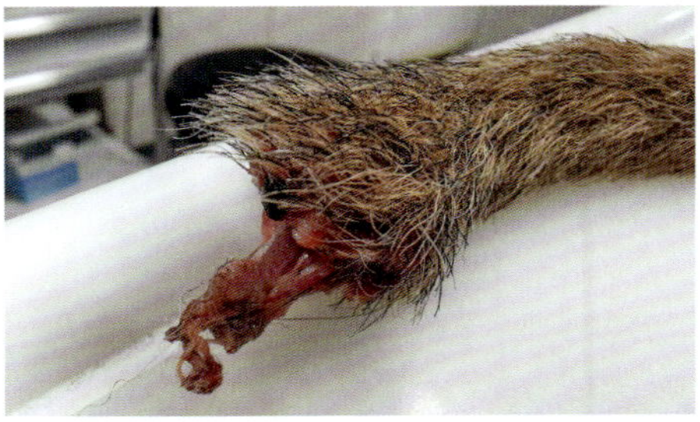

Überlässt man reaktive Hunde, wie diesen Malinois-Rüden, sich selbst – beispielsweise indem man sie einzeln im Zwinger hält – können sie gravierende Verhaltensstörungen entwickeln. Dieser Hund fängt bei jeder gesteigerten Erregungslage an, zu kreiseln und seine Rute zu attackieren. Er frisst sich förmlich selbst.

arttypischer Verhaltensweisen, weil er angekettet war, Wassermangel und das Leben im eigenen Kot und Urin haben ihn förmlich in den Wahnsinn getrieben.
Wenn es um Selbstzerstörung geht, dann muss man den Mut aufbringen, gemeinsam mit tiermedizinischen Fachpersonen darauf zu schauen, ob für den Hund mithilfe von Management noch eine annehmbare Lebensqualität zugesichert werden kann. Dabei sollte man sich immer vor Augen halten, dass diese Hunde – anders als beispielsweise beim genetisch bedingten Akralen Mutilationssyndrom, bei dem der Hund sein Schmerzempfinden durch eine Degeneration der Nerven verliert – permanenten Schmerzen, Leiden und auch Schäden ausgesetzt ist, die er sich selbst zufügt. Euthanasie kann auch eine Erlösung sein, wenn alle anderen Möglichkeiten in einem angemessenen Rahmen ausgeschöpft wurden.

KOTFRESSEN

So wenig schön es ist, so lässt sich doch nicht endgültig sagen, ob Kotfressen bei Hunden nicht zum Normalverhalten gehört.

Ein Verhalten, das häufig als Verhaltensstörung angesehen wird, ist auch für die Forschung schwer einzuordnen. Klar ist, dass Mutterhündinnen die Wurfhöhle oder -kiste sauber halten, indem sie den Kot ihrer Welpen fressen. Das tun sie nicht nur in den ersten Tagen, wenn das Koten an sich durch Lecken des Afters der Welpen initiiert wird. Hündinnen tun das auch in der Folgezeit, wenn die Welpen die Wurfkiste schon verlassen und sich in der näheren Umgebung erleichtern.

Auch erwachsene Hunde fressen Kot. Es ist ekelerregend und Leid aller, wenn sie den Kot anderer Tiere, der hauseigenen Katzen, der Hühner oder Pferdeäpfel auf dem Spaziergang fressen – und auch nicht vollkommen ungefährlich, beispielsweise wenn das Pferd über den Kot Medikamente ausscheidet, die dann in sehr hoher Dosierung den Hund erreichen. Gefährlich kann es auch werden, wenn Hunde den Kot von Menschen fressen – vor allem in Großstädten besteht so auch die Gefahr, dass der Hund sich an Drogen vergiftet. Dazu kommen Gefahren für die Personen im Haushalt, weil über Menschenkot Krankheiten übertragen werden können.

Beynen (2020) fasst zusammen, dass – abhängig von der Art der Befragung – zwischen 9 % und 75 % der Hunde ihren oder den Kot anderer Hunde fressen. Woher die große Spanne kommt? Einerseits hängt es natürlich davon ab, ob die Bezugspersonen das Verhalten überhaupt beobachten können, aber andererseits entstand das Ergebnis von 75 % aus einer Internet-Umfrage, bei der vermutlich Scham und Verurteilung keine Rolle spielten.

Während es verschiedene Hypothesen gibt, warum Hunde ihren eigenen Kot oder den anderer Hunde fressen, gibt es derzeit keine stichhaltigen, reproduzierbaren Ergebnisse. Weder Langeweile, fehlende Zuwendung, Hunger-Erfahrungen, Vitamin- oder Kohlenhydratmangel, Erkrankungen der Bauchspeicheldrüse oder Zusatzstoffe in Futter konnten in einen eindeutigen Zusammenhang gebracht werden. Es konnte auch nicht festgestellt werden, dass Hunde, die aus dem Tierheim kamen, häufiger koprophag sind. Es zeigt sich, dass Hunde Hundekot vor allem dann fressen, wenn er jünger als zwei Tage ist – in den allermeisten Fällen wurde er direkt abgesetzt. Je nachdem, von welchen Zahlen man ausgeht, lässt sich also feststellen: Sicher gibt es Fälle, in denen Koprophagie krankheitsbedingt ist oder aus einer Verhaltensstörung resultiert, aber es ist auch möglich, dass es sich dabei um Normalverhalten handelt.

Dennoch sollte man immer versuchen, zu verhindern, dass der eigene Hund Kot aufnimmt. Endoparasiten wie Toxocara canis, der Hundespulwurm, werden auch über Kot übertragen (Nijsse et al. 2014, Nijsse et al. 2016) und letztendlich ist es auch, noch mehr wenn Kinder im Haushalt wohnen, eine hygienische Problematik.

☞ FALLBEISPIEL: MAX

Zwangsstörungen schränken das Leben des Hundes, aber auch das seines Umfeldes, extrem ein. Weil es selten eine einfache Lösung gibt, braucht es Geduld und Kreativität, um ein gewisses Maß an Lebensqualität zu etablieren.

Max, ein reinrassiger Deutscher Schäferhund, wurde im Oktober 2020 geboren. Er wurde für den Sport gezüchtet, und in seinem Stammbaum findet man Verwandtschaft in den USA und Tschechien und mehrere Champions im Schutzhundesport. Der kleine, etwas vorsichtige Schäferhund-Welpe mit den großen Stehohren hatte es der Familie besonders angetan und so zog er Ende 2020 in sein erstes Zuhause. Dort lebte er in einem Zwinger auf einem Hof, den er bewachen sollte, wie man das in der Familie mit allen vorangegangenen Hunden auch gemacht hatte. Die Familie war sehr bemüht, ihm ein gutes Leben zu bieten. Sie boten Max viel Freiheit und er durfte viel zwischen den Katzen und anderen Tieren auf dem Grundstück laufen. Auch einen Welpenkurs besuchten sie mit ihm.
Mit fünf Monaten fing der kleine Max an, Steine zu fressen, und bereits mit einem halben Jahr drehte er sich im Kreis, sobald ein Mensch ihm Aufmerksamkeit schenkte. Die Familie suchte Hilfe. Der erste Termin bei einem Tierarzt war erfolglos – er wusste auch keinen Rat. Die Spaziergänge entwickelten sich im Laufe der Zeit immer mehr zum Spießrutenlauf. Es wurde auch für die Menschen gefährlich, weil Max beim Versuch, in seine Rute zu beißen, auch die Waden der daneben stehenden Personen erwischte. Als die Familie nicht mehr weiterwusste, bot der Züchter an, ihn bei sich aufzunehmen, um selbst an dem Problem zu arbeiten.
Dort wurde versucht, den jungen Schäferhund durch intensives Ballspiel zu beschäftigen und abzulenken, in der Hoffnung, ihn durch die Abhängigkeit vom Ball von seiner Rute und den Steinen abzubringen. Der Versuch schlug fehl. Max wurde geröntgt, um zu schauen, ob es einen medizinischen Befund gäbe, der das Verhalten erklären könnte. Vielleicht hatte Max Schmerzen in der Hüfte? Bis auf die vielen Steine im kompletten Magen-Darm-Bereich waren die Röntgenaufnahmen allerdings ohne Befund.
Bereits nach 14 Tagen brachte der Züchter Max zurück zu der Familie, weil er keine Verbesserung des Verhaltens erreichen konnte. Im Zwinger war der Hund ruhig, außerhalb des Zwingers drehte er sich ständig im Kreis und verbiss sich in seiner Rute. Man beschloss, ihn daher nur noch im Zwinger zu halten, denn da konnte er runterfahren und schlafen. Um sich nicht weiter zu verletzen, trug er aber dauerhaft eine Halskrause.
Im Juni 2021, als Max acht Monate alt war, entschied sich die Familie, ihn zu erlösen, und wollte ihn bei ihrer Tierärztin einschläfern lassen. Diese bat aber zunächst um Abklärung des Verhaltens auf neurologischer Ebene. Eine Fachtierärztin einer renommierten Tierklinik fand keine neurologische Erklärung und diagnostizierte folgerichtig eine Verhaltensstörung. Zusätzlich fragte sie bei einer Hundetrainerin um Hilfe an.

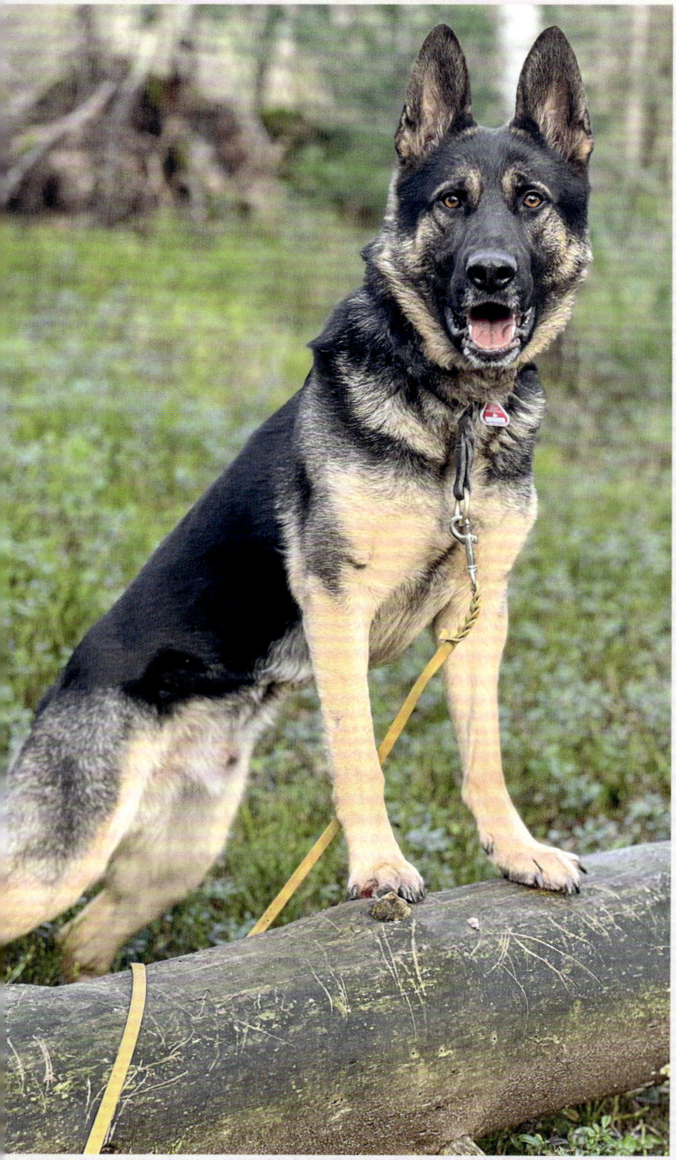

Das Leben mit einem Hund wie Max ist Einschränkungen unterworfen, wenn sich Verhaltensstörungen nicht ausreichend in den Griff bekommen lassen. Nicht für jeden ist diese Belastung aushaltbar.

Max wurde Ende Juli 2021 von der Hundetrainerin übernommen und lebt seither dort. Der erste Versuch, die Haltungsform einmal komplett zu ändern, um ihn in seinem Verhalten zu stoppen, war erfolglos.

Die Zwangsstörung zeigte sich viel schwerer als gedacht. Max konnte den Wohnbereich nicht betreten, ohne sofort in seine Zwangshandlungen zu verfallen. Jede Berührung sorgte ebenfalls dafür, dass er sich drehte und seine Rute verletzen wollte. Das Klicken des Karabiners, das zufällige Berühren seiner Rute an einer Wand oder einem Gegenstand, ein Stehenbleiben auf dem Spaziergang, eine Erwartungshaltung, oder sich auch nur gedanklich von ihm abzuwenden waren immer wieder Situationen, die die Zwangsstörung auslösten.

Im September 2021 wurde Max noch einmal medizinisch auf den Kopf gestellt: MRT, großes Blutbild, Schilddrüsenprofil. Doch alle Untersuchungen waren ohne Befund. Daraufhin wurde er auf einen Serotonin-Wiederaufnahmehemmer und ein angstlösendes Psychopharmakon eingestellt. Parallel wurde er in einer Ausbildungsstätte für Hunde-Psychotherapie vorgestellt und therapeutisch behandelt. Begleitend bekam er weiterhin osteopathische Behandlungen. Um Max zu schützen, trug er die erste Zeit einen Maulkorb, musste viel in der Transportbox untergebracht werden, bekam CBD-Öl, wurde physiotherapeutisch behandelt und seine Fütterung wurde so angepasst, dass er möglichst viel Tryptophan zu sich nahm, um seinen Serotoninspiegel zu erhöhen. Was Max schon früh half, waren Spaziergänge an kurzer Leine und Kontakte mit anderen Hunden. War man mit ihm unterwegs, musste man immer damit rechnen, dass er sich drehte, seine Rute jagte oder in die Leine biss. Max schrie schon als junger Hund, wenn man ihn in seinen Zwangshandlungen festhielt, oft bis zu 20 Minuten lang.

Nach und nach gewöhnte er sich in ganz kleinen Etappen daran, sich in Innenräumen aufzuhalten. Für Max war es aber immer nur ein Aushalten. Daher bekam er auch im neuen Zuhause bei der Trainerin einen

Zwinger, doch die Akzeptanz des neuen Zwingers selbst dauerte anderthalb Jahre. Je nach Tagesform konnte Max zu dieser Zeit 5 bis 15 Minuten frei auf dem Hof laufen, bis er wieder anfing, sich zu drehen, und sich verletzen wollte. Max hielt es gut aus, im Büro auf seinem Platz zu liegen, aber nur solange man still saß und nicht sprach. Sobald es an der Tür klingelte, man aufstand oder telefonierte, zeigte Max seine Zwangsstörung.

Das angstlösende Psychopharmakon wurde nach sechs Monaten langsam ausgeschlichen, da es nur dafür sorgte, dass er ein wenig besser alleine bleiben konnte, während es an seinem zwanghaften Verhalten nichts änderte. Ab Januar 2023 bekam Max ein Medikament gegen Epilepsie. Sein Zwangsverhalten ist seitdem mit einer Unterbrechung zu stoppen und er ist viel leichter zu händeln. Seit April 2023 hat er eine Herdenschutzhund-Freundin an seiner Seite, damit er eine standhafte Kollegin zum Spielen hat und die Zeit im Zwinger oder seinem Zimmer nicht allein verbringen muss. Von Spiel kann man bei Max eigentlich nicht sprechen, denn er zeigt kaum kommunikative Elemente bei seinen Handlungen. Leider tut die Hündin das, was Herdenschutzhunde tun: Sie passen auf und melden. Max nimmt diese Alarm-Stimmung mittlerweile auf, aber anstatt zu bellen, dreht er sich. Die Vergesellschaftung mit der Hündin ist deswegen auch nur noch kontrolliert und bedingt möglich.

Das Medikament gegen Epilepsie wurde 2024 ausgeschlichen. Sein Verhalten hat sich daraufhin aber nicht verschlechtert. Er ist jetzt eher „anwesend" und ansprechbar. Max erhält dauerhaft einen Serotoninhemmer und ein Mittel gegen Depressionen und Zwangsstörungen. Er ist damit gut eingestellt und wirkt „klarer". Mittlerweile ist Max vier Jahre alt und wurde kastriert. Er lernt auffällig langsam. Er braucht feste und klare Regeln und Abläufe. Bei Stress dreht er sich immer noch und versucht, in seine Rute zu beißen. Er hat Probleme in sozialer Kommunikation.

Seine Besitzerin kann ihn gut einschätzen, weiß, was er braucht, und sieht immer rechtzeitig, wann es genug für ihn ist. Er verbringt die Nächte alleine in einem kleineren Raum und ist dort mittlerweile nicht mehr angeleint, sondern kann sich frei bewegen. Tagsüber fährt er oft im Auto mit, denn dort ist er entspannt. Wenn im Haus Trubel ist, muss er in eine Box, in den Zwinger oder ins Büro, wo er isoliert zur Ruhe kommt. Wichtig bleibt, dass er so wenigen Reizen wie möglich ausgesetzt wird. Tagsüber geht er kleinere Runden an der Leine oder darf auch frei durch den Auslauf rennen. Mehr als zehn Minuten sind aber weiterhin nicht möglich.

Spaziergänge liebt er in der Gruppe, da kann er bis zu einer Stunde mitlaufen, auch im Freilauf und ohne in sein Zwangsverhalten zu verfallen. Max liebt Mantrailing, da ist er als Arbeitshund sofort dabei und schafft auch größere anstrengendere Suchen, ohne zu drehen. Er arbeitet sehr konzentriert und ruhig.

Max ist der liebste Hund mit Menschen, den man sich vorstellen kann. Jeder kann mit ihm arbeiten, er läuft wie ein Uhrwerk. Und jeder kann ihn auch aus seinen Störungen herausbringen, wenn er beginnt, sich zu drehen, zu schreien oder um sich zu beißen. Als Unterbrechung hat sich Festhalten bewährt und er würde nie nach den Menschen beißen. Kommunizieren kann er allerdings nicht mit ihnen, er ignoriert sie.

Max lebt sehr spartanisch und entsprechend isoliert, was für sein soziales Umfeld eine große Belastung darstellt, wünschen wir uns alle doch ein harmonisches Miteinander und so viel Freiheit und Selbstbestimmung wie möglich, auch und gerade für unsere Hunde.

☞ FALLBEISPIEL: BALKAN

Verhaltensstörungen können auch managebar und trainierbar sein, sodass eine Verhaltensstörung zwar sichtbar, aber nicht über das Maß hinaus einschränkend ist.

Balkan wurde als Welpe auf einem Schrottplatz geboren und schon sehr früh von seiner Mutter getrennt. Die ersten Lebenswochen verbrachte er allein in einem Keller. Aufgrund seines auffälligen Verhaltens hatte er vermutlich bereits im ersten Jahr rund zehn Vorbesitzer – Menschen, die es mit dem hübschen Kerl aufnahmen, aber schnell aufgaben und ihn weitergaben. Mit jedem neuen Zuhause verschärfte sich jedoch sein Verhalten.

Balkan zeigt mehrere Stereotypien, die sich im Laufe der Jahre zwar deutlich gebessert haben, aber noch immer präsent sind. Er kreiselt regelmäßig – ein Verhalten, das durch nahezu alles ausgelöst werden kann, was ihm auch nur einen Hauch von Stress bereitet. Eine weitere Auffälligkeit ist sein übermäßiges Trinken (Polydipsie). Zudem nuckelt er phasenweise so intensiv an seiner Hüfte, dass er sich dabei selbst verletzt.

Was ihm hilft, ist ein streng strukturierter Tagesablauf mit möglichst wenig Veränderungen, wenig Stress und vielen festen Ritualen. Dadurch konnten die Verhaltensstörungen deutlich reduziert werden. Wenn er zu kreiseln beginnt, lässt er sich gut unterbrechen, indem man ihn zu sich ruft.

Auffällig ist das Kreiselverhalten vor allem auf größeren, offenen Flächen und immer dann, wenn sein Mensch abgelenkt ist.

Auch bei Besuch kreiselt er – insbesondere, wenn er nicht beachtet oder nicht beschäftigt wird. In solchen Momenten beginnt er zusätzlich stark zu nuckeln.

Das Nuckeln ist insgesamt die ausgeprägteste Störung. Sie tritt zum Beispiel auf, wenn der Mensch zwar anwesend ist, sich aber in einem anderen Raum befindet.

Ein einfaches Räuspern reicht oft schon aus, um das Verhalten zu unterbrechen – vor allem dann, wenn im Anschluss ein Alternativverhalten eingefordert oder angeboten wird. Diese Interventionen sind nach wie vor notwendig, da er sonst exzessiv nuckeln und sich dabei selbst verletzen würde.

Wenn Besuch die Wohnung betritt, ist Balkan zunächst kurz bei der Begrüßung dabei, stürzt sich dann aber unmittelbar auf seinen Wassernapf. Auch dieses Verhalten muss kontrolliert werden, da er ansonsten große Mengen Wasser aufnehmen würde.

Eine Selbstregulation ist kaum möglich, weshalb die Wasseraufnahme aktiv begrenzt wird – sowohl durch Unterbrechung als auch durch rationierte Gabe.

Werden all diese Auslöser beachtet und Balkan jederzeit eng begleitet, verläuft der Alltag mittlerweile weitgehend problemlos. Viele Abläufe sind zwischen Mensch und Hund so ritualisiert, dass das Verhalten auf beiden Seiten stark automatisiert ist. Auch wenn Balkan kaum aus den Augen gelassen werden kann, ist das Zusammenleben inzwischen so entspannt, dass man fast von einem ganz normalen Hund sprechen könnte. Doch diese Entwicklung war lang und kräftezehrend. Sie kostete Schweiß, Tränen – und vor allem Monate bis Jahre voller winziger, mühsam errungener Teilerfolge.

Balkan zeigt mehrere Formen von Verhaltensstörungen – seine Haltung und die Sicherung der Lebensqualität ist eine Mammutaufgabe, die nicht für jeden Menschen leistbar wäre.

PROBLEM-RASSEN

HAUSGEMACHTE PROBLEME

Es mag so wirken, als würde dieses Kapitel aus dem Rahmen fallen – soll es hier nicht um Problemverhalten gehen? Tatsache ist aber, dass manche Formen des Problemverhaltens, wenn man so möchte, Probleme zweiter Instanz sind.

Sie werden nicht ganz direkt durch eine Eigenschaft des Hundes ausgelöst, sind nicht das direkte Resultat fehlender oder falscher Erziehung oder Teil des Normalverhaltens. Sie entstehen, weil wir als Menschen mit Hürden zu kämpfen haben, die wir uns nicht selten selbst aufgestellt haben. Der offizielle Rassestandard der FCI für den Deutschen Schäferhund, die beliebteste Hunderasse in Deutschland, umfasst neun Seiten. Über das Wesen der Hunde stehen darin genau zwei Sätze und der erste lautet: „Der Deutsche Schäferhund muss vom Wesensbild her ausgeglichen, nervenfest, selbstsicher, absolut unbefangen und (außerhalb einer Reizlage) gutartig sein, dazu aufmerksam und führig." (FCI, 2010)
Der zweite Satz befasst sich mit den Gebrauchsarten, für die der Deutsche Schäferhund geeignet sein soll. Das war es. Wenn wir Deutsche Schäferhunde in der Abgabe oder im Hundetraining sehen, dann zeigen sie häufig nichts davon, auch wenn sie von einer noch so guten VDH-Zuchtstätte kommen und ihre Ahnen über Generationen bekannt sind. Warum? Wegen dem, was in der Klammer vermerkt ist. Das Problem bei vielen Deutschen Schäferhunden ist, dass sie nicht selten auffällig werden, wenn es um die Verarbeitung von Reizen geht. Auch wenn es nur anekdotisch wiedergegeben werden kann – anhaltendes Bellen, suchtartiges Verhalten, exzessives Verhalten oder Stereotypien wie Kreiseln begegnen uns immer wieder. Und immer wieder kann man den Ursprung des Problems in der Haltung verorten.
Entweder wegen fehlender oder einseitiger Informationsquellen oder geleitet von Wünschen, die mit dem individuellen Hund wenig zu tun haben und sich auf ein fantastisches Rassebild berufen, sägt der Mensch an seinem eigenen Ast der entspannten und glücklichen Hundehaltung. Das ist ein Problem.

Zwischen Rassebeschreibung und Realität klafft nicht selten eine große Lücke.

WAS IST EINE RASSE?

Wir alle nutzen die Begriffe „Hunderasse" und „Rassehund" fast inflationär – aber hinter diesen Worten steckt so viel mehr als nur Vierbeiner, die gleich aussehen und ein bestimmtes Wesen haben sollen.

Wann die Menschheit damit begonnen hat, aus dem Vorfahren der heutigen Wölfe einen Hund zu machen, lässt sich nur grob rekonstruieren. Je nachdem welchen genetischen Marker man betrachtet und welche zusätzlichen Belege man mit in Betracht zieht, geht die Forschung heute davon aus, dass der Domestikationsprozess, also die Entstehung des Haushundes, vor etwa 30 000 bis 15 000 Jahren begann (Freedman et al. 2014, Skoglund et al. 2015). Noch bevor Menschen wirklich sesshaft wurden und Landwirtschaft betrieben, begleiteten Hunde sie – vermutlich irgendwann auch zu Jagden. Schätzungen gehen dahin, dass es weltweit zwischen 700 Millionen und einer Milliarde Hunde gibt. Geschätzte 83 % davon sind keine Haushunde im engeren Sinn, sondern leben in der Peripherie des Men-

Dackel gehören zu den beliebtesten Hunderassen in Deutschland, dabei bringen sie – neben Problematiken der Defektzucht – eine ganze Reihe Eigenschaften mit, die sie als Jagdhunde ausweisen: Sie sind eigenständig, gelten als sturköpfig und körperlich stumpf, mutig und klug. Dahinter verbergen sich oft Verhaltensweisen, die im familiären Alltag zur Herausforderung werden können.

Corgis haben große Beliebtheit erlangt, nachdem einige soziale Kanäle Influencer-Status erreicht hatten – je bunter, desto besser und das obwohl auch diese Rasse durch die zuchtbedingte Anatomie gesundheitliche Probleme hat.

schen, häufig in der Nähe von Müllhalden. Der größte Teil der Hundepopulation weltweit sind einfach Hunde. Sie haben sich regional an das Leben angepasst und gleichen sich in ihrem Phänotyp, wenn auch nicht so einheitlich, wie es bei einem Rassehund der Fall ist. Das bedeutet auch, dass zwischen 580 und 830 Millionen Hunde frei wählen, mit wem sie sich fortpflanzen – sie sind Hunde ohne Rassenzugehörigkeit (Lord et al. 2013).

ZUCHTWAHL

Als Rasse bezeichnet man bei Haustieren im Allgemeinen und auch bei Hunden in sich mehr oder weniger geschlossene Populationen, die an ihrem Aussehen als solche erkennbar sind. Dass dem so ist, beruht auf der künstlichen Zuchtwahl, die Menschen betreiben. Sie lassen Verpaarungen nur zwischen spezifischen Tieren zu und selektieren die Nachkommen nach von ihnen festgelegten Kriterien. Heutzutage sind das hauptsächlich optische Merkmale, während es früher vor allem bei Gebrauchshunden auch Verhaltensweisen waren.
Auch unter den ersten Hundetypen, die man nicht als Rassen bezeichnen kann, gab es schon offensichtliche Unterschiede. Auf antiken Malereien erkennt man große schlanke Hundetypen, häufig in Jagdszenen. Ein Molosser-artiger Hund ist auf dem weltberühmten Mosaik in Pompeij zu sehen: Ein schwarzweiß gescheckter, stämmiger Hund, der mit einem Halsband an einer Kette hängt und droht – darunter sind die Worte „Cave canem“ in das Mosaik eingelassen – „Hüte dich vor dem Hund“. Das Mosaik ist etwa 2 000 Jahre alt. Häufig sind auch kleinere, feiste Hunde auf Malereien zu finden, die möglicherweise eine Form des Gesellschafts- oder Familienhundes darstellen oder für die Ungezieferkontrolle zuständig waren. Oder beides.

Dalmatiner sind beliebte Familienhunde, die nach ihrem Zeichentrick-Filmdebut einen Boom erfahren haben. Bei diesen (ehemaligen) Jagdhunden wird heute vor allem in unseren Breiten darauf geachtet, dass die Ohren farbige Platten tragen, weil damit das Risiko der beim Dalmatiner häufigen Taubheit minimiert wird.

RASSENENTSTEHUNG

Erst mit der industriellen Revolution Mitte des 19. Jahrhunderts entstand ein Großteil der Hunderassen, die wir heutzutage kennen. Eine sehr gute und ausführliche Zusammenfassung über die historische Entwicklung der Rassezucht des Hundes gibt Proschowsky et al. (2025). Erst 1911 gründete sich die FCI (Federation Cynologique Internationale) als internationaler Verband des Hundewesens und ist damit gerade einmal 113 Jahre alt. Sie umfasst zurzeit 98 Mitglieds- und Vertragspartnerländer und vereint unter sich die Vereine und Interessengemeinschaften der Rassehundezucht inklusive der Rassestandards. Der Verband des Deutschen Hundewesens (VDH) wurde sogar erst 1949 gegründet – in anderen Ländern entstanden in dieser Zeit ähnliche Verbände. Die Hunderassen wurden katalogisiert, vor allem ihr Aussehen in den Standards vereinheitlicht und alle geeigneten Tiere genetisch strikt von anderen Hunden getrennt. Man glaubte, mit geschlossenen Zuchtbüchern die „Reinheit" einer Rasse aufrechtzuerhalten, denn das Verständnis für genetische Diversität und Inzucht war zu diesem Zeitpunkt noch nicht sehr groß.

Relativ stabil zeigen sich die Hunderassen, die auch heute noch für den Gebrauch gezüchtet werden, also vor allem die Jagdhunderassen. Darüber hinaus wurde und wird selektiert, aber auch gemischt, was gerade besonders gefragt ist. Dabei werden Menschen vor allem von Kinofilmen und Werbung beeinflusst oder heute vermutlich auch durch Soziale Medien. Wird eine Hunderasse besonders erfolgreich in Szene gesetzt, steigt darauf der Absatz dieser Rasse: Dalmatiner („101 Dalmatiner", Border Collies („Ein Schweinchen namens Babe") oder wahrscheinlich auch für Shiba Inus durch die „Doge"-Hündin „Kabosu" oder Corgis durch „Maxine" auf Instagram. Neben Labradoodlen drängen seit einigen Jahren aber auch immer herausforderndere Mischungen aus Rassehunden auf den Markt: Akita Inu gepaart mit Malinois, Herdenschutzhunde gepaart mit Malamute, der Fantasie sind kaum Grenzen gesetzt. Manchmal geht es um die bessere Gesundheit, die sich von den Mischungen versprochen wird, aber manchmal geht es auch darum, besonders imposante Statussymbole zu kreieren.

Es bleiben auch die Hunderassen, die ursprünglich für das Bewachen und Beschützen eingesetzt wurden und werden. Weit verbreitet sind viele ehemalige Hütehundtypen, die es heute in allen Farben und Felllängen zu geben scheint. Weil sie ursprünglich dafür gezüchtet wurden, mit dem Menschen beim Treiben von Nutztierherden zusammenzuarbeiten, zeichnen sie sich durch ihre Ansprechbarkeit aus. Gleichzeitig sind sie reaktiv und vermissen Mechanismen der Selbstregulation, wodurch sie viele Menschen überfordern.

Ob Rasse oder Mischung, es sind die großen, massiven oder reaktiven Hunde und da vor allem die jungen Rüden, die schon in jungen Jahren die Personen überfordern, die sie häufig genau deswegen angeschafft haben. Das lässt sich auch in Zahlen wiedergeben. Bei „Tiere in Not Odenwald e. V.", dem Tierschutzverein mit Tierheim, den Ute gegründet hat, wurden lange die Abgabeanfragen dokumentiert. 2021 waren es 57 Hunde, die abgegeben werden sollten, davon waren 51 Rüden, 37 der Hunde unter 4 Jahre alt, 11 gehörten zu den Herdenschutzhunden, 15 Schäfer- und Hütehunde, und 8 waren Molosser. Seither haben sich die Abgabeanfragen vervielfacht und können nicht mehr dokumentiert werden. Doch die Zusammensetzung aus großen und imposanten Arbeitsrassen und die der jungen Rüden bleibt unverändert.

JAGD-, SCHUTZ-, HÜTE-, HERDENSCHUTZHUNDE – ERWARTUNG UND REALITÄT

Bei allen Gebrauchshunderassen gilt: Sie sehen nicht nur wunderschön aus, sie bringen auch spezielle Eigenschaften mit sich, die sich nicht ignorieren lassen.

Früher hatte die Wahl einer Hunderasse meist einen klaren Zweck. Ein Hund wurde angeschafft, um eine bestimmte Aufgabe zu erfüllen – und wer sich für eine bestimmte Rasse entschied, verließ sich darauf, dass diese die grundlegenden Eigenschaften mitbrachte: eine bestimmte Arbeitsmotivation, ein typisches Sozialverhalten und rassetypische Vorlieben. Natürlich orientierte man sich an den Rassehunden, die man kennengelernt hatte, und fand den Vierbeiner in der Region. Heute sind diese Zusammenhänge vielfach verloren gegangen. Hunde werden oft nach Optik, aus Mitleid oder wegen romantisierter Beschreibungen angeschafft, wie sie sich auch in den knappen Beschreibungen der FCI-Rassestandards wiederfinden – und nicht selten fehlt es an Wissen über die tatsächlichen Anforderungen und Eigenschaften, die ein solcher Hund mitbringt. Es kommen auch „exotische" Rassehunde aus dem internationalen Tierschutz in Haushalte, darunter Vertreter von Rassen wie Galgo, Podenco oder verschiedene Typen von Hüte- und Herdenschutzhunden – Hunde also, die über viele Generationen für eine sehr konkrete, teils hoch spezialisierte Aufgabe gezüchtet wurden. Hunde sind anpassungsfähig und auch der spezialisierteste Rassehund ist immer noch ein Hund. Viele finden sich in unserem Leben zurecht, auch wenn unsere moderne Haltung sich weitaus schneller entwickelt hat als das ursprüngliche Lebensumfeld dieser Hunde. Aber diese Anpassung hat Grenzen. Genau dort beginnen viele der Probleme, mit denen sich dieses Buch befasst. Es geht nicht um Versagen oder Fehler, sondern um ein Missverhältnis zwischen Erwartung und Realität. Es geht um Hunde, die mit dem, was wir ihnen abverlangen, nicht zurechtkommen. Und es geht um Menschen, die sich nicht vorstellen können, was es bedeutet, wenn genetische Grundlagen auf eine Alltagsrealität treffen, die wenig Raum für die ursprüngliche Funktion dieser Hunde lässt.

JAGDHUNDE

Nehmen wir die Jagdhunde. Ihre Vielfalt ist beeindruckend – über Jahrhunderte hinweg wurden sie für unterschiedlichste Aufgaben in der Jagd selektiert: spurlaut jagende Laufhunde, still arbeitende Vorstehhunde, apportierfreudige Retriever, schneidige, selbstständig arbeitende Terrier. Diese Spezialisierungen sind in den Genen verankert – und sie verschwinden nicht einfach, weil ein Hund nicht zur Jagd eingesetzt wird (Morrill et al. 2022). Zwar gibt es auch innerhalb dieser Gruppen Hunde, die sich problemlos an ein Leben ohne jagdliche Führung anpassen, aber bei der Anschaffung sollte immer vom rassetypischen Verhalten ausgegangen werden. Und das bedeutet auch, dass Jagdhunde nicht nur Bewegung und Beschäftigung brauchen, sondern vor allem Frustrationstoleranz und eine klare Sozialstruktur. Viele von ihnen lernen, lange ruhig zu bleiben, bis sie an der Reihe sind – wer glaubt, sie müssten täglich bis zur Erschöpfung rennen, verkennt, was sie tatsächlich ausmacht: kurze, intensive Arbeitssequenzen und lange Wartezeiten.

HOF- UND SCHUTZHUNDE

Bei Hof- und Schutzhunden – darunter Schäferhunde, Rottweiler, Dobermänner, aber auch die heute so beliebten Molosser – fällt häufig auf, dass die ursprüngliche Aufgabe aus dem Blick geraten ist. Es sind Rassen mit territorialem Verhalten, hoher Reizempfänglichkeit, gesteigerter Aggressivität und einem wachen Sinn für Unregelmäßigkeiten in ihrem Umfeld. Dass sie bellen, sich gegenüber Fremden unfreundlich zeigen oder Unruhe entwickeln, wenn sie nicht beobachten und bewerten dürfen, ist kein Zeichen von Problemverhalten – sondern Ausdruck genau jener Eigenschaften, für die sie einst gezüchtet wurden. Selbst kleinste Vertreter wie Zwergspitze oder andere Varianten dieser Rassen tragen diese Merkmale in sich. Gerade weil diese Hunde oft nach optischen Kriterien oder wegen ihres „charmanten Wesens“ angeschafft werden, ohne die damit verbundenen Herausforderungen zu kennen, entstehen häufig Konflikte – in der Familie, in der Nachbarschaft, im Alltag.

HÜTEHUNDE

Besonders groß wird die Diskrepanz zwischen Erwartung und Realität bei Hüte- und Herdenschutzhunden. Viele dieser Hunde beeindrucken durch ihr Äußeres, durch ihre Intelligenz, durch ihre Fähigkeit, Aufgaben scheinbar mühelos zu erfassen. Doch was in der landwirtschaftlichen Arbeit von Generation zu Generation aus Pragmatismus geformt wurde, trifft im Privathaushalt auf ganz andere Anforderungen.

Verschiedene Hütehundtypen sind beliebte Alltagsbegleiter. Ob gefleckt, gestromt oder merle, diese Rassen sind dem Menschen zugewandt und gelten als folgsam. Ihre durchaus problematischen Eigenschaften werden häufig übersehen oder, wie in diesem Fall, die positiven Attribute nur angedichtet: Der rumänische Tierschutzhund zeigt keine Charakteristika eines Hütehundes, sondern ist ein ernster, wehrhafter Rüde.

Dieser Herdenschutzhund-Typ wurde aus Griechenland über eine Tierschutzorganisation als Labrador-Mischling vermittelt. Schnell stellte sich heraus, dass er keines der Attribute eines freundlichen Familienhundes mit sich brachte – glücklicherweise ließ sich die neue Besitzerin auf die Eigenheiten ein.

Ein Junghund, der seine Schafherde nicht sprengen soll, wird an der Leine geführt und beobachtet erwachsene Hunde bei der Arbeit. Er lernt Geduld, Selbstbeherrschung und eine differenzierte Einschätzung von Situationen – Eigenschaften, die wir im Alltag oft vermissen, weil wir diesen Hunden von Anfang an das Gefühl geben, dass sie alles regeln sollen: unsere Besucher, unsere Kinder, unsere Spaziergänge. Die Folgen sind nervöse, reizempfindliche Hunde, die auf Bewegungen stark reagieren, mitunter Lichtreflexe oder Schatten jagen – nicht weil sie „zu wenig ausgelastet" sind, sondern weil ihnen nie gezeigt wurde, dass sie das nicht tun dürfen, bevor sich das Verhalten zu einem Problem manifestieren konnte.

HERDENSCHUTZHUNDE

Und dann sind da die Herdenschutzhunde. Ihnen haftet etwas Mystisches an – sie gelten als unbestechlich, mutig, ruhig, loyal. Diese Eigenschaften haben sie. Aber sie bringen auch andere Seiten mit: eine ausgeprägte Eigenständigkeit, ein tief verwurzeltes, überbetontes Territorialverhalten, eine klare Bereitschaft, eigenständig Entscheidungen zu treffen. In einem Umfeld, das ihnen weder Raum noch Aufgaben bietet, nehmen sie sich beides. Und das führt zu massiven Konflikten – mit anderen Hunden, mit Nachbarn, mit Menschen, die ihre Körpersprache nicht lesen oder ihre Reaktionen nicht verstehen. Ein Hund, der eigenständig Gefahren einschätzen und abwehren soll, braucht eine Haltung, die ihm das erlaubt – oder aber eine Person an seiner Seite, der er zutraut, dass sie ihm diese Aufgabe abnimmt. Fehlt beides, wird er sie selbst übernehmen – und dann sind 50 bis 80 kg Wut ein wesentliches Problem. Rassetypisches Verhalten ist kein Problem, solange wir uns der genetischen Grundlagen bewusst sind – und bereit sind, damit umzugehen. Das bedeutet nicht, dass jeder Jagdhund jagen muss oder jeder Herdenschutzhund eine Herde braucht. Es bedeutet aber, dass diese Hunde Aufgaben brauchen, die ihre Anlagen mitbedenken – und eine Führung, die ihnen Orientierung gibt, statt sie mit der Verantwortung allein zu lassen. Wer das erkennt, kann mit ihnen ein bereicherndes Leben führen. Wer es übersieht, steht oft vor einem Berg aus Missverständnissen, Überforderung und chronischem Stress – für Mensch und Hund.

RASSEMERKMALE: GEBRAUCH UND SHOW

Einige Arbeitsrassen, die als Begleithunde beliebt wurden, haben sich in Linien aufgespalten, in denen unterschiedlich selektiert wird: nach Gebrauch oder eben rein nach Aussehen. Dann allerdings auch ohne auf das Wesen zu schauen.

Schon lange bevor es den VDH, den Verband für das Deutsche Hundewesen, überhaupt gab, hatten sich Zuchtgemeinschaften gebildet – insbesondere im Bereich der Jagdhunde. Der deutsche Jagdgebrauchshundeverband (JGHV) dokumentiert diesen Ursprung in seiner Chronik. Dort heißt es, dass 1879 das erste Deutsche Hundestammbuch eingerichtet wurde, allerdings mit einem klaren Fokus: Der ursprünglich praktische Zweck rückte nach und nach in den Hintergrund, während sich das Interesse zunehmend dem Hundesport widmete. Die Folge war eine Abspaltung der jagdlich orientierten Zuchtstätten und schließlich die Gründung des heutigen JGHV im Jahr 1899 (Uhde 2009). Dieser betont bis heute, dass eine tierschutzgerechte, waidgerechte Jagd ohne entsprechend ausgebildete Jagdhunde nicht möglich sei – weder ethisch noch wirtschaftlich.

VOM SPEZIALISTEN ZUM ALLTAGSBEGLEITER

Aus dieser Haltung heraus wurden Jagdhunde traditionell nur an Personen mit jagdlichem Hintergrund abgegeben. Doch mit der Zeit entstanden Parallelentwicklungen. Einige Jagdhunderassen, wie Afghanen, Cocker Spaniel oder Foxterrier, fanden zunehmend ihren Weg in Familienhaushalte – oft, weil sie als schön oder besonders modeaffin galten. Viele ältere Hundemenschen erinnern sich noch gut an die Herausforderungen, die solche Hunde mit sich brachten – und daran, dass man sie einfach hinnahm. Man wusste, dass ein Terrier nicht nur niedlich, sondern auch dickköpfig sein kann. Und lebte eben damit.

Im Laufe der Zeit veränderten sich so nicht nur Haltung und Nutzung dieser Hunde, sondern auch ihr Wesen – zumindest bei jenen Linien, die für die Jagd nicht mehr gebraucht wurden. Manche Zuchtstätten passten ihre Rassen den neuen Anforderungen allmählich an und diese Hunde entwickelten sich zu zuverlässigen Begleitern. Der Cocker Spaniel ist ein gutes Beispiel dafür. Heute begegnet man aber auch Rassen wie dem Jack Russell Terrier, dem Magyar Vizsla oder dem Weimaraner im Alltag – oft allerdings noch mit ihren ursprünglichen Anlagen im Gepäck, die im Familienalltag nicht immer gut aufgehoben sind.

Die züchterische Herausforderung ist offensichtlich: Es ist wesentlich einfacher, das Äußere – etwa Form, Farbe oder Fellstruktur – zu verändern, als das viel komplexere und durch Umweltfaktoren beeinflusste Wesen von Hunden. Außerdem ist Genetik viel häufiger multifaktoriell und nicht jede Eigenschaft einfach nur an ein Gen gebunden. Ein Blick auf den Labrador Retriever zeigt, wie stark sich Linien unterscheiden können: Während die sogenannte Showlinie

Golden Retriever aus Arbeitslinien sind eher kleine und kompakte Hunde, die lange und konzentriert arbeiten können.

Die Showlinie des Golden Retrievers, hier eine hellere Fellvariante, unterscheidet sich gravierend vom Arbeitstyp. Nichtsdestotrotz können auch diese Hunde Leistung bringen, die wesentlich schwerere Anatomie muss einfach bei der Belastung des Körpers bedacht werden.

meist schwere, massige Hunde mit einem eher gemütlichen Temperament hervorbringt, stehen die wesentlich kleineren und zierlicheren Vertreter der Arbeitslinie für Energie, Agilität und hohe Leistungsbereitschaft – nicht selten gepaart mit einem gewissen Anspruch an ihre Menschen.

Beim Deutschen Schäferhund wurde diese Trennung sogar offiziell vollzogen. Seit 1980 unterscheidet der zuständige Verband zwischen Hochzucht- (also Show-) und Arbeitslinien. Der Verein für Deutsche Schäferhunde e. V. selbst warnt davor, diese beiden Linien zu kreuzen – zu unterschiedlich seien ihre Eigenschaften, zu unvorhersehbar das Ergebnis. Ähnliche Entwicklungen gibt es auch bei vielen anderen Arbeitshund-Rassen.

Besonders deutlich zeigt sich diese Aufspaltung im Bereich der Hütehunde. Diese Hunde wurden nicht nur wegen ihrer Arbeitsfähigkeit, sondern auch wegen ihrer Intelligenz, Ansprechbarkeit und Sportlichkeit früh für den Hundesport entdeckt – mit dem Ergebnis, dass aus robusten Arbeitspartnern mit hoher Reizschwelle in manchen Linien hochempfindliche, ständig unter Strom stehende Schreihälse wurden, die außerhalb spezialisierter Einsatzgebiete kaum noch zur Ruhe finden.

Problematisch wird es, wenn solche Arbeitslinien in neue Kontexte gesetzt werden, ohne ihre Genetik zu bedenken. Wenn Arbeitsveranlagung auf Wohnzimmer trifft, dann braucht es mehr als gute Absichten. Leider fehlt dieses Bewusstsein mitunter auch bei Menschen, die selbst züchten. Manchmal geht es aber auch einfach um das liebe Geld, denn anders ist kaum zu erklären, warum eine 74-jährige bekennende Alkoholikerin, die in einem Altenwohnheim lebt und einen Rollator benötigt, um einige Schritte gehen zu können, einen Rauhaardackel von einer anerkannten Zuchtstätte erhält.

Ein besonders skurriles Beispiel findet sich beim Schafpudel. In manchen Zuchtstätten wird mit Versprechen gearbeitet, die eher an ein Wellness-Angebot erinnern: Von Bach-Blüten über homöopathische Stabilisierung des Erbguts bis hin zu „Handauflegen" auf den Bauch tragender Hündinnen ist die Rede, um die Welpen schon im Mutterleib von Gebrauchs- auf Therapiehund „umzuprogrammieren". Dass solche Versprechen keinerlei wissenschaftliche Grundlage haben, ist das eine – dass aus dieser Art von „Zuchtphilosophie" Hunde hervorgehen, die bereits mit acht Monaten auffälliges Aggressionsverhalten zeigen, das andere. Verstärkt wird das Problem durch den kleinen Genpool dieser Rasse, der immer wieder durch die Einkreuzung echter Arbeitshunde ergänzt werden muss. Eine Trennung von Show- und Arbeitslinien gibt es hier nicht – die Unterschiede zwischen vermeintlichem „Therapiehund" und tatsächlichem Arbeitshund beruhen in solchen Fällen allein auf Haltungsstil und Erziehung, die wiederum geeignet oder ungünstig sein kann.

PROBLEMATISCHE RASSE-NEUSCHÖPFUNGEN

Der Gedanke, man könne über ein paar Generationen hinweg jahrhundertealte Arbeitshund-Rassen zu unkomplizierten Familienhunden „umzüchten", ist nicht nur naiv, sondern gefährlich. Die Realität sieht anders aus. Immer häufiger begegnen uns seltsame Rasse-Neuschöpfungen, bei denen unterschiedliche Arbeitsrichtungen miteinander kombiniert werden. Besonders problematisch: die Kombination aus Herdenschutzhund und Jagdhund – zwei genetisch sehr eigenständige Typen mit jeweils starker Verhaltensverankerung. Dass daraus keine pflegeleichten Familienhunde entstehen, sondern sich erste Vertreter solcher Linien bereits mit schweren Beißvorfällen in Tierheimen wiederfinden, überrascht nur jene, die das Zusammenspiel von Genetik, Verhalten und Umwelt unterschätzen.

RASSEN „RICHTIG" BESCHÄFTIGEN

Wer die Auslastung des Hundes unreflektiert an seiner Rassezugehörigkeit festmacht, kann Überlastungsprobleme schaffen. Mitschuld daran ist die längst widerlegte Triebstautheorie.

Eines ist klar: Genetik ist gut und schön, aber zuallererst sind DNA-Stränge dafür da, um Proteine zu bauen. Die Physiologie eines Organismus ist hochkomplex. So sehr, dass wir sie auch heute noch nicht in ihrer Gänze verstehen und das, obwohl wir schon unzählige Organismen komplett sequenziert haben. Wir kennen jedes einzelne DNA-Molekül, das ihre Existenz ausmacht. Aber DNA sortiert sich zu Genen und ihren Allelen; Gene wirken allein, gemeinschaftlich, in unterschiedlichen Kombinationen unterschiedlich. Aus Mehl, Wasser, Öl, Zucker und Eiern (alternativ Apfelmus) kann ich nicht nur einen einzigen Kuchen machen. Ich kann daraus je nach Einzelmenge vom Pfannkuchen bis zur Torte alles kreieren. Ich kann auch Komponenten weglassen und Brote backen oder nichts weiter als ein süßes Getränk, nämlich Zuckerwasser, herstellen. Ich kann viel oder wenig machen, es kalt oder warm servieren. Mit wenigen Komponenten erhalte ich eine immense Vielfalt. Im Falle der DNA eines Zellkerns potenzieren sich die Möglichkeiten.

DAS INDIVIDUUM BETRACHTEN

Um einen Rassehund glücklich zu machen, braucht es nicht nur den Blick auf seine Rassebeschreibung – es braucht den Blick auf das Individuum. Ob innerhalb einer Rasse oder selbst innerhalb eines einzigen Wurfes: Hunde haben individuelle Bedürfnisse, die sich an ihrer grundlegenden Biologie festmachen und an ihrer Umwelt, den Erfahrungen, die sie darin machen, und den Kontexten, in denen sie leben.

Eines der sich am hartnäckigsten haltenden Missverständnisse in der Welt der Rassehunde ist, dass bestimmte Hunderassen ein spezifisches Maß an Beschäftigung oder Auslastung benötigen. Gebrauchshunden wird nachgesagt, sie müssten sich sehr viel bewegen, Rassehunden, die auch zum Schutz eingesetzt werden, wird nachgesagt, sie müssten beißen dürfen, um nicht auffällig zu werden. Jagdhunde müssen jagen, sonst würden sie aggressiv. Das vermeintliche Bedürfnis dieser Hunderassen wird in ihrer Genetik verortet und bezieht sich meist auf die Funktionsbeschreibung entsprechend des Zuchtziels.

WIDERLEGTE THESE VOM TRIEBSTAU

Doch die tatsächlichen Rasseunterschiede sind minimal, zu Teilen nicht genetisch bedingt, sondern umweltbedingt, und das Damokles-Schwert des „Wenn er das nicht ausleben kann" ist eine Abwandlung einer schon vor Dekaden widerlegten Hypothese, die einst Konrad Lorenz aufstellte: der des Triebstatus. Lorenz stellte die Vermutung

Wer versucht, einen Belgischen Schäferhund angemessen auszulasten, kann mehr Schaden als Gutes anrichten. Diese Hunde arbeiten mit und fallen eher um, als selbstständig abzubrechen.

auf und beschrieb sie mit einer Art Modell – vor allem für Aggressionsverhalten (Lorenz 1979). Er ging im weitesten Sinn davon aus, dass ein Lebewesen durch Nahrung Energie in sich aufnimmt, die es benötigt, um die Reize, mit denen es in seiner Umwelt konfrontiert ist, zu verarbeiten und darauf zu reagieren. Dieser innere Trieb wird also in der Lebenszeit eines Organismus immer weiter produziert und, so Lorenz, muss ausgelebt werden, damit das System nicht überläuft. Wir finden heute in der Hundewelt diese Begrifflichkeiten an den verschiedensten Stellen: Jagdtrieb, Beutetrieb, Spieltrieb, Sexualtrieb. Sie alle sollen Triebe sein, die permanent genährt werden, und wenn sie kein Ventil finden, wenn sie nicht genutzt und verbraucht werden, dann gerät das System außer Kontrolle. Lorenz schrieb diesem Zustand Verhaltensauffälligkeiten und Aggression zu. Obwohl das ganze Prinzip der Triebe und des Triebstaus heute passé ist und in der Verhaltensbiologie von Motivationen gesprochen wird, ist der Grundgedanke immer noch fest verankert in den Köpfen vieler Menschen.

WENN AUSLASTUNG FALSCH VERSTANDEN WIRD

An diesem Grundgedanken wird festgemacht, wie viel Auslauf ein Hund bekommt, wohin Welpen vermittelt werden und wie viele Aufgaben welcher Art der Hund erfüllen soll. Seit geraumer Zeit weisen immer mehr Fachpersonen darauf hin, dass diese Vorgaben in die falsche Richtung führen: Nur weil ein Hund einer bestimmten Rasse eine Belastung aushalten kann, bedeutet das nicht, dass sie notwendig ist, damit es ihm gut geht. Was als Arbeitstrieb beschrieben wird, bezeichnet vor allem züchterisch bedingt fehlende Selbstregulationsmechanismen, die diese Hunde davor bewahren würden, sich zu viel zu bewegen, zu wenig zu schlafen oder ungesehen von einem Balkon zu springen. Es mehren sich die Fälle vollkommen überlasteter und unter chronischem Stress leidender Rassehunde, die mit der fälschlichen Annahme, ihr auffälliges Verhalten wäre ein Zeichen immer noch fehlender Auslastung, bis ans Äußerste getrieben wurden. Solche Hunde zeigen Symptome wie Verdauungsprobleme, stete Unruhe, ein dünnes Nervenkostüm, übersteigerte Aggression oder Angstverhalten, früher oder später Probleme mit dem Kreislauf und einer verminderten Lernleistung, weil das Gehirn geschädigt wird.
Unglücklicherweise wird immer wieder das sogenannte Appetenzverhalten, also eine Erwartungshaltung auf etwas, das sich durch Bewegungsmuster, Gerüche oder optische, taktile oder akustische Reize ankündigt, als Vorfreude interpretiert. Es ist zuerst eine Vorbereitung des Körpers auf eine Belastungssituation, ob positive Emotionen involviert sind, hängt vom Geschehnis ab. Sehr schnell vermuten Personen, die einen Gebrauchshund halten, bei jeder Appetenz, dass der Hund etwas braucht, und bemühen sich, dieses Defizit zu beheben. Da das Appetenzverhalten ein Mechanismus ist, entsteht schnell ein Wettrüsten zwischen vermeintlichem Bedürfnis und körperlichem Konditionsaufbau. Häufig werden diese Hunde dann, einmal zu Hause eingekehrt, tief schlafen, um sich zu erholen. Das wirkt, als wäre der Hund zufrieden – aber ein Hund, der so fertig ist, dass er nicht mehr mit seiner Umwelt interagiert, ist in solchen Fällen weit über das Maß hinaus überbeansprucht. Hinzu kommt ein zunehmendes Ruhedefizit, fehlende Traumphasen und ungenügende körperliche Erholung. Die Abwärtsspirale wird in manchen Fällen nur dadurch beendet, dass die gutmeinende Person nicht ausreichend Zeit hat, um den Hund noch mehr zu belasten.

DIE SELBSTERFÜLLENDE PROPHEZEIUNG

Die Tatsache, dass wir aus Hunden Rassehunde gemacht haben, erschwert uns jetzt den Blick auf das Individuum – wir haben uns selbst und unsere kognitiven Fähigkeiten ausgetrickst.

„Der ist halt so" ist ein Spruch, den man immer wieder über Rassehunde hört. Der Dackel buddelt, der Labrador ist freundlich, aber verfressen, Chihuahuas sind wütend und ein Schäferhund bellt eben. Während es in den allermeisten Fällen um kleine, charmante Eigenheiten einer Rasse geht, werden bestimmte Zuschreibungen zu einem Problem, wenn sie für ein Tier in Stein gemeißelt zu sein scheinen.

Rottweiler finden sich überproportional häufig in der Presse wieder: Die Rasse hat im Schnitt eine höhere Aggressivität und es kommt immer wieder zu Beißvorfällen, die dann häufig massiv sind, weil die Hunde als relativ agile Molossoide schwer, aber rege sind.

Selbst wenn es bei einem Terrier wahrscheinlicher ist, dass er impulsiv und eigenständig seine Zähne auch dann einsetzt, wenn man ihm die Kaustange wegnehmen möchte, dann bedeutet das nicht, dass er dieses Verhalten nicht gehemmter oder sogar gar nicht zeigen könnte.
Rassezuschreibungen und auch genetische Verhaltensmerkmale (von denen es bei Rassehunden gar nicht so viele gibt, siehe Morrill et al. 2022), sind flexibel und durch die Umwelt beeinflussbar. In diesem Fall ist die Umwelt der Mensch, der für die Erziehung des Hundes und die Gefahrenprävention zuständig ist.

ERWARTUNGEN AN DEN RASSEHUND

Wer sich einen Rassehund anschafft, weil er eine bestimmte Eigenschaft wünscht, der wird – bewusst oder unbewusst – Verhaltensweisen, die dieser Eigenschaft entgegenkommen, fördern. Der Rottweiler macht sich steif und fixiert eine Person, die das Grundstück betritt? Es besteht eine Wahrscheinlichkeit, dass der Rottweiler angeschafft wurde, weil die Personen des Haushalts ein Schutzbedürfnis empfinden, selbst Unsicherheiten gegenüber Fremden haben oder Vorbehalte. Sogar wenn die verantwortliche Person weiß, dass ein enthemmtes Angriffsverhalten eines Rottweilers hochgefährlich ist und einen immensen Schaden anrichten kann, dann wird sie möglicherweise erste Ansätze dieses Verhaltens tolerieren. Weil Rottweiler ja genau dafür gezüchtet wurden. Dass es gerade diese, vielleicht züchterisch überbetonten Eigenschaften sind, die bei dem Hund nicht gefördert, sondern in geordnete Bahnen gelenkt werden müssen, damit sie später kontrollierbar bleiben, das ist vielen nicht bewusst.

Sei es der Australian Shepherd, der als Treibhund nun einmal in Waden hackt, der enthusiastische, etwas rundliche Labrador, der auch einen gestandenen Mann mit seinem Anspringen zu Fall bringen kann, oder der Beagle, der beim Klicken des Leinenkarabiners mit Geläut auf und davon ist und erst nach Stunden zurückkehrt. Besonders wenn ein hypertrophiertes Verhalten bei einem Rassehund beobachtet wird, sollte man alles daransetzen, an dem zu arbeiten, was diesem Hund nicht bereits im Übermaß zur Verfügung steht, sondern wo seine tatsächlichen Defizite sind: Impulskontrolle, also die Fähigkeit, nicht auf jeden Reiz sofort zu reagieren, sowie Frustrationstoleranz, um Situationen auszuhalten, die aus unterschiedlichen Gründen belastend sind, und wenn eine Auflösung nicht sofort herstellbar ist. Es braucht körperlicheEmpfindsamkeit und Langsamkeit mit einem angemessenen Maß an Distanz oder die Orientierung an der verantwortlichen Person – und im Falle eines Beagles ziemlich sicher auch einen GPS-Tracker. Zuschreibungen schaffen Realitäten. Wer ein bestimmtes Verhalten erwartet, wird es eher sehen – und durch sein eigenes Handeln begünstigen. Wer glaubt, dass ein Terrier eben beißt, wird weniger bemüht sein, das zu verhindern. Wer davon ausgeht, dass ein Labrador immer freundlich ist, erkennt vielleicht nicht, wenn der eigene Hund deutliche Grenzen setzt. Rassezuschreibungen wirken wie ein Filter: Sie lenken die Aufmerksamkeit auf das Erwartbare und blenden das Unerwartete aus. So wird das Individuum Hund nicht mehr in seiner tatsächlichen Entwicklung gesehen, sondern nur noch als Abbild einer Vorstellung. Das ist die eigentliche Gefahr der selbsterfüllenden Prophezeiung: Nicht die Rasseeigenschaft wird zum Problem, sondern die Vorstellung davon, was dieser Hund angeblich ist – oder sein sollte.

Terrier und ihre Mischlinge, wie dieser kleine Ungar, sind feiste kleine Hunde, deren Härte und Selbstständigkeit Probleme machen kann

WENN WIR NUR SEHEN, WAS WIR SEHEN WOLLEN

Der Bestätigungsfehler (Confirmation Bias)

Der Confirmation Bias beschreibt eine kognitive Verzerrung, bei der Menschen Informationen so auswählen, interpretieren und erinnern, dass sie ihre bereits bestehenden Überzeugungen bestätigen. Widersprüchliche Informationen werden dabei oft ignoriert oder abgewertet (Nickerson 1998).

Wer sich einen Australian Shepherd anschafft, weil er davon überzeugt ist, dass diese Rasse besonders intelligent und lernfreudig ist, wird vor allem jene Situationen bemerken und erinnern, in denen der Hund schnell begreift oder bereitwillig Aufgaben löst – die gewünschten Eigenschaften stehen im Fokus. Andererseits kann der gleiche Hund auf Spaziergängen wild bellend Fahrräder jagen oder fremde Menschen misstrauisch fixieren und dieses Verhalten wird eher bagatellisiert oder mit „typisch Aussie" entschuldigt – obwohl gerade hier Trainingsbedarf bestünde.

Warum ist das problematisch?

Diese Wahrnehmungsverzerrung kann dazu führen, dass rassespezifische Verhaltensweisen nicht mehr als modifizierbar oder trainierbar angesehen werden. Stattdessen wird das Verhalten als „unvermeidlich" oder rassetypisch empfunden – und nicht hinterfragt. Der Hund gerät so in ein Erwartungskorsett, aus dem er kaum entkommen kann. Das verstärkt unerwünschtes Verhalten nicht nur, sondern macht es auch schwerer, im Alltag gegenzusteuern.

Der Erwartungseffekt

Der Erwartungseffekt beschreibt das Phänomen, dass unsere eigenen Erwartungen das Verhalten anderer – und auch unsere Interpretation dieses Verhaltens – beeinflussen. Bekannt wurde der Effekt durch Experimente mit Schulkindern, bei denen sich zeigte: Wenn Lehrkräfte glauben, dass bestimmte Kinder besonders begabt sind, schneiden diese besser ab, auch wenn sie zufällig ausgewählt wurden (Pygmalion-Effekt: Good und Sterzinger 2019).

Ein Mensch, der sich einen Labrador anschafft, erwartet häufig einen freundlichen, gutmütigen Familienhund – so ist es in unzähligen Rassebeschreibungen nachzulesen. Diese Erwartung führt dazu, dass der Mensch dem Hund von Anfang an besonders viel Zuneigung, Nähe und Vertrauen entgegenbringt. Auch dann, wenn der Hund vielleicht sehr körperlich ist, sich grob in Interaktionen zeigt oder fremde Menschen anspringt. Weil das Verhalten zu den Erwartungen passt („Der will nur Hallo sagen!"), wird es nicht als problematisch wahrgenommen – und auch nicht unterbunden. Anders wäre die Reaktion vermutlich bei einem Dobermann, der dasselbe Verhalten zeigt.

Warum ist das problematisch?

Hunde lernen im Alltag durch Erfahrungen und Rückmeldungen. Wenn bestimmte Verhaltensweisen nicht hinterfragt werden – weil sie zur Rasse passen oder „eben typisch" sind – bekommen Hunde nicht die Anleitung, die sie benötigen, um sich im menschlichen Alltag zurechtzufinden. Umgekehrt erleben Hunde mit einem schlechten Ruf (z. B. Rottweiler oder Malinois) oft früh Vorsicht, Kontrolle und härtere Eingriffe – selbst dann, wenn sie sich ganz unauffällig verhalten. Erwartung formt Realität.

Stereotypisierung

Stereotypisierung ist ein kognitiver Mechanismus, bei dem Einzelne (Menschen oder Tiere) automatisch Eigenschaften zugeschrieben bekommen, die mit ihrer Gruppe assoziiert werden. Das spart Denkarbeit – geht aber oft an der individuellen Realität vorbei. Stereotype können positiv oder negativ sein, aber in beiden Fällen führen sie zu Schubladendenken (Hamilton 2015).

Ein Mensch sieht einen Dackel und denkt sofort an Sturheit, Dickköpfigkeit und Kläffen. Trifft der

Dackel dann auf dem Spaziergang andere Hunde und zeigt sich sozial unsicher, wird das nicht als individuelles Problem betrachtet, sondern als Bestätigung des Stereotyps: „Der ist halt ein Dackel, die sind so." Der Blick auf das Verhalten bleibt an der Oberfläche, und das Risiko ist hoch, dass man sich mit dem Satz „Das ist rassetypisch" aus der Verantwortung stiehlt – oder sich die Chance nimmt, das Verhalten zu verändern.
Warum ist das problematisch?
Stereotypisierung engt ein. Sie reduziert ein Lebewesen auf ein vermeintliches Wesensmerkmal – statt auf den ganzen Hund zu schauen, mit seiner Lebensrealität, seinen Lernerfahrungen, seiner Genetik und seinen Beziehungen. Und nicht selten wird der Hund so in ein Verhalten hineinerzogen, das er möglicherweise nie in dieser Form gezeigt hätte, wäre er neutral betrachtet worden.

Kontrollillusion

Die Kontrollillusion beschreibt einen kognitiven Bias, bei dem Menschen glauben, mehr Kontrolle über ein Geschehen zu haben als tatsächlich gegeben ist. Dieser Irrglaube tritt besonders dann auf, wenn man das Gefühl hat, durch Wissen, Routine oder bestimmte Handlungen Einfluss nehmen zu können – auch wenn die Variablen gar nicht oder nur teilweise kontrollierbar sind (Langer 1975).
Wer sich einen Labrador aus einer „ruhigen Showlinie" anschafft und überzeugt ist, dass diese Hunde immer freundlich sind, wiegt sich möglicherweise in falscher Sicherheit. Zeigt der Hund dann aggressives Verhalten, zum Beispiel gegenüber anderen Hunden, wird das Verhalten entweder heruntergespielt („Das war sicher ein Ausrutscher") oder die Verantwortung externalisiert („Der andere hat angefangen"). Statt objektiv zu prüfen, welche Faktoren das Verhalten ausgelöst haben könnten, dominiert der Glaube, durch die Auswahl der Rasse sei das Problem eigentlich ausgeschlossen – man hat ja „alles richtig gemacht".

Warum ist das problematisch?

Die Kontrollillusion verhindert angemessene Risikoabschätzung. Wer glaubt, allein durch rassebezogenes Wissen die Kontrolle über genetische Veranlagungen oder Umwelteinflüsse zu haben, wird möglicherweise wichtige Warnzeichen übersehen oder falsch einordnen. Gerade bei Arbeits- oder Gebrauchshunderassen kann das fatale Folgen haben – für den Hund, seine Bezugspersonen und für Dritte.

Der fundamentale Attributionsfehler

Der fundamentale Attributionsfehler beschreibt unsere Tendenz, das Verhalten anderer Lebewesen vor allem durch deren Charaktereigenschaften oder Persönlichkeit zu erklären – und dabei die Situation oder den Kontext zu unterschätzen oder zu übersehen. Kurz: Wir glauben lieber, jemand ist so, als dass er sich in diesem Moment so verhält, weil äußere Umstände es begünstigen (Berry und Frederickson 2015).
Ein Schäferhund springt an einem Jogger hoch. Anstatt zu überlegen, ob der Hund eventuell überrascht wurde, jagdlich einem Bewegungsimpuls nachgibt oder die sich schnell nähernde Person als Bedrohung empfindet, fällt der Kommentar: „Typisch Schäferhund, die sind halt so aufgedreht." Oder: „Der will den beschützen, das liegt denen im Blut." Dabei wird übersehen, dass das Verhalten auch bei einem Golden Retriever unter denselben Bedingungen hätte auftreten können. Der Hund wird also auf ein Persönlichkeitsmerkmal reduziert, statt die Situation differenziert zu betrachten.

Warum ist das problematisch?

Dieser Denkfehler zementiert Zuschreibungen. Wenn der Beagle nicht zurückkommt, „weil Beagles halt stur sind", wird vielleicht vergessen, dass man nie an einem zuverlässigen Rückruf gearbeitet hat. Und Schäferhunde springen halt gerne. Solche Attributionsfehler blockieren Veränderung und Training, denn sie verstellen den Blick auf Ursachen und Lösungsansätze.

PHÄNOTYPISIERUNG UND LISTENHUNDE

Die Gesamtfaktenlage ist vollkommen unzureichend: Weder die Rassebestimmung nach dem Aussehen noch die Benennung gefährlicher Rassen sind derzeit möglich.

Wenn wir von Problemrassen sprechen, dann ist selbstverständlich auch ein Blick auf die sogenannten Listenhunde notwendig. Mit dem unvorstellbaren Desaster eines Kindstodes, verursacht durch zwei Rassemischlinge, wurden die Rufe nach Maßnahmen laut, um eine Wiederholung zu verhindern. Auch weil das Ereignis eine große mediale Aufmerksamkeit erhielt, reagierten die Bundesländer schnell. Fast überall wurden Rasselisten geschaffen, die die Einfuhr, die Zucht und das Halten bestimmter Hunderassen verboten oder massiv einschränkten, außerdem wurde von vielen Gemeinden eine deutlich höhere Hundesteuer für Vertreter dieser Rassen verlangt. Damit sollte gesichert werden, dass Hunde, die aufgrund ihrer Rasse ein erhöhtes Gefährdungspotenzial für Menschen darstellen, nur von besonders verantwortungsbewussten Personen gehalten werden, die Hunde selbst Überprüfungen ihres Wesens unterzogen werden müssen und die finanzielle Bürde, einen solchen Hund zu halten, lokal, nicht überall, so hoch wird, dass die Haltung unattraktiv würde.

FEHLENDE STATISTIKEN

Welche Hunderassen auf den Rasselisten der Länder landeten, war teils durch den ursprünglichen Angriff bedingt, durch andere Vorfälle oder durch Meinungen von Personen, die Einfluss nehmen konnten. Statistische Daten wurden nicht verwendet. Warum? Deutschland erhebt weder bundesweit noch in den Bundesländern Daten dazu, welche Hunderassen gehalten werden und wie viele davon auffällig werden. Bis zum heutigen Tag gibt es keinen Datensatz, der es möglich macht, darüber Aussagen zu treffen, wie viele Hunde einer Rasse hier gehalten werden, noch wie viele davon durch gefährdende Vorfälle behördlich erfasst werden. Um ermitteln zu können, ob eine Rasse als über das Normalmaß hinaus als gefährlich eingestuft werden sollte, ist es aber unbedingt notwendig, die Gesamtanzahl der Individuen in der Population zu kennen und diese abzugleichen mit Vorfällen, die durch Individuen dieser Rasse passieren. So ergibt sich ein simpler prozentualer Wert. Anders als in der Schweiz gibt es in Deutschland allerdings auch keine Meldepflicht für Vorfälle. Bei unseren südlichen Nachbarn gibt es nicht nur eine Meldepflicht für Hunde, sondern veterinärmedizinische und humanmedizinische Einrichtungen sowie Hundeschulen sind verpflichtet, Hundebisse an die Behörden zu melden. Also könnte man möglicherweise Daten aus der Schweiz erheben und sie auf Deutschland übertragen? Das geht aus zwei Hauptgründen nicht: Einerseits wissen wir, dass in der Schweiz nicht die gleichen Hunderassen gehalten werden wie in Deutschland, auch wenn es selbstverständlich eine große Schnittmenge gibt. Aber in Ländern mit eigenen Hunderassen gibt es eine Tendenz, diese auch vermehrt zu halten. Die Schweiz ist sowohl für ihre Sennenhunde bekannt, den Berner, Appenzeller, Entlebucher und Großen Sennenhund, hat aber 2001 auch den Berger Blanc Suisse, den Weißen Schweizer Schäferhund, „übernommen" (nachdem dieser weiße Farbschlag des Deutschen Schäferhundes vormals auch als Kanadischer Schäferhund verbreitet war). In Deutschland werden diese Rassen natürlich auch gehalten, aber die Anteile an der Gesamtpopulation sind vermutlich andere. Andererseits ist auch das Schweizer Meldesystem nicht perfekt. Was Personen als Hunderasse eintragen lassen, ist ihnen selbst überlassen. Es ist nicht möglich, einen rasselosen Hund zu registrieren. Aus einem rumänischen Straßenhund muss also ein Corgie-Schnauzer-Mischling werden, damit das Tier aufgenommen werden kann. Die verfügbaren Rassen orientieren sich an denen, die die FCI anerkennt. Diese über 300 Rassen sind vermutlich etwas mehr als ein Drittel der Hunderassen, die weltweit existieren.

REGISTRIERUNGS-PROBLEME

Wenn ein System derartige Einschränkungen bei der Registrierung mit sich bringt, dann kann es keine verlässliche Abbildung der Population einer Rasse geben. Auch in Deutschland gibt es einzelne Bundesländer, die eine Registrierungspflicht für Hunde haben – Sachsen-Anhalt beispielsweise (Landesverwaltungsamt Sachsen-Anhalt 2024). Zur Vereinfachung der Berechnung, die in diesem Bundesland jährlich auch zu den Beißvorfällen herausgegeben wird, werden hier Mischlinge einer der genannten Rassen zugeteilt. Hat also eine Person einen Schäferhund-Mischling registriert, dann wird der in der Gesamtpopulation Sachsen-Anhalts zu den Deutschen Schäferhunden gezählt. Nicht jeder Schäferhund-Mischling ist aber tatsächlich eine Kreuzung aus einem Deutschen Schäferhund und einer anderen Hunderasse. Oftmals werden Hunde, auch vollständig rasselose, die eine Sattelzeichnung auf dem Rücken tragen, oder solche, die mittelgroß sind und Stehohren haben,

Listenhunde, darunter auch sogenannte Kampfhunde, bringen aus den unterschiedlichsten Gründen Probleme mit sich: Von der tatsächlichen Artgenossenunverträglichkeit über die Wahrnehmung durch die Öffentlichkeit und gesetzliche Haltungsanforderungen gibt es viele Hürden.

Zu den Molossern gehört auch die Deutsche Dogge. Sie ist heute ein Familienbegleithund, der nicht nur Probleme mit seiner schieren Größe, sondern auch mit zuchtbedingten Eigenschaften mit sich bringt.

als Schäferhund-Mischlinge benannt. Drei Szenarien können sich für statistische Auswertungen ergeben: Ist die Anzahl der auffällig werdenden Hunde anteilig gleich, bleibt der prozentuale Anteil gleich. Sind Deutsche Schäferhunde an mehr Vorfällen beteiligt, dann wird die Zuordnung aller Mischlinge die Gesamtpopulation so vergrößern, dass sich diese Auffälligkeit der Rasse nicht mehr abbildet. Sind es die vermeintlichen Schäferhund-Mischlinge, die gefährlicher sind, „verschwinden" sie durch ihre Zuordnung bei den Deutschen Schäferhunden und die Gefährlichkeit wird der Rasse zugeordnet.
Dabei gibt es sehr wohl für einzelne Rassen Untersuchungen, die sich auch explizit gefährdende Faktoren anschauen. Nitzschner (2021) fasst die Studienlage zusammen und bespricht unter anderem Ergebnisse, die gezeigt haben, dass Rottweiler eine höhere Aggressivität gegen fremde Personen zeigen als andere Rassen. Die gleiche Studie ergab übrigens, dass Dackel noch schlimmer sind (Duffy et al. 2008).

WENN DAS AUSSEHEN ENTSCHEIDET

Wenn ein Hund aufgrund seines Aussehens ganz oder teilweise einer bestimmten Rasse zugeordnet wird, dann spricht man von einer Phänotypisierung. Der Phänotyp ist das Erscheinungsbild eines Tieres, das durch Faktoren wie Alter, Umwelt, Gesundheitsstatus oder das Geschlecht beeinflusst wird. Wie ein Tier, und im Speziellen ein Hund aussieht, hängt aber natürlich auch von seinem Genotyp ab – damit ist die Gänze der gene-

tischen Informationen gemeint, die dieses Individuum geformt haben. Betrachtet man eineiige Zwillinge, die über die gleiche genetische Ausstattung verfügen, dann kann man sehen, wie unterschiedlich sich dennoch zwei Menschen entwickeln können, abhängig von ihren Lebensumständen. Je unterschiedlicher die Umstände sind, desto unterschiedlicher ist der Zwilling-Phänotyp.
Bei verschiedenen Haustierrassen, aber besonders beim Hund, wird die Phänotypisierung angewandt, wenn unklar ist, wie der Genotyp eines Hundes tatsächlich ist.
Wenn die Elterntiere unbekannt sind, dann werden Merkmale herangezogen, die der betroffene Hund zeigt, und daraus extrapoliert, welche Rassen zu diesem Erscheinungsbild geführt haben. Diese Praxis wird auch angewandt, um zu bestimmen, ob ein Hund unbekannter Herkunft zu einer gelisteten Rasse gehört oder ob er ein Mischling sein könnte, in der eine solche Rasse mitgewirkt hat. Je nach Verordnung wird ein Anteil mit bis zu einem Minimum von 12,5 % Listenhund-Anteil als relevant angesehen. Dabei wäre eine direkte Kreuzung mit einem Elternteil Listenhund bei 50 % Anteil, war es ein Großelternteil 25 % und wenn es sich bei dem Teil um ein Urgroßelter handelt, wäre der Anteil in einem Mischling bei 12,5 %. Dann wären auch 85,5 % nicht einem Listenhund zugehörig.
Es gibt Behörden, die eine Phänotypisierung gegen Gebühr anbieten, aber in den allermeisten Fällen wird sich hier auf die Einschätzung einer Fachperson verlassen. Problematisch daran ist, dass gleich mehrere wissenschaftliche Studien gezeigt haben, dass eine Phänotypisierung kein sinnvolles und zuverlässiges Mittel zur Bestimmung von Rasseanteilen ist (Morrill et al. 2022, Voith et al. 2009, Gunter et al. 2018, Olsen et al. 2015, Croy et al. 2012). Selbst wenn nur die gängigsten Arten einbezogen werden, finden sich Rassemerkmale (in unterschiedlichen Kombinationen) in mehreren Rassen wieder. So kann Kurzbeinigkeit beispielsweise durch einen Dackel weitervererbt werden, aber auch durch Corgis, Pekinesen oder Bassets. Kurzbeinigkeit kann als Spontanmutation auch ganz unabhängig als Gendefekt auftreten und muss nicht vererbt worden sein. Dazu kommt, dass nicht alle Merkmale unverändert vererbt werden – es gibt neben den bekannten dominanten und rezessiven Erbgängen auch intermediäre, bei denen der Phänotyp ein Mittel zwischen den beiden Extremen zeigt, und multifaktorielle Erbgänge, deren Ausprägung im Phänotyp nicht vorhersagbar ist.

GENETISCHE ANALYSE

Eine genetische Analyse bei einem fraglichen Hund sollte heute der Standard sein und einer Phänotypisierung nicht nur vorzuziehen – derartige Typenbestimmungen sind nicht aussagekräftig. Das gilt auch in die „andere" Richtung: Es ist bekannt, dass es eine ganze Reihe Labrador- und Mopsmischlinge gibt, die als solche teils sogar von tiermedizinischem Fachpersonal eingestuft wurden, obwohl bekannt ist, dass ein Elterntier einer Rasseliste zugeordnet wird, oder die Tiere selbst in Wirklichkeit reinrassige Listenhunde sind. Diese Strategie ist insofern nachvollziehbar, als sich mit der starken Regulierung der Haltung und Zucht dieser Rassen auch eine Gegenbewegung entwickelt hat, die wegen fehlender Belege darum kämpft, diese Rassen zu erhalten und ihr Image zu verbessern.
In Anbetracht der insgesamt völlig unzureichenden Faktenlage auf verschiedenen Ebenen lässt sich derzeit weder eine Rasseliste noch die Benennung gefährlicher Hunderassen sicher begründen.

☞ FALLBEISPIEL: BOBBY

»Da sitz ich nun, ich armer Tor, und bin so klug als wie zuvor.«

Johann Wolfgang von Goethe, „Faust. Der Tragödie erster Teil"

Bobby hat aus seiner Sicht alles richtig gemacht. Er war gelehrig, neugierig, klug – und er hat seine Familie geliebt. Jeden einzelnen, besonders die Kinder. Die Frau des Hauses zeigte ihm, was man als Hund können muss: Stubenreinheit war kein Problem, anständig an der Leine gehen, brav sitzen vor dem Fressen, warten, allein bleiben – all das funktionierte.

Vieles musste man ihm aber gar nicht erst zeigen. Es lag bereits in seinen Genen. Bobby hatte gelernt, die Familie zu behüten, das Haus zu bewachen – und je älter er wurde, desto ernster nahm er diese Aufgabe. Aus seiner Sicht war das seine Aufgabe. Heute ist Bobby im Teenageralter. Mit 70 cm Schulterhöhe ist er ein stattlicher Hund – ein typischer Vertreter seiner Rasse, mit allen äußeren Merkmalen, die einen ungarischen Kuvasz kennzeichnen. Ein Herdenschutzhund durch und durch. Das ist eine mögliche Sicht auf die Dinge.

Die Familie allerdings hatte vor einem halben Jahr etwas ganz anderes im Sinn gehabt. In liebevolle Hände, hieß es damals in der Anzeige, werde dieser kleine Hund abgegeben – ein Zwergpudel, angeblich. Wegen einer plötzlich aufgetretenen Allergie. Die Übergabe fand im Stadtpark statt. Die Verkäuferin küsste das kleine Fellbündel, weinte tränenreich und erklärte, dass die Gesundheit eben vorgehe. Ein Kaufvertrag wurde unterzeichnet, 1700 Euro übergeben, der Hund ging in den Besitz der Familie über. Etwas irritierend war der Ort des Geschehens schon. Aber die Kinder hatten sich längst verliebt – und so unterschrieb man glücklich.

Bereits nach zwei Wochen kamen Zweifel auf, dass Kleinpudel in diesem Alter eigentlich kleiner und zierlicher sein sollten. Auch das Verhalten passte nicht zu dem, was man von einem Zwergpudel erwartet hatte. Man versuchte, die Verkäuferin zu erreichen – ohne Erfolg. Die Adresse im Kaufvertrag stellte sich als erfunden heraus. Es war nicht schwer, die Situation zu durchschauen: Der seltsame Stallgeruch bei der Übergabe war, neben dem seltsamen Übergabeort, ein guter Hinweis gewesen. Nun war klar: Man war hereingefallen – auf eine der typischen Maschen im illegalen Welpenhandel.

Trotz allem entschied man sich, Bobby zu behalten. Aber die Kluft zwischen dem erwarteten Pudel und dem heranwachsenden Herdenschutzhund wurde täglich größer. Aus Sicht der Familie wurde das Verhalten des Hundes zunehmend schwieriger. Schließlich kam es zu mehreren Beißvorfällen. Für Bobby, der aus seiner Sicht die

Bobby ist ein stattlicher Herdenschutzhund-Typ, der als Welpe als Zwergpudel verkauft wurde.

Familie beschützen wollte, gab es gute Gründe. Für die Familie waren es Schockmomente – man wusste nicht mehr weiter. Bobby kam in das Tierheim von „Tiere in Not Odenwald e. V.". Dort lernte er das kleine Einmaleins der Hundesprache und den angemessenen Umgang mit fremden Menschen. Die Familie hatte Zeit, sich über die Eigenschaften dieser Rasse zu informieren und gründlich abzuwägen, ob sie diesem Hund mit all seinen Bedürfnissen und Besonderheiten gerecht werden kann – letztendlich siegte die Vernunft und sie gaben Bobby ab.

Doch es gab in diesem Fall ein Happy End. Eines, das durch Leid, Tränen und Blut führen musste. Bobby fand ein wundervolles Zuhause, in dem man seinen tatsächlichen Rasseeigenschaften und ihm selbst gerecht werden konnte. Die wahren Schuldigen aber, die Kriminellen des absolut tierschutzwidrigen Hundehandels, sind längst verschwunden. Und das ist die eigentliche Tragödie.

HUNDEHALTUNG: RECHTE UND PFLICHTEN

WAS SIND MEINE RECHTE UND PFLICHTEN?

„Es muss ja immer erst etwas passieren, bevor die Behörden was tun!" Das ist ein beliebter Ausruf, wenn es ein besonders dramatischer Fall rund um den Tierschutz in die lokale oder sogar länderübergreifende Presse geschafft hat.

Das Bild von Menschen, die in Behörden arbeiten, ist denkbar schlecht – und das liegt einerseits daran, dass es wenig Einblick in die Arbeit rund um das Tierschutzgesetz gibt, aber andererseits auch daran, dass wenigen Menschen bewusst ist, dass die Freiheit, nach der so oft und so laut geschrien wird, sich auch daran zeigt, dass Gesetze und Verordnungen so verfasst sind, dass sie sich auf möglichst viele, sehr unterschiedliche Einzelfälle anwenden lassen.
Gerne redet man sich ein, dass die eigene Herangehensweise, den Hund zu halten, ganz offensichtlich die bestmögliche ist. Kein „gefährliches" Halsband, stundenlange Spaziergänge, ausgewogene Fütterungspläne rund um rohes Fleisch. Deswegen ist aber eine Hundehaltung mit Halsband, kurzen Spaziergängen, weil der Hund in einer Gruppe und auf einem großen Grundstück lebt, und Trockenfutter mit hohem Weizenanteil nicht tierschutzrelevant. Oder die Haltung von Gebrauchshunden mit Nutztierherden. Ebenso wenig wie die des kleinen Gesellschaftshundes, der in einer Wohnung in einem Hochhaus mit Aufzug lebt. Der Hund hat einen anderen Hund gebissen? Wird er jetzt angeordnet eingeschläfert? Oder ist es vielleicht doch gar nicht so falsch, dass die zuständige Behörde Aussagen einholt, möglicherweise die Haltungssituation begutachtet und bei der Beurteilung des Geschehens die relevanten Kontexte miteinfließen lässt? Die fallbearbeitende Person verfasst Berichte, Antworten und kümmert sich parallel noch um viele weitere Fälle aus anonymen Meldungen oder direkten Anzeigen, Anfragen zu bewilligungspflichtigen Haltungen und zur Anerkennung einer Ausbildung im Hundetraining. Diese Person bearbeitet nicht nur Hunde, auch wenn es in einigen größeren Behörden sehr wohl eine eigene Stelle für Hunde geben kann, sondern auch andere Haustierfälle und solche, in denen es um Tierschutz geht. Aquarienfische, Bienen, Reptilien und Greifvögel. Wen verwundert es, dass die Ressourcen für Recherche, umfassendes Wissen in allen tierischen Belangen und unter Abwägung der verhältnismäßigen Mittel schnell ausgeschöpft sind? Es liegt in der Verantwortung von uns allen, uns mit der rechtlichen Situation zu befassen und die Behörden darin zu unterstützen, möglichst sinnvolle Maßnahmen zu erwägen – denn in den Behörden sitzen keine gottähnlichen allwissenden Wesen, es sind fehlbare Menschen, wie wir es auch sind.

DAS TIERSCHUTZGESETZ

*„Zweck dieses Gesetzes ist es,
aus der Verantwortung des Menschen für
das Tier als Mitgeschöpf dessen Leben
und Wohlbefinden zu schützen.
Niemand darf einem Tier ohne
vernünftigen Grund Schmerzen, Leiden
oder Schäden zufügen."*

§ 1 TierSchG

Dieser einleitende Satz im ersten Paragrafen des Tierschutzgesetzes ist der, der einerseits vollumfänglich beschreibt, was das Gesetz umfasst, aber andererseits auch klarstellt, wie groß der Schirm ist, der hier gespannt werden muss. Denn zuallererst sind tatsächlich alle Tiere gemeint, von der Zecke bis zum Elefanten. Eine ganze Reihe sogenannter unbestimmter Rechtsbegriffe zollt dieser riesigen Spanne ihren Tribut. Begriffe wie „Wohlbefinden", „vernünftig" oder „Leiden" erlauben einen großen Interpretationsspielraum, damit sich das Gesetz auf möglichst viele Einzelfälle beziehen und anwenden lässt.
Der Schutz aller Tiere wurde 2002 im Grundgesetz verankert, was bedeutet, dass eine Regierung den Tierschutz immer mitbedenken muss. Entgegen vieler Behauptungen ist es auch nicht so, dass Tiere „Sachen" wären. Das Bürgerliche Gesetzbuch schreibt sogar ganz explizit: „Tiere sind keine Sachen" (§ 90 a BGB). Lediglich im Fall fehlender Vorschriften in den für Tiere gemachten Gesetzen sind die anzuwenden, die für Sachen gelten. Ins Detail in Bezug auf Tiere geht dann unter anderem das Tierschutzgesetz. Sei es die artgerechte Haltung mitsamt angemessener Ernährung und Pflege, die Forderung über erforderliche Kenntnisse und Fähigkeiten zu verfügen – hier finden sich die wichtigsten Orientierungspunkte, auch für die Hundehaltung.
Es gibt auch eine ganze Reihe Verbotsvorschriften, die klar regeln, dass man einem Tier keine Leistungen abverlangen darf, die seine Kräfte übersteigen, welche Vorgaben für Training oder Wettkämpfe es gibt und dass man ein Tier nicht aussetzen oder zurücklassen darf. Beim Training dürfen dem Tier keine erheblichen Schmerzen, Leiden oder Schäden hinzugefügt werden, wobei der unbestimmte Rechtsbegriff „erheblich" Ermessensspielraum bietet. Man darf ein Tier nicht auf ein anderes Tier hetzen und

Hilfsmittel, die mit direkter Stromeinwirkung funktionieren, sind ebenfalls verboten. Es stimmt nicht, dass das Tierschutzgesetz die Kastration von Hunden verbieten würde (§ 6 Abs. 1 Amputation), denn sowohl bei tierärztlicher Indikation, bei jagdlicher Nutzung und zur Verhinderung der unkontrollierten Fortpflanzung ist eine Unfruchtbarmachung erlaubt. Es bleibt eine Einzelfallentscheidung, aber wenn eine Kastration in einer Tierarztpraxis vorgenommen wird, dann impliziert das förmlich eine veterinärmedizinische Indikation.

Interessanterweise sind verschiedene Berufsbilder ebenfalls im Tierschutzgesetz untergebracht – mit § 11 Abs. 1 Nr. 8a Hundebetreuungen und mit Nr. 8f Hundeschulen. Auch das Züchten von Tieren ist hier reguliert.

Auch im Tierschutzgesetz werden Hunde schon explizit genannt. Selbstverständlich gilt das ebenso für andere Tierarten und da vor allem für Nutztierarten, aber gerade Hunde erfahren einen, wenn man so möchte, Sonderstatus. Einerseits gehören sie neben Katzen zu den am häufigsten gehaltenen Haustieren, aber andererseits geht von ihnen eben auch eine Gefährdung aus, die kaum ein anderes Tier mit sich bringt, das wir halten. Zwar sind Giftschlangen tödlicher, aber weder gibt es davon besonders viele in deutschen Haushalten, noch werden sie mehr oder weniger kontrolliert ausgeführt. Auch Rinder und Pferde sind für Menschen weitaus gefährlicher und die durch sie verursachten jährlichen Todesfälle ein Mehrfaches – aber anders als Hunde werden sie eben nicht als Waffe oder zum Schutz eingesetzt. Sie sind nicht so präsent und bewegen sich nicht frei in der Gesellschaft. Und wenn doch, sorgt es meist wenigstens für ein Verkehrschaos.

Ein Hund wurde aus einem Messie-Haushalt geholt, nachdem die Halterin verstorben war. Über Jahre war er in der Wohnung angebunden gewesen und hatte dort uriniert und gekotet, wo er war. An seinem Halsband fand man mehrere Karabiner, vermutlich, weil der Hund immer wieder die Leinen durchgebissen hatte.

DIE TIERSCHUTZ-HUNDE-VERORDNUNG

Wer einen Hund halten möchte, sollte die in ganz Deutschland geltende Tierschutz-Hundeverordnung gelesen haben, denn das ist das absolute Minimum, nach dem es sich in der Haltung zu richten gilt.

Eigentlich sollte diese Verordnung schon Teil des Entscheidungsprozesses sein, wenn man einen Hund halten möchte. Immer wieder scheitern Hundehaltungen schon an den ersten Vorgaben: Ein Hund benötigt ausreichend Auslauf im Freien außerhalb eines Zwingers, muss mehrmals täglich ausreichend Kontakt zu seinen Bezugspersonen haben und regelmäßigen Kontakt zu Artgenossen bekommen. Besonders der letzte Punkt ist für viele Menschen eine Herausforderung, wenn sie einen Hund einzeln halten und darüber hinaus nicht an Kontakten zu anderen Personen interessiert sind, nur damit ihr Hund Gesellschaft von Artgenossen hat. Die Verordnung sieht auch vor, dass eine Ausnahme gemacht werden kann, wenn ein Hund eine generelle Unver-

Stachelhalsbänder sind in Deutschland verboten – lange wurden sie nicht nur zur besseren Führbarkeit eines Hundes verwendet, sondern waren vor allem im Schutzhundesport beliebt.

träglichkeit mit anderen Hunden zeigt – was diese Vorgabe schnell aufweicht, denn die meisten Hunde werden sich gegenüber fremden Hunden nicht sofort und immer freundlich verhalten. Insgesamt ist die Begründung aber deutlich: Hunde sind soziale Wesen, denen der Umgang mit Artgenossen ermöglicht werden muss. Im Grunde spricht dieser Abschnitt für eine Mehrhundehaltung von mindestens zwei Tieren, die im Weiteren auch explizit adressiert wird.
Die Anbindehaltung ist in der aktuellen Tierschutz-Hundeverordnung genauso verboten wie die Unterbringung in Boxen. Sie werden zusammen mit Zwingern ausführlich beschrieben und Vorgaben dazu gemacht, wie die Größe und welche Eigenschaften eine solche Unterbringung noch mit sich bringen soll.
Streng genommen sind mit der aktuellen Tierschutz-Hundeverordnung nicht nur bspw. kupierte Ohren oder Ruten verboten, sondern auch Defektzuchten. Die Um- und Durchsetzung dieses Abschnittes ist in Deutschland klar unzureichend, und das, obwohl unzählige wissenschaftliche Studien und Gutachten belegen, wie das Wohl des Hundes beispielsweise durch Brachyzephalie (Kurzschnäuzigkeit) massiv eingeschränkt ist.

NEUERUNGEN IN DER VERORDNUNG

Mit der Neuerung der Tierschutz-Hundeverordnung wurde auch der Abschnitt erweitert, der bestimmte Hilfsmittel in der Ausbildung von Hunden verbietet. Während in der Hobbyhundehaltung das Verbot von Stachelhalsbändern (Stromhalsbänder waren schon vorher in die Verbotsliste aufgenommen) eher wenig aufgeregt abgenickt wurde, rührten sich in anderen Ausbildungsbereichen Widerstände. Vor allem in der Ausbildung von Dienst-, und hier vor allem Zugriffshunden zeigte sich, dass diese für den Hund schmerzhaften Mittel sehr wohl noch üblich sind. Auch wenn das Argument, dass diese Hunde mit angemessenen Mitteln auf ernsthafte Situationen vorbereitet werden müssen, damit sie dann entsprechend reagieren können und nicht abgeschreckt werden, ein nachvollziehbares ist, muss die allgemeine Frage erlaubt sein, ob es in Zeiten ganz anderer Hilfsmittel wirklich notwendig ist, ein Tier diesem Stress auszusetzen. Dass es keinen Ersatz für die Suche von Drogen, Sprengstoffen oder Geld gibt und dass hier der Einsatz von Diensthunden mehr als gerechtfertigt ist, steht derzeit außer Frage. Ob Hunde in unserer technisierten Zeit immer noch als Waffen verwendet werden sollten, steht auf einem anderen Blatt.
Problematisch an diesem neuen Abschnitt war, wie er begründet wurde: „Wissenschaftliche Erkenntnisse zu Erziehungsmethoden von Hunden beurteilen die Anwendung von Strafreizen zur Erziehung von Hunden als nicht tierschutzkonform." Das ist nicht korrekt. Es gibt keinen diplomatischeren Weg, das zu sagen. Strafreize sind Teil der lerntheoretischen Einordnung davon, wie ein Organismus auf einen Stimulus reagiert (d. h. löst ein Verhalten einen unangenehmen Stimulus aus, so wird das Verhalten daraufhin weniger häufig gezeigt). Es ist ein unbedingter Bestandteil der Flexibilität, mit der vor allem nicht sessile Lebewesen auf sich verändernde Umweltreize reagieren können. Nicht mehr und nicht weniger.

WICHTIG: REGELN KENNEN!

Was hier deutlich wird, ist, dass es sinnvoll ist, sich mit den Gesetzen und Verordnungen, die die Haltung von Hunden betreffen, auseinanderzusetzen. In den hier angeführten Texten finden sich die wichtigsten Punkte. Darüber hinaus findet man weitere Regeln

in der Straßenverkehrsordnung, der Tollwutschutz-Verordnung, dem Tierkörperbeseitigungsrecht und den Transportverordnungen. Was nicht sinnvoll ist, ist, aus (absichtlicher) Unwissenheit heraus oder gar aufgrund vermeintlicher Rechtslücken zu handeln. Wer versucht, beispielsweise einen kupierten Hund aus dem Ausland zu importieren oder einen Listenhund als harmlos erscheinenden Mischling auszugeben, muss im Streitfall mit den Behörden damit rechnen, dass dieses Verhalten bei der Bewertung des Einzelfalls mit aufgenommen wird. Wenn es um die Haltung von Hunden – aber letztendlich von allen Tieren – geht, dann muss Verantwortungsbewusstsein allen persönlichen Wünschen voranstehen.
Hunde genießen eine deutlich erhöhte gesellschaftliche Aufmerksamkeit. Was auf den ersten Blick nach einem Vorteil für die Tierart klingt, kann im Problemfall zu einem Damoklesschwert werden.

Das Kupieren von Ohren oder Rute ist in Deutschland nicht erlaubt, außer in Ausnahmefällen. Allerdings ist der Import kupierter Hunde aus dem Ausland sehr wohl möglich und dort ist das Kupieren nicht unbedingt verboten. Viele der kupierten Hunde, die man heute hierzulande sieht, kommen ursprünglich aus dem Auslandstierschutz.

GEFÄHRLICHE HUNDE

Wann ein Hund als gefährlich eingestuft wird, ist von Bundesland zu Bundesland unterschiedlich und auch im Wandel. Es lohnt sich, vor dem Kauf oder einem Umzug genau zu recherchieren, wie die Lage vor Ort aktuell ist.

Am 26. Juni 2000 töteten zwei Mischlinge aus den Rassen Pitbull, Bullterrier und American Staffordshire Terrier einen sechsjährigen Jungen. Zu Recht war die mediale Aufmerksamkeit riesig – denn es wurde klar, dass Hunde unter bestimmten Bedingungen für die Schutzlosesten unserer Gesellschaft zu einer tödlichen Bedrohung werden können. Das Desaster wurde auf Bundes- und Landesebene aufgegriffen und es entstanden unterschiedlichste Regelungen, um Menschen vor gefährlichen Hunden zu schützen. Importverbote und Gefahrhundeverordnungen wurden geschaffen. Ohne Daten und Statistiken zu der Gefährlichkeit von einzelnen Hunderassen und ihre Häufigkeit in Deutschland wurden aktionistisch Rasselisten vermeintlich gefährlicher Rassen erstellt, massive Auflagen für die Haltung auferlegt und weitere Maßnahmen ergriffen, die in den Folgejahren zu massenhaften Abgaben und Einschläferungen führten. Ein Vierteljahrhundert ist seitdem vergangen und es gibt immer noch keine fundierten Daten. Einzelne Bundesländer schaffen nach und nach die Rasselisten wieder ab, aber ein bundesweit planvolles Vorgehen ist nicht gegeben.
Gerade weil in diesem Bereich ein permanenter Wandel herrscht, obliegt es Menschen, die sich einen Hund anschaffen oder mit ihm umziehen wollen, die aktuelle Verordnungslage zu überprüfen. Von den Bundesländern abgesehen, die keine Rasselisten führen, gibt es keine zwei, die die gleichen Auflagen für die gleichen Hunderassen haben.

STATISTIK VON BISSVORFÄLLEN

Auch wenn wir in dem Unterkapitel über Phänotypisierungen und Listenhunde die allgemeine Problematik bereits angesprochen haben, lohnt sich ein Blick in die veröffentlichte Statistik des Bundeslandes Sachsen-Anhalt, das sowohl eine Registrierpflicht für Hunde hat, als auch die Bissvorfälle auswertet (Landesverwaltungsamt Sachsen-Anhalt 2024). Eine Registrierpflicht ist deswegen so wichtig, weil nur im Vergleich zur Größe der Gesamtpopulation lässt sich – wenn überhaupt – ausmachen, ob eine Rasse mit einem erhöhten Gefährdungspotenzial existiert.

Bissvorfälle von Rassen im Verhältnis zur Population in Sachsen-Anhalt, Stand 1. Januar 2024 für das Jahr 2023 in Prozent (darunter können auch einzelne Hunde sein, die mehrfach gebissen haben):

1. Alpenländische Dachsbracke 2,67 % (2 Bissvorfälle / 75 Tiere)
2. Pitbull Terrier 2,24 % (6 / 268)
3. Dogo Argentino 1,01 % (4 / 397)

4. American Staffordshire Terrier 0,5 % (5 / 999)
5. Schnauzer 0,26 % (2 / 770)

Bissvorfälle von Rassen nach Häufigkeit in Sachsen-Anhalt, Stand 1. Januar 2024 für das Jahr 2023:

1. Deutscher Schäferhund 27 (von 12 508)
2. Labrador Retriever 8 (von 19 593)
3. Pitbull Terrier 6 (von 268)
4. Deutscher Boxer 5 (von 3 857)
5. Englische Bulldogge 5 (von 4 573) zusammen mit
6. American Staffordshire Terrier 5 (von 999)

Listenhunde sind solche Rassen und Mischlinge aus diesen Rassen, die – ohne konkrete Datenlage – von Bundesländern als auffällig gefährlich eingestuft wurden. Die Haltung ist häufig mit strengen Auflagen verbunden.

Anekdotisch kann man anmerken, dass vor einigen Jahren in dieser Statistik auch Pudel mit zwei Vorfällen zu finden waren und wegen einer relativ kleinen Gesamtpopulation im Bundesland einen relativ hohen Platz in der Rangliste einnahmen. Auf telefonische Nachfrage bestätigte ein damaliger Sachbearbeiter, dass es sich dabei um den gleichen Pudel handelte, der in diesem Jahr für zwei Vorfälle gesorgt hatte. Wir vermuten, dass in 2023 dieser Listenplatz von der Alpenländischen Dachsbracke eingenommen wurde. An ihr sieht man die Problematik der Auswertung: Ist die Gesamtpopulation sehr klein und ein Individuum verhaltensauffällig im Sinne von Bissvorfällen, dann ergibt sich eine prozentuale Gefährlichkeit, die der tatsächlichen Gefährlichkeit der Rasse nicht gerecht wird.
Vergleicht man die beteiligten Rassen mit den Rasselisten der Bundesländer, dann finden sich nur drei der Rassen dort wieder: Pitbull Terrier, Dogo Argentino und American Staffordshire Terrier. Was die Gefährlichkeit eines Hundes, der einer bestimmten Rasse zugeordnet wird, ausmacht, hängt darüber hinaus von den jeweiligen Bestimmungen ab. Häufig müssen verantwortliche Personen ihre Sachkunde nachweisen. Mal muss der Hund einen Wesenstest absolvieren, um die von vorneherein angenommene Gefährlichkeit aufzuheben oder um damit eine Gefährlichkeit zu überprüfen. Es gibt Empfehlungen dazu, wie ein Wesenstest durchgeführt werden soll, dennoch gibt es keine standardisierten Abläufe.

HALTUNG VON LISTENHUNDEN

Wer heutzutage die Bürde auf sich nimmt, einen Listenhund zu halten, sollte genau wissen, worauf er sich einlässt.
Grundsätzlich kommt immer wieder die Frage auf, was passiert, wenn ein Hund sich

tatsächlich als gefährlich erweist. Die häufig aufgeführte Sorge ist, dass der Hund eingezogen und eingeschläfert wird. Immer wieder werden auch solche Szenarien in Presseberichten oder den Sozialen Medien gemalt. In der Realität des Vollzugs spielt diese Möglichkeit nur dann eine Rolle, wenn mehrere ungünstige Elemente zusammenkommen: Wenn der Hund eine akute Gefährdung für Menschen mit sich bringt und das durch einen Vorfall nachgewiesen ist, und wenn sich zeigt, dass die verantwortlichen Personen nicht in der Lage sind, diesen Hund entsprechend zu halten und zu sichern. Normalerweise wird jeder Einzelfall genau betrachtet, das Alter und Geschlecht des Hundes genauso wie seine Größe und sein Gewicht aufgenommen, die Handlungsfähigkeit und das Verantwortungsbewusstsein der dazugehörigen Personen

Wer einen Hund führt, der Menschen, Hunde oder andere Tiere verletzen würde, muss handlungsfähig sein und für Sicherung sorgen: Stabile Führhilfen, ein Maulkorb und ein guter Stand sind wichtig. Auch macht es Sinn, das Problem anzusprechen, damit sich das Gegenüber ebenfalls richtig verhalten kann. (Die Situation im Bild ist gestellt.)

eingeschätzt, und ob sich die Gefährlichkeit gegen Menschen, im Besonderen Kinder, gegen Artgenossen oder andere Tiere richtet. Neben einer Leinenpflicht und einer Maulkorbpflicht kann eine Behörde auch anordnen, dass beispielsweise eine Hundeschule aufgesucht wird oder das Grundstück besser gesichert wird. Einen Hund einzuziehen und gegebenenfalls sogar einzuschläfern, ist nie das erste Mittel der Wahl, sondern ein letztes Mittel bei besonderen Bedrohungen.

EIN KNIGGE – KEINE PFLICHT, ABER SINNVOLL

Ein Knigge ist ein Leitfaden für angemessenes Verhalten im sozialen Miteinander. Als verantwortungsvolle Menschen müssen wir nicht nur für uns und unseren Hund einstehen – wir repräsentieren auch einen Teil der Bevölkerung, der sich keine Vorverurteilung leisten sollte.

Auch wenn es in diesem Kapitel insgesamt um die Rechte und Pflichten von Hunden und ihren Menschen geht, so macht es Sinn, sich darüber hinaus Gedanken zu machen, wie sich eine verantwortungsvolle Hundehaltung in der Öffentlichkeit darstellen kann. Damit hilft man nicht nur sich selbst und dem eigenen Hund, sondern auch dem Bild, das die Gesellschaft von Hunden und den Menschen, die sie halten, hat. Es kann eine Vorbildfunktion für andere sein. Hundehaltung schleppt mitunter einen Rattenschwanz schlimmer oder wenigstens unangenehmer Vorstellungen mit sich, dem man sich nie vollständig verwehren kann. Von einer potenziellen Gefährlichkeit abgesehen gelten Hunde als laut. Sie fallen immer wieder durch Wildern auf, töten Rehe oder Schafe und ihre Lämmer. Sie verschmutzen die Gehwege mit ihrem Kot, ihre Menschen lassen die Plastikbeutel, in die sie den Kot einwickeln, in der Natur liegen und verschlimmern damit das Problem. Hunde sind dreckig und verschmutzen im günstigsten Fall nur die teuren Kleidungsstücke, wenn sie Personen anspringen – im schlimmsten Fall stürzt jemand und schlägt sich den Kopf an. Hunde töten Katzen. Sie pinkeln überall dran. Im Grunde ist es fast erstaunlich, dass Hunde als Haustiere immer noch so beliebt sind.

Um die eigene Lebenssituation entspannt zu gestalten, aber auch mit gutem Beispiel voranzugehen, lohnt es sich, sich an ein paar wenige Grundregeln zu halten. Dieser Knigge ist nur einer von vielen, die für die Hundehaltung existieren, aber wir hoffen, dass es ein sehr pragmatischer ist. Er soll helfen, das Problem Hund zu entschärfen, und geeignete Mittel an die Hand geben, damit auch Problemhunde Wertschätzung erfahren können.

ANLEINEN

In der heutigen Zeit ist eine Hundehaltung ohne Leine nicht mehr praktikabel. Selbst wenn der eigene Hund sich nie mehr als einen halben Meter von seiner Person wegbewegt, ist die Leine ein Signal für Verantwortungsbewusstsein an andere. Eine Person, die auf uns zukommt, kann nicht wissen, dass dieser Hund harmlos ist – und weil es so viele Vorurteile gibt, schafft die Leine die Sicherheit, die benötigt wird. Bei Begegnungen mit fremden Hunden und Menschen sollte ein Hund immer angeleint werden. Erst wenn ein Austausch darüber stattgefunden hat, welche Form des Kontakts in Ordnung ist, können weitere Schritte angegangen werden. Und wenn ein Kontakt nicht erwünscht ist, egal ob von Hund oder Mensch, dann muss das akzeptiert werden, ob es einem gefällt oder nicht.

Auch wenn es lästig erscheinen mag, bringt eine Leine auf vielen Ebenen Sicherheit.

Es muss nicht der Hund sein, der sich unangemessen verhält – es kann genauso ein Mensch oder ein anderer Hund sein. Es kann eine unübersichtliche Situation sein oder ein unvorhergesehenes Ereignis. Ein sich öffnendes Garagentor oder ein mit lautem Knall platzender Reifen, ein Fahrradsturz oder ein stolperndes Kind. An Straßen und in Menschenmengen sollte der Hund angeleint sein.

NATUR UND WILDTIER

Auch wenn wir gerne glauben würden, dass uns der Hund mit der Natur um uns herum verbindet – sowohl wir Menschen als auch unsere Hunde sind Störfaktoren. Gleichzeitig belastet der Klimawandel unsere Umwelt. Pflanzen leiden unter sinkenden Grundwasserspiegeln und fehlenden Niederschlägen. Die Tierwelt müht sich mit saisonal fehlenden Nahrungsquellen ab, weil ihr Biorhythmus nicht mehr mit dem Frühlingsanfang abgestimmt ist. Kurzum: Die Natur ist auch ohne uns und unseren Begleiter Stress genug ausgesetzt. Wir machen es Flora und Fauna nicht einfacher. Umso wichtiger ist es, die Brut- und Setzzeiten zu beachten und sensibel für Flächen zu sein, auf denen sich Bodenbrüter aufhalten. Aber letztendlich gilt zu jeder Jahreszeit: Man muss den eigenen Hund nicht frei und kläffend durch den Wald, in das Naturschutzgebiet oder über eine andere, nicht dafür gedachte Freifläche rennen lassen, auch wenn es im Bundesland per se erlaubt ist. Die Natur gehört uns nicht – sie existiert ganz unabhängig von uns.
Weder Kippenstummel noch Kotbeutel gehören in die Natur, aber auch das Fell unserer mit äußerlich aufgetragenen Antiparasitika geschützten Hunde gehört dort nicht hin, weil es den Schlupf von Wildvögeln negativ beeinflusst (Tassin de Montaigu et al. 2025).
In Deutschland herrscht das Wegegebot, auch wenn das natürlich wenig abenteuerlich ist und uns vermeintlich unsere Freiheit in der Natur wegnimmt. Es hilft, wenn man sich selbst und den Hund als respektvolle Belastung für seine Umgebung sieht, die sich für das junge Kraut, das Ameisenvolk, Wildbienen, Baumsprössling, Feldhase und Rehkitz auf die sowieso schon verdichteten oder versiegelten und deswegen kaum besiedelbaren Wege beschränkt.

KEIN KOT UND URIN AUF UND AM EIGENTUM ANDERER

Hunde dürfen nicht an das Eigentum anderer urinieren und ihr Kot sollte eingesammelt werden, wenn er auf oder entlang frequentiertem Wege abgesetzt wird. Die Debatte um das Einsammeln von Kot ist groß – da wird ein vollkommen natürliches Produkt, das innerhalb von wenigen Wochen (unter idealen klimatischen Bedingungen) abgebaut wird, in Plastik verpackt und in

Besonders Rüden tendieren dazu, markante Punkte oder Gegenstände zu markieren. Das gilt besonders, wenn eine Stelle vorher schon markiert wurde – das sollte kein Freibrief sein, sondern Anlass, besonders umsichtig zu agieren.

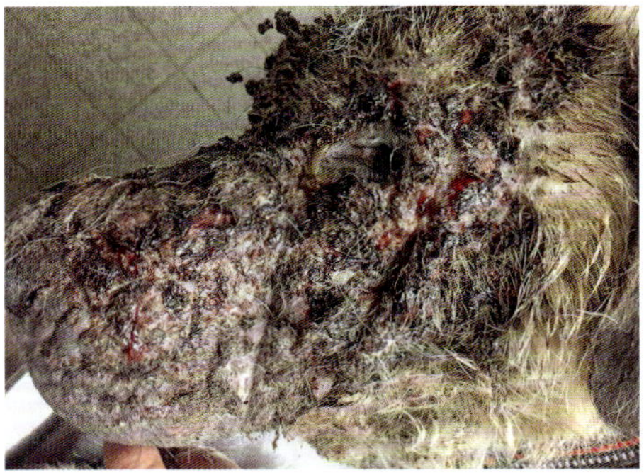

Mirle, die Kangalhündin, die Ute einige Jahre begleitete, war mehr tot als lebendig aus einer tierschutzrelevanten Haltung eingezogen worden. Sie litt an einer schweren, generalisierten Demodikose, die nie behandelt worden war. Stattdessen wurde der Hund auf einen winzigen Balkon gesperrt und sich selbst überlassen. Die Krusten bestehen aus Wundflüssigkeit, Eiter, Blut und Kot.

den Müll geworfen, extra mit einem Auto zu einer Müllverbrennung geschleppt und dafür viel Energie verschwendet. Pappkonstrukte zum Koteinsammeln haben sich wegen fehlender Entsorgungsbehältnisse und langer Spazierwege als nicht praktikabel erwiesen. Kotbeutel basierend auf Maisstärke und anderen Naturprodukten enthalten ebenfalls Plastik, auch wenn die herstellenden Unternehmen das gerne verschleiern und „kompostierbar" auf ihr Produkt drucken, weil EU-Verordnungen das zulassen. Das Problem ist nur leider nicht der Kot an sich, sondern die Masse an Kot. In Deutschland gibt es sehr viele Hunde und ihr überall zu findender Kot ist für alle gleichermaßen ein Ärgernis.

Ähnlich verhält es sich mit Markierstellen. Sei es am Briefkasten, dem dekorativen Blumentopf oder im Baumarkt. Wenn Gegenstände mit Hundeurin getränkt sind, dann stellen wir das erst fest, wenn wir hineingefasst haben, und selbst das ist noch hoffnungsvoll formuliert. Markierte Hauswände sind nicht nur unhygienisch, wenn man sich dagegenlehnt – die Geruchsbelästigung erreicht auch noch das erste Stockwerk. Wenn der Hund es – trotz Leine – dennoch schafft, an Gegenstände und das Eigentum anderer zu pinkeln, dann sollte man Bescheid geben oder mit einer Gießkanne Wasser zurückkehren, um das Malheur zu beseitigen. Auch wenn es unangenehm ist, im Baumarkt dem Personal zu gestehen, was passiert ist, so hat man jetzt die Möglichkeit, diese Verantwortung zu tragen und sich zu entschuldigen.

WENN ER BEISST, DANN REDE DARÜBER

Wenn der Hund in bestimmten Situationen oder im Allgemeinen dazu tendiert, seine Zähne einzusetzen, dann sollte der Hund in der Öffentlichkeit bei entsprechendem Personen- oder Hundeaufkommen einen Maulkorb tragen. Dass ein Maulkorb wie eine Bedrohung wirkt, ist die Last, die man tragen sollte. Denn wenn etwas passiert, dann wird diese Last zur Schuld. Das gilt es, unter allen Umständen zu vermeiden.
Niemand zwingt einen, immer und überall transparent über die Ursachen zu sprechen. Man kann solche Rechtfertigungen entweder auslassen oder auf eine ungefährlichere Alternative anspielen: Vielleicht frisst der Hund Kot und man ist bemüht, das Schlimmste zu verhindern? Bei diesem Szenario kann man sehr sicher sein, dass der Hund dann nicht angefasst wird. Vielleicht hasst er Katzen, die man so schützt. Es spielt keine Rolle, wenn es nur um interessierte Nachfragen geht.

Wenn der Hund allerdings tatsächlich beißt, egal ob Mensch oder Hund, dann ist die einzig richtige Strategie, das zu kommunizieren. Man sollte nicht das Risiko eingehen und hoffen, dass die Situation nicht auftritt. Man sollte nicht davon ausgehen, dass man den Hund von etwas abhalten kann, wenn möglicherweise das menschliche oder hündische Gegenüber übergriffig agiert. Es ist wichtig und richtig zu sagen, wenn der eigene Hund beißt. Das gilt auch für Menschen, die beruflich mit Hunden arbeiten –

egal ob tiermedizinisches Fachpersonal oder in der Hundeschule, die berufliche Erfahrung schützt nicht automatisch vor einem Hundebiss.

GRENZEN KOMMUNIZIEREN

Offen zu sagen, dass man eine Situation nicht einschätzen kann, ist kein Zeichen von Schwäche. Es ist ein Zeichen von Verantwortungsbewusstsein und Umsichtigkeit. Es hilft, wenn man dabei beim „Ich" bleibt: „Ich möchte das nicht" und „Nein, ich will das nicht". Das sind legitime Aussagen. Wer bei sich selbst bleibt und seine eigene Ansicht beschreibt, kann nicht überstimmt werden.
Grenzen zu setzen ist nichts Unhöfliches. Im Gegenteil: Wer die eigenen Vorstellungen und Wünsche klar kommuniziert, hilft, Missverständnisse zu vermeiden und unnötige Konflikte zu entschärfen, bevor sie entstehen. Wer dabei freundlich bleibt, aber nicht schwankt, sendet eine eindeutige Botschaft. Es hilft, bei sich selbst zu bleiben: keine Schuldzuweisungen, kein angedeutetes Fehlverhalten des Gegenübers, sondern eine ruhige Formulierung des eigenen Bedürfnisses.
Wenn jemand ungefragt die Hand nach dem Hund ausstreckt, kann ein einfaches „Bitte nicht, ich möchte das nicht" vollkommen ausreichen. Es macht Sinn, nicht für den Hund zu sprechen, weil dessen Verhalten anders interpretiert werden kann. Auch wenn der Satz nicht auf Zustimmung trifft, hat man seine Grenze klar gemacht – und das ist der entscheidende Punkt. Wer dabei gelassen bleibt, zeigt gleichzeitig, dass man kein Interesse an einer Auseinandersetzung hat, sondern lediglich für das eigene Tier Verantwortung übernimmt. Und das ist immer richtig.

ERZIEHUNG IST EIN MUSS

Für die ganz Faulen gilt: Der Hund muss wissen, wann er angesprochen wird, er orientiert sich an seinen Bezugspersonen, ein Lob wird auch als solches empfunden, der

In der Erziehung eines Hundes muss es nicht immer um ein perfektes „Platz" gehen – wichtig ist die Ansprechbarkeit des Hundes, dass er sich an seiner Bezugsperson orientiert und mit Frust umgehen kann. Dieser Junghund beschäftigt sich mit einem Ast, während seine Halterin sich unterhält.

Brachycephale, kurzschnäuzige Hunderassen stehen im Fokus der Defekt- oder Qualzuchtdebatte. Die Wahrscheinlichkeit, dass sie unter ihrer deformierten Anatomie leiden, ist zu groß, als dass diese Zuchtziele weiterverfolgt werden sollten.

Hund ist abrufbar, toleriert Berührung und ist im Idealfall auch noch leinenführig. Mehr braucht es in den allermeisten Fällen nicht. Ein Hund sollte nicht unkontrolliert aus dem Auto springen (können) und Menschen nicht unaufgefordert anspringen. Er sollte warten können und im Umgang mit Menschen angemessen sanft sein. Ganz viele dieser Erziehungsziele lassen sich auch mit Managementmaßnahmen wie einer Leine herstellen und das ist auch in Ordnung, denn nicht jeder Mensch kann gewährleisten, dass seine Erziehung ein zuverlässiges Verhalten beim Hund hervorbringt. Nicht jeder Hund kann so ein Können in jeder Situation wirklich leisten. Wir sind keine Maschinen und Hunde sind es auch nicht. Es ist vollkommen in Ordnung, nicht perfekt zu sein, solange man es sich eingestehen kann und dann Alternativen nutzt.

Ein Hund, der regelmäßig trainiert wird, kann im Schnitt besser mit belastenden Situationen umgehen. Regelmäßiges Training kann auch eine angenehme und festigende gemeinsame Zeit sein und sollte nicht als Belastung oder notwendiges Übel angesehen werden. Ein Hund kann bis in sein hohes Alter lernen, und körperliche wie geistige Herausforderungen bereichern sein Leben, wenn sie im Maß stattfinden.

Die Aufzucht von Hunden ist nicht günstig, selbst wenn die Arbeitszeit nicht mitberechnet wird. Wer glaubt, bei einem Welpen ein Schnäppchen zu machen, kann sicher sein, dass an einer Stelle gespart wurde, die für die Gesundheit und Entwicklung der Elterntiere oder der Welpen selbst prekär war.

KEINE DEFEKTZUCHT, KEINE „BILLIGWARE"

Zu den Pflichten der Hundehaltung gehört es heute auch, sich mit dem Themenkomplex der Defektzuchten und Massenzucht zu befassen, weil beides Elemente sind, die das Tierwohl mit großer Wahrscheinlichkeit einschränken. Es zeugt von Verantwortungsbewusstsein, sich gegen eine Hunderasse zu entscheiden, die durch vererbbare Defekte ihr ganzes Leben von teils massiven Einschränkungen betroffen ist und darunter leidet. Extremer Zwergenwuchs, Brachyzephalie, genetisch bedingte Anfälligkeit für Bandscheibenvorfälle und andere Wirbelsäulendeformationen, besondere Farben und extrem kleine und runde Köpfe sind erblich bedingte Schäden, die Leid ohne vernünftigen Grund mit sich bringen. Selbst wenn der Einzelfall die Ausnahme ist, dann ist die Faktenlage insgesamt klar. Wer heute diese Problematiken nicht relativiert und Hunde mit Defektzuchtmerkmalen zeigt, ohne darüber aufzuklären, übernimmt nicht die Verantwortung für Zuchtziele, die sich nach dem heutigen Stand der Forschung nicht mehr rechtfertigen lassen.

Etwas Ähnliches gilt für die Schnäppchenjagd. Lebende Tiere können keine Schnäppchen sein. Es gilt, was immer gilt: Wenn etwas sehr billig ist, dann hat das irgendwo in der Produktionskette einen Grund. Preise werden nicht frei erfunden, sie basieren auf den eingesetzten Materialwerten und der Arbeitszeit. Was bei Sachen vielleicht gerade noch so in Ordnung sein mag, darf nicht auf Tiere angewandt werden (und wird es dennoch in der Massentierhaltung). Werden Hunde für wenige Hundert Euro verkauft, dann ist das ein Hinweis darauf, dass von der ordentlichen Versorgung und veterinärmedizinischen Untersuchung der Elterntiere über die Zeit der Trächtigkeit der Hündin bis hin zur extrem zeitaufwendigen Aufzucht der Welpen bis zu einem Mindestalter von acht Wochen, inklusive der notwendigen Entwurmungen, Impfungen und Setzen eines ID-Chips, kräftig gespart wurde. Selbst wenn man als Hobbyzuchtstätte die eigene Arbeitszeit nicht mit einberechnet, dann werden verantwortungsvolle Personen Welpen nicht für wenige Hundert Euro abgeben, um unüberlegte Spontankäufe zu verhindern. Wer beim Welpenkauf am Geld spart, spart am Hundewohl.

REGISTRIEREN, UND ZWAR VOLLSTÄNDIG

Auch wenn es in Deutschland derzeit noch keine Pflicht ist, sollte der eigene Hund immer bei einer der großen und etablierten Plattformen registriert sein. Das eigene Tier nicht anzumelden, schützt vor nichts, es verhindert nur den Schutz des Hundes.
Wir plädieren für eine zentrale Registrierungsplattform. So, wie die deutsche Demokratie gestrickt ist, wird das Finanzamt selbst davon vermutlich nie erfahren – es muss sich also niemand sorgen, dass er finanziell wegen „Einsparung der Hundesteuer" zur Rechenschaft gezogen wird. Und selbst wenn: Wer einen Hund besitzt, geht damit eine Verantwortung ein, die weit über das Halten eines Haustieres hinausgeht. Zwar würden wir nicht sagen, dass ein Pferd, Schwein oder eine Katze weniger Verantwortung mit sich bringen, aber der gesellschaftliche und mediale Fokus liegt nun einmal auf dem Hund.
Heute tragen die allermeisten Hunde bereits ID-Chips, die üblicherweise in den ersten Wochen nach der Geburt auf der linken Seite am Hals gesetzt werden. Wer sich dessen nicht sicher ist, kann das in jeder veterinärmedizinischen Praxis überprüfen lassen. Das Setzen eines Chips erfolgt mit einer (zugegebenermaßen etwas größeren) Kanüle, ist wenig bis nicht schmerzhaft und innerhalb von Minuten erledigt. Aber ein ID-Chip, der per se nichts anderes tut als eine lange Zahlenabfolge zu senden, ist vollkommen unnütz, wenn das Tier, das ihn trägt, nicht registriert ist. Immer wieder gibt es Vorbehalte, dass so, im Falle des Falles, nachvollziehbar wäre, wer für den Hund verantwortlich sei und das könne ja auch nach hinten losgehen. In keinem Szenario, in der eine Person sich gegenüber dem Hund, den sie hält, verantwortungsvoll verhält, kann das passieren. Aber wenn der Hund tatsächlich einmal wegläuft oder gar gestohlen wird, dann kann er mithilfe des Chips sofort wiedererkannt und zugeordnet werden. Wir würden uns wünschen, dass die verfügbaren Datenbanken alle zwei Jahre eine Erinnerung senden, sodass man das Profil des registrierten Hundes aktualisieren kann. Ein neueres Bild, die aktuelle Handynummer oder die neue Adresse. Einsehbar sind diese Informationen sowieso nur für jene, die die Datenbanken pflegen und im Notfall aufgrund der Chipnummer direkt Kontakt aufnehmen können. Nichts, absolut gar nichts Negatives kann passieren, wenn man seinen Hund registriert – man erspart ihm nur eine längere Wartezeit in der Polizeistation oder in einem Tierheimzwinger.

DIE WICHTIGSTEN FÄHIGKEITEN

Ein Hund, der problematische Verhaltensweisen zeigt, ist kein Zeichen des Scheiterns – er ist ein Anlass, mit ihm zusammen als Persönlichkeit zu wachsen.

01

Hält man einen Hund, der durch bestimmte Eigenschaften oder Verhaltensmuster auffällt – sei es durch Impulsivität, Aggressionsverhalten, starke Unsicherheiten oder Schwierigkeiten in der sozialen Interaktion –, liegt es in der Verantwortung der zuständigen Person, dafür zu sorgen, dass dieses Tier sicher durch die Welt geführt wird. Es geht darum, Begegnungen mit anderen Hunden, Menschen oder Tieren vorausschauend zu gestalten, den Hund entsprechend zu

02

03

01 – 04
Der Boxer-Rüde hat nicht gelernt, angemessen mit anderen Rüden umzugehen, und zeigt ein sehr einseitiges, aufdringlich-eskalierendes Konfliktverhalten. Der Schäferhund-Rüde hingegen duldet zwar die Provokation nicht, lässt sich aber auch nicht auf einen Kampf ein: Er schränkt den Boxer durch die T-Stellung, eine Begrenzung des Raumes, durch Kopfauflegen und Besteigen, sowie durch Pfote auflegen bei gleichzeitigem Grollen ein und weist ihn abgestuft in seine Schranken.

04

sichern und das Lebensumfeld so zu strukturieren, dass niemand belästigt oder verletzt wird – weder körperlich noch emotional.
Besonders wichtig ist das in Situationen, in denen die Haltung des Hundes eng mit dem sozialen Alltag verwoben ist – also in Haushalten mit Kindern und alten Menschen, in engen Wohnverhältnissen oder bei regelmäßigem Kontakt mit mehr oder weniger fremden Menschen. Es muss gewährleistet sein, dass ein Hund, auch wenn er bestimmte Problematiken mitbringt, so geführt und begleitet wird, dass weder für andere noch für ihn selbst Gefahr entsteht. Dafür braucht es ein klares Verständnis für das Verhalten des eigenen Hundes – und die Bereitschaft, Verantwortung zu übernehmen.

Damit ein Hund neue Strategien lernen kann, braucht es Alternativen. Wenn Eskalation keine Option mehr sein soll – und das sollte sie nie – muss dem Hund fair und leistbar gezeigt werden, wie er sich stattdessen verhalten kann. Er braucht Sicherheit, Klarheit, Struktur und Orientierung. Nur wenn er sich in schwierigen Situationen verstanden und begleitet fühlt, kann er neue Wege beschreiten. Das verlangt Geduld, Wiederholung und einen klaren, ruhigen Umgang.
Die Verantwortung dafür liegt letztendlich nicht bei einer Hundeschule, nicht bei einer tiermedizinischen Fachperson oder bei der Familie. Diese Menschen können unterstützen, beraten und begleiten. Die Umsetzung aber – die tägliche Arbeit, das vorausschauende Handeln, das Management – liegt ausschließlich bei der Person, die den Hund hält. Wer dieser Aufgabe gewachsen sein will, braucht bestimmte Fähigkeiten – und die Bereitschaft, sich weiterzuentwickeln. Eine davon ist Konfliktbereitschaft. Es kostet Überwindung, von seinen Wünschen abzusehen und sich auf die Realität einzulassen. Es braucht Mut, sich unangenehmen Situationen zu stellen und klare Grenzen zu ziehen. Ebenso notwendig ist vorausschauendes Handeln. Wer seinen Hund gut lesen kann, erkennt, wann eine Situation kippt, wann Hilfe notwendig ist, wann Managementmaßnahmen wie ein Maulkorb oder eine stabile Leine erforderlich sind – und wann es Zeit ist, sich zurückzuziehen.
Nicht unterschätzt werden darf auch die Wirkung der eigenen Stimmung. Hunde nehmen feinste Signale wahr – unsere Körpersprache, unsere Atmung, unseren Tonfall. Wer angespannt ist, sendet unbewusst Signale der Unsicherheit, manchmal auch der Aggression. Gerade in Situationen, die regelmäßig geübt wurden, aber dann plötzlich eskalieren, lohnt es sich zu hinterfragen: War ich wirklich präsent? Oder bin ich gedanklich woanders gewesen – vielleicht schon voller Sorge vor der nächsten Begegnung? Hat sich mein Unbehagen auf den Hund übertragen? Habe ich unseren Fortschritt überschätzt und meinem Hund zu viel zugemutet?
Wer mit einem Hund lebt, der Probleme zeigt, sollte sich gezielt Hilfe holen – und zwar eine, die zu den eigenen Werten passt.

WAS BEDEUTET VERANTWORTUNG?
Verantwortung heißt, sich der Konsequenzen bewusst zu sein, die das eigene Handeln – oder das Unterlassen von Handlungen – mit sich bringt. Verantwortung bedeutet auch, nicht rückblickend nach Schuldigen zu suchen, wenn etwas schiefläuft, sondern zu analysieren, was genau passiert ist und warum, um die Fehlerquelle für die Zukunft zu beseitigen. Wenn ein Hund sich unangemessen verhält, sei es aus Überforderung, aus Unsicherheit oder aus Gewohnheit, dann braucht es eine ehrliche Auseinandersetzung mit den Gründen – und eine klare Entscheidung, wie man künftig damit umgehen möchte. Der Hund kann seine Umwelt nicht analysieren oder reflektieren – das ist Aufgabe der Menschen.

Nur wenn sich Trainingsansätze und Maßnahmen richtig anfühlen und man sie mit Überzeugung umsetzen kann, ist man für den Hund glaubwürdig. Jeder Zweifel, jedes innere Zögern, jede widersprüchliche Botschaft kann vom Hund wahrgenommen werden. Wenn wir nicht überzeugt sind, dann sind es unsere Hunde auch nicht. Und ja, diese Einstellung kann auch ein Prozess sein – ein Weg, den man dann gemeinsam mit seinem Hund geht.
Einen Hund mit Problemen zu halten ist eine große Aufgabe. Sie verlangt Präsenz, Reflexion und Verlässlichkeit. Aber sie ist auch eine Einladung: zur persönlichen Entwicklung, zu einem bewussteren Leben mit einem anderen Lebewesen – und dazu, sich selbst besser kennenzulernen. Denn wer einem Hund mit schwierigen Verhaltensweisen wirklich gerecht werden will, lernt vor allem eines: Verantwortung zu tragen – nicht nur für das Tier, sondern für das Zusammenleben als Ganzes. Man wächst an sich selbst – und das war noch nie etwas Schlechtes.

Der junge Cane Corso-Rüde trifft auf einen nicht freundlich gesinnten Artgenossen im Rahmen einer Sozialkontaktstunde. Besonders große und schwere Rassen und solche, die zu Aggressivität neigen, sollten früh lernen, auch mit konflikthaften Situationen angemessen umzugehen.

☞ FALLBEISPIEL: SMOOT

Das Aussetzen eines Tieres ist in Deutschland verboten. Man darf Hunde verkaufen, vermitteln oder – wenn ein Tierheim einen Platz frei hat – abgeben.

Vor zwei Jahren erhielt ich, Nora, plötzlich nachts einen hektischen Anruf meines Lebensgefährten Heiko, der gerade auf dem Heimweg war – aber der Anruf brach ab. Der Empfang war schlecht und kurz hatte ich Sorge, dass er einen Unfall gehabt hätte. Dann erreichte mich ein Foto. Auf dem Beifahrersitz unseres Autos lag ein Dackel. Bis zu diesem Zeitpunkt besaßen wir keinen Dackel.

Smoot, der alte Dackel-Rüde, zwei Tage nachdem er völlig entkräftet in Heikos Auto gesprungen war. Erst später haben wir verstanden, wie sehr ihn sogar dieser Ausflug in die Natur gestresst hat, weil ihm jegliche Orientierung fehlte.

Es war weit nach Mitternacht, als Heiko ankam, und ich eilte ihm mit einer Leine entgegen. Mitten auf einer Landstraße in einem großen Waldgebiet war Smoot plötzlich im Scheinwerferlicht aufgetaucht. Heiko hielt an, stieg aus und wollte nachsehen, was für ein Tier sich da so lebensgefährdend verhielt. Smoot lief bis zu der geöffneten Fahrertür und sprang in unser Auto, kraxelte über die Mittelkonsole und rollte sich als hündischer Beifahrer zusammen. So watschelte Smoot in unser Leben. Ein alter black und tan Dackel, der an sich recht gepflegt und gut genährt aussah. Wir brachten ihn separat zu unseren Hunden unter, denn wir gingen fest davon aus, dass er einer älteren Person, vielleicht einem der vielen Jäger hier in unserer Region, entlaufen war. Am nächsten Tag meldeten wir ihn bei allen notwendigen Stellen und verfassten einen Aufruf in den Sozialen Medien. Nichts passierte. Nach drei Tagen entschieden wir, Smoot in Eigenverwahrung bei uns zu behalten, denn das hiesige Tierheim war der denkbar schlechteste Ort für einen offensichtlich älteren Dackel, der nicht gut hörte, einen grauen Star auf beiden Augen hatte und permanent versuchte, uns wieder zu verlassen. Er zeigte deutlich, dass er hier nicht hergehörte. Er jaulte an der Tür, war unruhig und nutzte jede Gelegenheit, den Zaun im Garten auf Schwachstellen zu untersuchen.
Dackel sind bekannt dafür, dass sie gesundheitliche Problematiken mit sich bringen. Nicht ohne Grund sind sie eines der Beispiele für Defektzuchten. Wir konnten also nicht länger warten und stellten Smoot in der

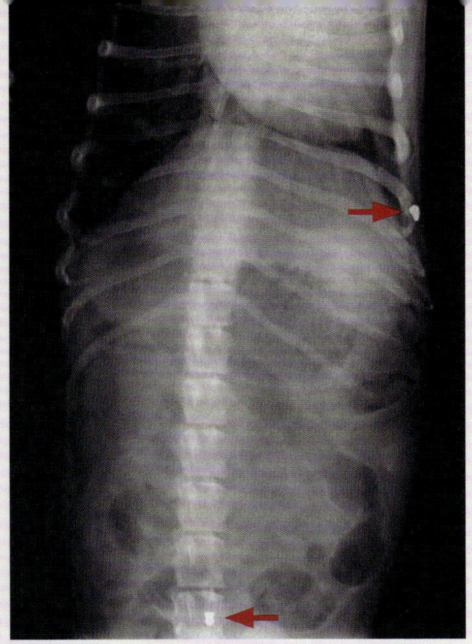

Die ersten Röntgenbilder zeigten nicht nur ein typisch-auffällig vergrößertes „Dackelherz", sondern auch Diabolo-Geschosse an mehreren Stellen im Körper des alten Hundes. Diese brutale Vergrämungsmethode ist auf dem Land immer noch üblich, wenn auch ganz klar verboten.

tiermedizinischen Praxis vor. In den kommenden Wochen wurde mit mehr und mehr Untersuchungen und bildgebenden Verfahren deutlich, dass Smoot vermutlich kein leichtes Leben hatte. Sein Herz war dackeltypisch vergrößert. Er litt an einem unbehandelten und verknöcherten Bandscheibenvorfall im Schulterbereich. Das rechte Schulterblatt war irgendwann einmal – wohl durch stumpfe Gewalt – gebrochen und eher ungünstig verheilt. An seinem Schädel zeigte sich oberhalb des rechten Auges ein weiterer verheilter Bruch. Bis hierhin hätte man sich noch das Leben eines dackeligen Draufgängers vorstellen können.
Aber auf den Röntgenaufnahmen leuchteten hell drei Punkte. Einer hinter der letzten Rippe auf der linken Seite, einer direkt an der Wirbelsäule und einer im Oberschenkelmuskel. Es sind Diabolo-Geschosse, also die Patronen von Luftgewehren. Mindestens drei Mal wurde auf Smoot aus einer Distanz geschossen, dass diese Geschosse relativ weit in seinen Körper eindringen konnten. Äußerlich sah man weder eine Wunde, noch eine Narbe – diese Geschosse stecken schon sehr lange in dem Dackel. Letztendlich glauben weder wir, noch unsere Tierärztin, dass Smoots partiell kollabierte Luftröhre, die ihm tagtäglich große Mühe beim Atmen macht, auf einen Unfall zurückzuführen ist. Viel wahrscheinlicher ist es, dass er aufgehängt wurde.
Smoot brauchte Wochen, um nicht mehr fortlaufen zu wollen. Er brauchte Monate, um sich mit seinen eingeschränkten Sinnen so gut zu orientieren, dass er angesprochen werden konnte. Jede Manipulation an seinem Körper quittierte er mit Grollen und biss auch zu. Er brauchte fast anderthalb Jahre, um Freude zeigen zu können – tat es dann aber auch gleich in der Praxis, wo er die tiermedizinischen Fachangestellten und die Tierärztinnen pflichtbewusst und freundlich begrüßte. Und er brauchte fast zwei Jahre, bis wir einen Weg gefunden hatten und er gelernt hatte, abrufbar zu sein. Klatschen wir jetzt in die Hände, schaut er aufmerksam auf. Dann reicht eine großräumige Armbewegung und der Dackel kommt, nach einer Ehrenrunde selbstverständlich, angerannt. Er liegt am liebsten auf dem Schoß und nennt inzwischen zwei Dackisäcke, Schlafsäcke für Kinder, sein Eigen – denn er liebt es, zugedeckt zu schlafen. Selbstverständlich hat er einen erhöhten Napf. Er ist ein beliebtes Wärmekissen aller anderen Hunde im Haus. Auch wenn er aus Vorsicht weiterhin einen Maulkorb trägt, kann man ihm die Krallen schneiden, ohne dass er zu knurren beginnt.
Wir haben jetzt also einen alten Dackel. Vieles wäre einfacher und wesentlich günstiger gewesen, wenn wir über seine medizinische Vorgeschichte oder seine Lebensumstände etwas gewusst hätten. Ein Tier auszusetzen, ist nicht nur verboten und für das Tier lebensgefährlich – es verursacht auch im günstigsten Fall eines Fundes länger anhaltendes Leid.

WAS MUSS ICH TUN, WENN …?

ANTWORTEN AUF UNBEQUEME FRAGEN

Ziel und Zweck dieses Buches ist es, dass sich alle Interessierten einen umfassenden Überblick über das komplexe Thema des Problemverhaltens bei Hunden verschaffen können.

Wir möchten auch, dass sich diejenigen, die sich in der Situation befinden, ein solches Problem angehen zu müssen, orientieren können. Wir möchten dazu beitragen, dass Betroffene und ihr Umfeld, Interessierte und die Gesellschaft mit einem besseren Verständnis an die Herausforderungen herangehen können, aber auch verdeutlichen, wie viel Verantwortung man übernimmt, wenn man sich entscheidet, einen Hund zu halten.

Wir möchten auch die unbequemen Fragen beantworten und auf die unschönen Gedanken eingehen, die aufkommen, wenn man die Last eines sich problematisch verhaltenden Hundes auf den Schultern trägt. Zu guter Letzt wollen wir auch die Weichen dafür legen, Probleme nicht aufkommen zu lassen, und wenn, dann in ihnen eine willkommene Herausforderung zu sehen, die ein – hoffentlich – gesundes, sich in seinen Bedürfnissen mitteilendes Wesen wie der Hund mitbringt. Letztendlich ist ein Problem ein Zeichen dafür, dass ein Hund am gemeinsamen Leben teilnimmt – und das ist etwas Wundervolles.

„Was muss ich tun, wenn …?“ soll einige allgemeine, übergreifende Fragen beantworten, die wir im Berufsalltag auf die eine oder andere Art und Weise zu hören bekommen. Auch sind es geäußerte Befürchtungen, manchmal wirken sie fast wie grausame Sehnsüchte. Sie alle spiegeln die Belastung wider, die Hundehaltung manchmal sein kann. Es ist in Ordnung, darüber zu reden. Es ist wichtig, sich auch mit den unangenehmen Themen und schrecklichen Impulsen gedanklich auseinanderzusetzen. Es ist sogar notwendig, um dann den Lösungsweg zu beschreiten, der für Tier und Mensch tragbar ist.

Auch kleine Hunde können beißen. Das Problem ist nicht immer unbedingt die Schwere der Verletzung, sondern die Gefahr einer massiven Entzündung. Das Foto zeigt einen Foxterrier; diese Rasse – und vor allem Glatthaar-Foxterrier – sieht man heute nur noch selten, weder in Familien noch im jagdlichen Umfeld.

WAS MUSS ICH TUN, WENN MEIN HUND ENTLAUFEN IST?

Deutschland ist so dicht besiedelt, dass nur die wenigsten Hunde, die entlaufen, nicht wiedergefunden werden. Deswegen ist es wichtig, sich richtig zu verhalten und den Hund zu registrieren.

Die gute Nachricht zuerst: Die meisten Hunde in Deutschland sind heute gechippt – entweder direkt von der Zuchtstätte oder spätestens bei der ersten Impfung in der tiermedizinischen Praxis. Dieser kleine Transponder, der üblicherweise links am Hals unter die Haut gesetzt wird, ermöglicht im Fall des Falles eine eindeutige Identifikation.

Aber: Der Chip allein reicht nicht. Nur wenn das Tier zusätzlich bei einem Haustierregister wie Tasso oder Findefix registriert wird – denn das passiert nicht automatisch –, kann der Hund im Notfall zugeordnet und zurückvermittelt werden. Dieser Schritt ist kostenfrei und kann im Zweifel entscheidend sein.

Ist der Hund nun tatsächlich entlaufen, gilt vor allem eins: Ruhe bewahren. Ist klar, warum der Hund weggelaufen ist? War er jagdlich motiviert? Ist er von zu Hause ausgebüchst, weil in der Nachbarschaft eine läufige Hündin ihre Düfte hinterlässt? Hat er vielleicht wegen eines Knalls Panik bekommen?

So verständlich es ist, sofort loszurennen oder laut nach dem Hund zu rufen – genau das kann die Situation verschlimmern. War es Jagen und der Hund reagiert gut auf einen Abbruchpfiff, dann ist das einen Versuch wert. Besonders unsichere und angstvolle Hunde geraten schnell in eine Art Ausnahmezustand. Selbst vertraute Menschen werden dann nicht mehr als sicher erkannt. Stattdessen greifen uralte Fluchtmechanismen – und die führen manchmal kilometerweit weg.

Bleibt der Hund in Sichtweite, ist es meist am besten, stehen zu bleiben, sich langsam abzuhocken oder sich sogar ruhig in die entgegengesetzte Richtung zu bewegen. Viele Hunde folgen dann aus eigenem Antrieb.

Ist der Hund außer Sicht, sollte man möglichst an der Stelle bleiben, an der er verschwunden ist, und Hilfe organisieren. Hunde orientieren sich stark an vertrauten Gerüchen – der Verlustort wird häufig wieder aufgesucht.

Wenn das Zuhause in der Nähe ist, kann es helfen, dort eine vertraute Person zu postieren oder – bei scheuen Hunden – die Haustür oder das Hoftor offen stehen zu lassen. Viele Hunde finden eigenständig zurück. Muss man den Ort dennoch verlassen, kann ein getragenes Kleidungsstück als Geruchsanker zurückgelassen werden. Beim weiteren Suchen empfiehlt sich eine sternförmige Strategie: von der Verluststelle ausgehend immer wieder radial in verschiedene Richtungen zu suchen und regelmäßig zurückzukehren. So bleibt der Bezugspunkt für den Hund erhalten.

Besonders wichtig: Ist man in der Nähe einer stark befahrenen Straße oder gar einer Autobahn, sollte man vermeiden, diese

Ob ein Hund entläuft, weil er sich erschreckt hat und flieht oder weil er jagt, ist in der Situation nicht relevant – wichtig ist, alle notwendigen Maßnahmen zu ergreifen, damit er seinen Weg zurückfinden kann.

selbst zu überqueren oder sich dem Bereich zu sehr zu nähern.

Parallel dazu sollten verschiedene Stellen informiert werden (siehe Kasten) – idealerweise hat man die Nummern schon unter einem Notfallkontakt wie „Hund vermisst" im Handy abgespeichert.

Sehr hilfreich sind auch regionale Gruppen für vermisste Tiere auf sozialen Plattformen, wo man den Hund mit Bild, Zeitpunkt und Ort des Verschwindens einstellen kann. Bleibt der Hund verschwunden, können Suchplakate in der Umgebung hilfreich sein. Tasso bietet hierfür kostenlose Unterstützung und stellt fertige Plakate mit der eigenen oder einer durchgeschalteten Telefonnummer bereit. Man sollte allerdings auch bedenken, dass viele Hunde, die nicht wieder gesichtet werden, Verkehrsopfer werden und sterben können – auch wenn das natürlich der schlimmstmögliche Ausgang wäre.

Ein Hinweis zu Finderlohn: So gut gemeint er auch ist – leider lockt er immer wieder Betrugsversuche an. Daher ist es ratsam, auf die Angabe der eigenen Adresse zu verzichten und nach Möglichkeit über eine Organisation wie Tasso als Kontaktinstanz zu gehen. So können mögliche Missverständnisse oder Missbrauch vermieden werden. Unserer Erfahrung nach führt ein ausgesprochener Finderlohn auch nicht zu besseren Ergebnissen. In Deutschland ist die Inbesitznahme von Fundtieren verboten und wird auch nur selten angesprochen. Usus ist es, die Bezugspersonen des Hundes zu suchen, denn herrenlose Hunde gibt es hier praktisch nicht.

Wenn der Hund über längere Zeit nicht gefunden wird oder sich extrem scheu verhält, können spezialisierte Suchorganisationen helfen. Diese arbeiten mit Pettrailing – also Spürhunden, die darauf trainiert sind, Haustiere zu finden – sowie mit Futterplätzen und gegebenenfalls Lebendfallen, um das entlaufene Tier gesichert zurückzubringen.

WEN INFORMIERT MAN ÜBER DEN ENTLAUFENEN HUND?

- Die zuständige Polizeidienststelle,
- die Registrierungsstelle (Tasso, Findefix),
- umliegende tiermedizinische Praxen und Tierkliniken und
- das örtliche Tierheim.
- Telefonnummern am besten bereits im Handy abspeichern!

WAS MUSS ICH TUN, WENN EIN HUND GEBISSEN HAT?

Es ist ein Schock. Und dieser Schock lähmt. Ganz gleich, ob der eigene Hund uns selbst, eine nahestehende Person oder gar jemanden im öffentlichen Raum verletzt hat – in den ersten Sekunden nach einem Biss wissen viele nicht, wie sie reagieren sollen. Das ist verständlich. Wichtig ist: ruhig bleiben, denken, handeln.

FALL 1:

DER HUND BEISST SEINE BEZUGSPERSON

Wenn der eigene Hund plötzlich gegen einen selbst geht, lautet die erste Maßnahme: stehen bleiben, sich ruhig abwenden und abwarten. In den meisten Fällen ist die Situation damit entschärft. Viele Hunde zeigen nach einem Biss oder einer Drohgebärde kein weiteres Angriffsverhalten – vorausgesetzt, es erfolgt keine direkte Konfrontation. Wer in dieser Lage laut wird, den Hund bestraft oder versucht, ihn zu beschwichtigen, läuft Gefahr, eine weitere Eskalation auszulösen.

Diese Art von Vorfall wird in der Regel in Deutschland nicht angezeigt und bleibt damit auch außerhalb offizieller Statistiken. Das ändert aber nichts an der Verantwortung, die wir als Bezugsperson tragen. Aggressives Verhalten hat Gründe. Es ist kein „Fehler“ des Hundes, sondern ein Ausdruck von Überforderung, Angst, Schmerz, mangelnder Kommunikation oder Struktur.

Was genau der Auslöser war, lässt sich oft im Nachhinein klären – vorausgesetzt, man geht ehrlich und sachlich an die Analyse heran. Wichtig: Solche Situationen dürfen sich nicht wiederholen. Solange der Hund nicht zuverlässig sicher geführt werden kann, sollte er – insbesondere in unübersichtlichen Situationen – einen Maulkorb tragen. Parallel dazu ist es sinnvoll, idealerweise mit fachlich qualifizierter Begleitung, an seiner Impulskontrolle, der Kommunikation im Alltag und der Stressresilienz zu arbeiten.

Für den Fall, dass der Hund nicht aufhört zu attackieren, bleiben als schützende Maßnahmen vor allem zwei Herangehensweisen: Man schafft es, den Hund beispielsweise durch eine Tür in einem Raum festzusetzen. Wenn es sich bewerkstelligen lässt, sollte man selbst dort sein, wo Telefon oder Haustür sind, damit Hilfe gerufen werden kann. Wenn sich der Hund so nicht abschütteln lässt, dann bleibt zu versuchen, seinen Kopf zu fixieren – direkt am oberen Teil des Halses, indem man erst mit einer Hand und dann mit der zweiten die Haut des Hundes packt und den Hund so anhebt, dass er maximal auf seinen Hinterbeinen stehen kann. Je nach Hundetyp werden die Arme möglichst nah an den Körper des Hundes geführt, damit er sie nicht erreichen kann. Die Hände, die fest die Haut am Hals umfassen, dirigieren gleichzeitig die Kopfbewegungen, die der Hund machen kann. Hat man den

Hund fixiert, kann man ihn in einen abschließbaren Raum bringen.
Achtung: In dem Moment, wo die Attacken aussetzen, reagiert unser Körper auf das freigesetzte Adrenalin mit dem sogenannten Adrenalinkater: Erschöpfung, Zittern, Muskelerschlaffung, Schwindel oder Kreislaufprobleme setzen ein. Es ist wichtig, die Atmung unter Kontrolle zu behalten und tiefe, langsame Atemzüge zu nehmen. Man sollte sich breitbeinig aufstellen und bewegen, auch wenn die Knie sich weich anfühlen. Leichte Bewegung erhält den Muskeltonus. Es hilft, ruhig mit sich selbst, aber auch mit dem Hund zu sprechen: „Wir schaffen das.", „Ich habe dich.", „So ist es gut." Diese Maßnahmen unterstützen dabei, so lange zu agieren, bis der Hund sicher eingeschlossen ist.

FALL 2:

DER HUND BEISST BESUCH

Auch hier gilt zunächst: Ruhe bewahren. Der Hund sollte sofort gesichert werden – notfalls durch räumliche Trennung. Die betroffene Person benötigt Wundversorgung und gegebenenfalls medizinische Hilfe. Ob eine Anzeige erfolgt, liegt bei der gebissenen Person. Umso wichtiger ist es, dass wir uns umgehend und empathisch kümmern, Einsicht zeigen und das weitere Vorgehen erklären. Für die Zukunft ist klar: Bei Besuch trägt der Hund einen Maulkorb. Zusätzlich sollten gezielte Maßnahmen ergriffen werden, um die Toleranz des Hundes gegenüber fremden Menschen zu verbessern.

Im Leinengemenge beißt der Hund eine andere Person, vielleicht aus Schreck oder weil plötzlich eine zu große Nähe hergestellt wurde. Jetzt gilt es, Ruhe zu bewahren und die medizinische Versorgung zu klären.

FALL 3:

DER HUND BEISST IM ÖFFENTLICHEN RAUM

Hier besteht akuter Handlungsbedarf. Der Hund muss sofort gesichert werden – etwa durch Anleinen, Anbinden oder das Verstauen im Auto. Danach steht die Versorgung der verletzten Person im Mittelpunkt: Erste Hilfe, Notruf wählen, beruhigender Beistand. Auch wenn man selbst unter Schock steht – in diesem Moment zählt vor allem eines: Verantwortung zeigen. Entscheidet sich die betroffene Person dennoch für eine Anzeige, ist das ihr Recht.

WAS PASSIERT, WENN EINE ANZEIGE EINES GEBISSENEN ERFOLGT?

Dann greift das Hundegesetz des jeweiligen Bundeslandes und die Vollzugsbehörden werden den Fall einschätzen. Dabei wird immer der Einzelfall betrachtet: Was war es für eine Verletzung? Hautperforationen werden anders gewertet als Muskelperforationen, weil klar ist, dass der Hund hier kräftiger zugebissen hat. Ist der Hund zum ersten Mal auffällig geworden? In welchem Kontext ist es passiert? Wie hat sich die verantwortliche Person verhalten? Darüber hinaus gilt, dass die Maßnahmen verhältnismäßig sein müssen – aber das hängt von der Einschätzung der sachbearbeitenden Person ab. Ein Fall kann eingestellt werden oder es werden Maßnahmen angeordnet, die umgesetzt werden müssen.
Zuständige Behörden können die Tötung eines Hundes anordnen, wenn Tatsachen die Annahme rechtfertigen, dass von dem Hund eine Gefahr für Leben oder Gesundheit von Menschen oder Tieren ausgeht. Diese drastische Maßnahme ist zum Glück selten – aber sie zeigt, wie ernst die Lage sein kann. Wenig Toleranz zeigen die zuständigen Stellen, wenn Kinder im Spiel waren, die Verletzungen massiv sind und von anhaltenden Attacken herrühren, und auch, wenn die für den Hund verantwortliche Person sich vollkommen uneinsichtig zeigt und damit die Wahrscheinlichkeit einer Wiederholung eines Vorfalls hoch ist.

WAS GILT BEI GEBISSENEN TIEREN?

Auch wenn ein Hund ein anderes Tier verletzt, kann das rechtliche Konsequenzen haben. Besonders dann, wenn es sich nicht um eine reine Abwehrhandlung handelt, sondern der Hund selbst die Situation her-

01

01 – 02
Nur weil ein Hund aus dem Tierheim aufgenommen wurde, muss er nicht arm dran sein. Die Bezugsperson dieses Mischlings ließ die Hündin gewähren, weil sie eine dramatische Hintergrundgeschichte mit sich brachte. Das eindeutig provokative, nach vorne gerichtete Aggressionsverhalten wurde als Angst interpretiert und das – vollkommen angemessene – Verhalten reagierender Hunde verurteilt.

beigeführt hat. In den Gefahrenabwehrverordnungen einiger Bundesländer heißt es dazu, dass ein Hund als gefährlich gilt, wenn er ein anderes Tier durch Biss geschädigt hat und dabei nicht im Normalverhaltensbereich geblieben ist.
Ein Streit zwischen zwei jungen Rüden, der mit einem Loch geendet ist, wird bei den allermeisten Zuständigen in der Behörde nur ein müdes Lächeln provozieren. Hat der Hund allerdings in einem Hundeauslauf einen Kleinhund massiv verletzt oder gar getötet, kann eine Überprüfung, ob es sich dabei um fehlgeleitetes Jagdverhalten gehandelt hat, sehr wohl sinnvoll sein.

WAS BEDEUTET DAS FÜR DEN ALLTAG?

Wer mit einem Hund lebt, der zu aggressivem Verhalten neigt, trägt eine besondere Verantwortung. Jede ungesicherte Begegnung ist ein Risiko – nicht nur für andere, sondern auch für den Hund selbst. Denn wenn etwas passiert, entscheidet am Ende jemand anderes über sein Schicksal: das Ordnungsamt, eine Fachperson, ein Sachbearbeiter des Veterinäramts. Hier ist viel Raum für eine subjektive Einschätzung, aber auch eine kontextbezogene, individuelle Beurteilung, in der nicht jeder Vorfall über den gleichen Kamm geschert werden muss.
Je besser ein Hund erzogen ist, je klarer er kommuniziert, je souveräner seine Bezugsperson auftritt, desto größer ist die Chance, dass eine Situation im Zweifel als Einzelfall gewertet werden kann.

WICHTIG
Ein Maulkorb ist kein Zeichen von Versagen – sondern von Verantwortung. Ein trainierter Hund ist kein Luxus – sondern die beste Lebensversicherung. Und eine gute Vorbereitung ist immer besser als eine nachträgliche Rechtfertigung.

02

DER HUND HAT ERFOLGREICH GEJAGT

Ob es uns gefällt oder nicht: Jagen liegt Hunden im Blut – dennoch ist dieses Verhalten nicht tolerierbar. Leben ist Leben und wir sind dafür verantwortlich, unseren Hund so unter Kontrolle zu halten, dass das so bleibt.

Sehen wir in die verschiedenen Gefahrenabwehrverordnungen der einzelnen Bundesländer, dann steht dort – sinngemäß –, dass ein Hund als gefährlich gilt, wenn er ein anderes Tier durch einen Biss geschädigt hat oder durch sein Verhalten gezeigt hat, dass er unkontrolliert hetzt, reißt oder anderweitig eine Bedrohung für Tiere darstellt. Dabei muss es gar nicht zu einem tatsächlichen Angriff gekommen sein – in einzelnen Bundesländern reicht schon allein das gezeigte Verhalten, um eine Einstufung als gefährlich mit all ihren Konsequenzen nach sich zu ziehen.
Die logische Schlussfolgerung wäre, einen Hund so zu führen und zu erziehen, dass weder Menschen noch andere Tiere gefährdet werden. Das ist zumindest das Ideal. Die Realität sieht oft anders aus. Was also tun, wenn der eigene Hund erfolgreich gejagt hat oder auch nur im Freilauf nicht abrufbar ist? Nicht selten beginnt das Problem mit einem harmlos wirkenden „Ach naja" oder einem „Eigentlich": „Ach naja, er war gerade abgelenkt", „Eigentlich hört er ganz gut", „Meistens geht er vom Sofa runter, wenn ich es ihm sage." Solche Aussagen stehen sinnbildlich für eine Haltung, in der Unverbindlichkeiten zur Gewohnheit geworden sind. Es geht dabei nicht um strengen Kadavergehorsam. Großzügigkeit und Nachsicht sind wichtige Bestandteile jeder gelingenden Mensch-Hund-Beziehung. Aber sie haben ihre Grenzen – nämlich dort, wo der Hund beginnt, die Forderungen seines Menschen wissentlich nicht zu befolgen, weil es für ihn schlicht keine Konsequenzen gibt.

KLARE ANSAGEN

Gerade bei den Hunden, die „Ach-naja"-Momente zu ihrem Vorteil nutzen, braucht es klare Linien. Wer merkt, dass der eigene Hund sich regelmäßig entzieht oder Ansprachen ignoriert, sollte anfangen, genau hinzusehen – und nur noch das ansprechen, was sich auch wirklich durchsetzen lässt (siehe Kapitel „Sozialstrukturierung"). Nur wenn der Hund erlebt, dass Ansprachen nicht zur Diskussion stehen, wird er lernen, auch in reizintensiven Situationen ansprechbar zu bleiben. Denn wer bei Alltagskonflikten schon aussteigt, wird auch nicht hören, wenn plötzlich ein Reh vor ihm aufspringt. Ein Leben an der Schleppleine ist in solchen Fällen keine Einschränkung, sondern eine kluge Vorsichtsmaßnahme – zumindest so lange, bis Sicherheit gegeben ist. Es gibt durchaus Jagdhund-Rassen, die schwer oder gar nicht in den sicheren Freilauf zu bringen sind. Aber auch sie wurden ursprünglich dafür gezüchtet, mit ihren Menschen zu kommunizieren. Selbst bei der Jagd. Das Potenzial ist also vorhanden – aber es muss bewusst und konsequent trainiert werden.

SUCHE NACH DEM VERLETZTEN TIER

Wenn ein Hund gejagt hat, tragen wir auch Verantwortung für das gejagte Tier. Wegsehen ist keine Option. Ist das Tier verletzt und flüchtig, muss die Person informiert werden, die die Jagdpacht innehat. Sie kann mit einem Nachsuchehund versuchen, das verletzte Tier aufzuspüren und es von seinem Leiden zu erlösen. Liegt das Tier vor Ort und ist offensichtlich schwer verletzt, ist ebenfalls die Person mit Jagdpacht verantwortlich – denn tiermedizinisches Fachpersonal oder die Polizei sind in solchen Fällen nicht zuständig. Wer die zuständige Person, die gepachtet hat, nicht kennt, kann sich an die nächste Polizeidienststelle wenden – dort liegen entsprechende Listen vor.

Zeigt sich die für den Hund verantwortliche Person in einer solchen Situation kooperativ, einsichtig und bereit, Konsequenzen zu ziehen, dann lassen sich viele Konflikte lösen – auch mit den Personen, deren Tiere möglicherweise zu Schaden gekommen sind. Wird hingegen geschwiegen oder der Schaden geleugnet, entsteht nicht nur ein ethisches Problem, sondern auch ein juristisches Risiko. Das gilt auch für Hunde, die in Weideflächen eindringen und Nutztiere jagen. Kommt es dort zu Verletzungen – sei es durch direkten Kontakt, durch Panik, durch Zaunverletzungen oder einfach durch den Stress, muss der landwirtschaftliche Betrieb informiert werden, dem die Tiere gehören und der betroffen ist. Die eigene Tierliebe darf nicht beim eigenen Hund enden. Besonders in der Lammsaison sollte man sich immer vor Augen halten, dass bei einem Vorfall ein Großteil der ungeborenen Lämmer absterben oder abgetrieben werden. Die Anzahl der getöteten Tiere kann also wesentlich höher liegen, auch wenn die meisten erwachsenen Schafe noch stehen.

Allzu oft hört man, dass Hunde sich schon einig werden und das unter sich regeln würden. Oft ist das eine fatale Fehleinschätzung, bei der es schnell zu Verletzungen kommt. Schuldzuweisungen helfen dann nicht weiter. Es wäre fairer für alle Seiten, Hunde nur nach Absprache miteinander kommunizieren und spielen zu lassen.

HAFTPFLICHT-VERSICHERUNG

Eine gute Haftpflichtversicherung ist in solchen Fällen mehr als eine Formalie – sie ist die finanzielle Absicherung für den Fall, dass trotz aller Vorsicht etwas passiert. Noch wichtiger ist jedoch das Verhalten nach dem Vorfall: Reue zeigen, Verantwortung übernehmen und sich aktiv um Veränderung bemühen – das heißt auch, sofortige Sicherheitsmaßnahmen umzusetzen und professionelle Hilfe in Anspruch zu nehmen. Wer all das tut, kann viele Betroffene beschwichtigen – und damit auch das eigene Tier schützen. Denn kommt es zur Anzeige, droht dem Hund die Einstufung als gefährlich. Die Folgen können dieselben sein wie bei einem Biss, denn beides fällt unter die gleiche Gefahrenabwehrverordnung: Leinen- und Maulkorbpflicht, Wesenstest, Sachkundenachweis, erhöhte Hundesteuer.

WAS MUSS ICH TUN BEI ABGABE?

Wer einmal einen Hund in sein Leben gelassen hat, übernimmt Verantwortung. Diese endet nicht mit der Entscheidung zur Abgabe – sie beginnt dort vielleicht sogar neu.

Es ist oft ein langer, schmerzhafter Prozess, bis man zu dem Punkt kommt, an dem klar wird: So geht es nicht weiter. Man hat viel versucht, viel investiert, vielleicht auch zu viel erwartet – und doch ist da diese Erkenntnis, dass es nicht mehr tragbar ist. Vielleicht ist es zu gefährlich geworden. Vielleicht übersteigt es die eigenen Möglichkeiten. Vielleicht fehlt schlichtweg die Kraft.

Die Entscheidung, einen Hund abzugeben, fällt nicht leicht. Und sie wird oft von Schuldgefühlen begleitet. Doch so hart es klingen mag: Es kann auch eine Form der Verantwortung sein, diese Entscheidung zu treffen. Dann nämlich, wenn der Hund bei jemand anderem ein besseres Leben führen kann als bei einem selbst. Hunde sind keine Kinder, auch wenn sie manchmal als Familienmitglieder gesehen oder behandelt werden. Sie haben keine jahrzehntelange Lebensspanne, keine Zukunft, die wir in ferne Bahnen lenken können. Aber sie sollten in den Jahren, die ihnen bleiben, ein gutes Leben haben dürfen – sicher, gesund, verstanden.

SUCHE NACH DEM RICHTIGEN ORT

Hat man sich entschieden, den Hund abzugeben, dann folgt die nächste, meist dringliche Frage: Wohin? In der Realität sieht es oft so aus, dass es schnell gehen muss – weil die Situation eskaliert ist, weil Kinder gefährdet sind, weil Überforderung akut geworden ist. Aber anders als häufig angenommen ist eine Abgabe in ein Tierheim heute nicht ohne Weiteres möglich – auch nicht dann, wenn man bereit ist, Geld zu zahlen. Ein erster Weg bei Rassehunden kann über die Zuchtstätte führen. Verantwortungsvolle Zuchtstätten sind im Idealfall bereit, ihre Tiere zurückzunehmen oder bei der Vermittlung zu helfen. Besonders gut ist es, wenn das bereits im Vorfeld vertraglich geregelt wurde. Leider stammen viele Hunde mit problematischem Verhalten jedoch nicht aus solchen Händen, sondern aus „Gelegenheitswürfen" oder aus der Massenzucht. Rücknahme? Fehlanzeige. Kontakt? Oft nicht mehr möglich. Gerade optisch auffällige Hunde mit modischen Merkmalen werden ohne Rücksicht auf Wesen oder Gesundheit verpaart. Die Folge: instabile Tiere mit fragwürdiger genetischer Grundlage. Kein Tierheim ist verpflichtet, Hunde aufzunehmen, die von Privatpersonen abgegeben werden wollen. Die meisten Tierheime in Deutschland sind Vereine, keine staatlichen Einrichtungen. Sie haben, wenn überhaupt, nur für Fundtiere einen vertraglichen Auftrag mit einer der mehreren Kommunen. Die Aufnahme von privaten Abgabetieren ist eine freiwillige Leistung. Wenn sie angeboten wird, dann meist unter der Voraussetzung einer Begutachtung – und fast immer gegen eine Abgabegebühr. Die Höhe dieser Gebühr variiert. Üblich sind 500 bis 1 000 Euro, bei Hunden mit auffälligem Verhalten oder gesundheitlichen Problemen

French Bulldogs werden oft als lustige Clowns gesehen – aber auch sie sind Hunde, die einem Konflikt nicht unbedingt aus dem Weg gehen. Wer mit falschen oder übersteigerten Erwartungen eine bestimmte Rasse anschafft, wird fast automatisch enttäuscht werden.

kann es deutlich mehr werden. Denn solche Hunde kosten Zeit, Geld und personelle Ressourcen. Manche Tierheime lehnen die Aufnahme trotzdem ab – selbst wenn hohe Beträge angeboten werden.

Anders verhält es sich, wenn der Hund ursprünglich aus dem Tierheim stammt. In solchen Fällen nehmen Tierheime ihre Tiere in der Regel lebenslang zurück – das ist oft auch vertraglich zugesichert.

Inzwischen gibt es einige spezialisierte Einrichtungen, die Hunde unter sogenannten Pensionsbedingungen aufnehmen – allerdings zu deutlich höheren Kosten. Je nach Aufwand können dort monatlich 800 bis 1500 Euro fällig werden – in Einzelfällen sogar mehr. Denn auch dort gilt: Viele dieser Hunde bleiben lange, und mit Futter alleine ist es nicht getan – es entstehen ganz normale, betriebliche Kosten.

Eine mögliche Alternative, vor allem bei Rassehunden oder deren Mischlingen, sind gut vernetzte Plattformen oder Gruppen im Internet, etwa in den Sozialen Medien. Dort gibt es Rasseforen, in denen man den Hund vorstellen und nach Unterstützung suchen kann. Erfahrung und Netzwerke helfen hier weiter – mit Glück lässt sich ein passender Platz finden. Aber Vorsicht: Ein Verkauf über die gängigen Kleinanzeigenportale ist grundsätzlich nicht zu empfehlen. Hier tummeln sich Menschen, die Tiere kaufen wollen – und denen das Wohl des Tieres nicht am Herzen liegt. Ein gutes Gefühl und schöne Worte reichen nicht aus, um Verantwortung weiterzugeben. Erst recht nicht, wenn problematisches Verhalten ins Spiel kommt.

Wer einmal einen Hund in sein Leben gelassen hat, übernimmt Verantwortung. Diese endet nicht mit der Entscheidung zur Abgabe – sie beginnt dort vielleicht sogar neu. Denn ein Hund ist kein Möbelstück. Die Entscheidung für ein Lebewesen darf keine spontane Laune sein. Und auch wenn es sich wie ein Scheitern anfühlt, ist es kein Versagen, wenn man eingesteht, dass es nicht funktioniert hat. Es ist mutig, das Wohl des Hundes über das eigene Bild von sich selbst zu stellen.

Deshalb: Wer sich für einen Hund entscheidet – und erst recht für einen Hund mit besonderen Bedürfnissen – sollte sich im Vorfeld fragen, was wäre, wenn. Nicht, um sich zu ängstigen. Sondern um vorbereitet zu sein.

IST EINSCHLÄFERN OKAY?

Die Entscheidung über das Einschläfern eines Hundes trifft man nie alleine – es gilt, im Sinne der Sicherheit und des Tierwohles abzuwägen, gemeinsam mit spezialisierten Fachkräften.

Es ist eine Frage, die sich niemand leichtfertig stellt, wenn es um den eigenen Hund geht. Es ist eine der schwersten Entscheidungen, die man als Mensch an der Seite eines Tieres treffen kann. Wann ist es Zeit, loszulassen – und darf man das überhaupt? Wann ist Einschläfern ein Akt der Fürsorge, wann eine sichernde Maßnahme, wann ist es ein Zeichen für den Wunsch aus Überforderung, und wann schlicht nicht erlaubt? Wir finden, dass solche Gedanken, genau wie die über eine Abgabe, zunächst einmal legitim sind. So vielfältig die Gründe für Problemverhalten sind, so wenig gibt es eine allgemeingültige Antwort. Es gehört zur eigenen Entlastung dazu, auch solche Szenarien zu durchdenken – hier versuchen wir also, die sachlichen Aspekte beizusteuern.

TIERSCHUTZGESETZ

Zunächst: Das deutsche Tierschutzgesetz ist in diesem Punkt eindeutig: In § 17 heißt es, dass es strafbar ist, ein Wirbeltier ohne „vernünftigen Grund" zu töten. Der Begriff „vernünftiger Grund" ist ein unbestimmter Rechtsbegriff. Er soll es ermöglichen, ein Gesetz flexibel auf unterschiedlichste Szenarien anzuwenden. Ein solcher Grund liegt jedoch nur dann vor, wenn die Handlung wirklich notwendig ist – das heißt, wenn das menschliche Interesse deutlich schwerer wiegt als das Wohl des Tieres und es keine mildere Möglichkeit gibt, das Problem zu lösen. Das wäre zum Beispiel der Fall, wenn das Tier leidet – also Schmerzen oder andere Beschwerden hat, die sich nicht mehr lindern lassen. Dann darf, im Sinne des Tierwohls, die Entscheidung zur Euthanasie getroffen werden. Diese Entscheidung obliegt dabei immer der Beurteilung durch eine tiermedizinische Fachperson. Es reicht also nicht, dass man selbst das Gefühl hat, „es geht nicht mehr". Es braucht eine medizinische Indikation.

Was viele nicht wissen: Auch aus verhaltenstherapeutischer Sicht darf eine Euthanasie unter bestimmten Umständen in Erwägung gezogen werden – zum Beispiel bei massiven, nicht therapierbaren Zwangsstörungen, die für das Tier eine ständige Belastung darstellen. In diesen Fällen muss ein sorgfältiger diagnostischer Prozess durchlaufen werden, in dem alle anderen Optionen ausgeschlossen wurden. Vor allem aggressive Verhaltensweisen dürfen nicht pauschal als Grund herangezogen werden. Aggression ist keine Krankheit, sondern ein Verhalten. Und Verhalten kann, zumindest in vielen Fällen, beeinflusst, gemanagt oder verändert werden. Ein Hund darf also nicht einfach deshalb eingeschläfert werden, weil er „beißt". Wenn das Verhalten erklärbar, beeinflussbar oder behandelbar ist – etwa durch Training oder ein angepasstes Lebensumfeld – fehlt der „vernünftige Grund" im Sinne des Gesetzes. Würde sich also beispielsweise die örtliche Tierärztin über diese Vorgabe hinwegsetzen, kann sie nicht nur strafrechtlich belangt werden, sondern wird auch berufsrechtliche Konsequenzen erfahren.

In besonders schweren Fällen – etwa nach einem schweren Beißvorfall – kann eine Euthanasie auch von behördlicher Seite angeordnet werden. Solche Entscheidungen treffen in der Regel Polizei oder Ordnungsämter, und auch das nur unter strengen Voraussetzungen. Die Behörden müssen nachweisen, dass vom Hund eine anhaltende Gefahr für Menschen oder Tiere ausgeht – und dass keine andere Möglichkeit besteht, ihn sicher unterzubringen oder zu vermitteln. Ein unabhängiges Gutachten ist in diesen Fällen Pflicht.
Selbst dann gilt: Eine Tötung darf erst erfolgen, wenn der Versuch unternommen wurde, den Hund an eine sachkundige, geeignete Stelle weiterzugeben – etwa an ein spezialisiertes Tierheim oder eine dafür ausgestattete Pflegestelle. Das gilt nicht nur bundesweit, sondern auch in den landesspezifischen Hundeverordnungen, etwa in Hessen oder Nordrhein-Westfalen. Der Schutz des Lebens gilt also auch dann, wenn das Verhalten des Tieres schwierig oder bedrohlich ist.

Für den Gedankenprozess bedeutet das: Eine Euthanasie ist keine persönliche Entscheidung. Sie ist ein rechtlich und ethisch klar geregelter Vorgang. Und sie darf niemals zur letzten Option werden, nur weil man subjektiv keine Perspektive mehr sieht oder sich alleine fühlt. Wenn du dich in dieser Beschreibung wiedererkennst, hol dir Unterstützung – durch eine erfahrene Hundeschule, durch tiermedizinische Beratung oder durch die Zusammenarbeit mit einem Tierheim, das mit schwierigen Hunden vertraut ist.
Denn so schwer der Weg auch sein mag: Kein Hund sollte eingeschläfert werden, weil er „zu herausfordernd" war. Aber es sollte auch kein Hund jahrelang in einem Zustand leben müssen, der für ihn selbst Leid bedeutet – sei es körperlich oder psychisch. Verantwortung bedeutet, genau das unterscheiden zu können. Und wenn wir diese Verantwortung ernst nehmen, dann gehört auch dazu, die Entscheidung für oder gegen ein Leben nicht alleine zu treffen. Eine Euthanasie ist, vor allem wenn es um Verhalten geht, eine Extremkonsequenz.

Der Malinois-Rüde ist neu in der Hundegruppe, die ihrerseits bereits Erfahrung mit Belgischen Schäferhunden hat. Obwohl er vom Tierheim als artgenossenunverträglich eingeschätzt wurde, zeigt sich, dass er ein äußerst sozialer Hund ist, der einfach nur sehr schnell agiert und reagiert. Die Zusammenführung fand selbstverständlich mit Maulkorb statt.

WENN EIN HUND EINZIEHT

Wer Probleme gedanklich willkommen heißt, sie als Gelegenheit für das nähere Kennenlernen sieht, wird einen guten Start in das Leben mit Hund haben.

Ein Hund zieht nicht einfach nur ein – er verändert das Leben. Und zwar meistens mehr, als man vorher glaubt. Egal ob Welpe, junger Erwachsener oder älteres Tier: In den ersten Tagen und Wochen wird etwas passieren, das man nicht möchte. Immer. Vielleicht kaut er das Tischbein an. Vielleicht bellt er durchgehend, wenn man duscht. Vielleicht flüchtet er unter das Sofa und kommt nur nachts heraus. Wer sich also fragt, ob es reicht, einen Napf aufzustellen, zwei Körbchen dekorativ zu verteilen und dann einfach zu schauen, wie es läuft – dem sei gesagt: Nein, das reicht nicht. Nicht, wenn man wirklich von Anfang an das tun will, was nötig ist, damit der Hund in diesem neuen Leben zurechtkommt.
Es wäre wünschenswert, wenn es verpflichtende Vorbereitungskurse gäbe. So etwas wie ein „Hundeführerschein vor Anschaffung", wie es derzeit in der Schweiz im Kanton Zürich wieder eingeführt wird. Momentan bleibt dafür nur gute Literatur – oder Menschen, die bereit sind, ehrlich über die Herausforderungen der Hundehaltung zu sprechen. Denn der Einzug eines Hundes bringt nicht nur Freude, sondern auch Herausforderungen mit sich. Dazu mehr im Kapitel „Erzieherische Defizite" – und wie man mit ihnen umgehen kann, ohne sie zu vermeiden oder zu verschärfen.

PROBLEME IN DER EINGEWÖHNUNGSPHASE

Ein typischer Punkt, der in der Eingewöhnung auftaucht, ist das Thema Rückzug oder Ruhemangel. Wir schreiben dazu viel im Kapitel „Über-Probleme". Hunde, die nicht zur Ruhe kommen, werden häufig „wegorganisiert" – an die Leine gelegt oder in eine Box gesperrt. Das mag kurzfristig helfen. Aber spätestens dann, wenn das Anketten oder die geschlossene Tür zur einzigen Strategie werden, um mit einem überdrehten Hund umzugehen, ist es Zeit für Unterstützung. Eine Box ist keine Lösung, sondern maximal eine Übergangshilfe – und zwar nur dann, wenn klar ist, dass man zügig daran arbeitet, sie wieder überflüssig zu machen. Wie viele Hunde heute über Stunden oder sogar nachts in Boxen gehalten werden, ist aus tierschutzrechtlicher Perspektive mehr als bedenklich. Die behördlich empfohlene Maximalzeit liegt aktuell bei 20 bis 30 Minuten – und selbst das ist keine pauschale Empfehlung, sondern eine Schmerzgrenze.
Viele Hunde zeigen nach den ersten Tagen des Sich-Orientierens ein Verhalten, das sich als problematisch erweisen kann – aggressives Betteln, ressourcenbezogenes Drohen, Übersprungshandlungen (siehe Kapitel

01

01
Nicht nur Welpen, auch ältere Hunde aus dem Tierschutz sollten in den ersten Tagen lernen, wie ihr Name lautet und welche verbindlichen Regeln es gibt. Der kleine ungarische Mischling Niels zeigt hier, dass er den Rückruf schon beherrscht – dennoch wird auf die Ausführung bestanden, damit sich keine Lücke im Regelwerk auftut.

02
Zieht ein Welpe ein, bringt das viel Verantwortung mit sich. Es wäre sinnvoll, dass Personen, die zum ersten Mal einen Hund halten, vorab alle relevanten Grundlagen lernen – von den Pflichten über die Rechte bis hin zu den Grundlagen der Erziehung und Versorgung.

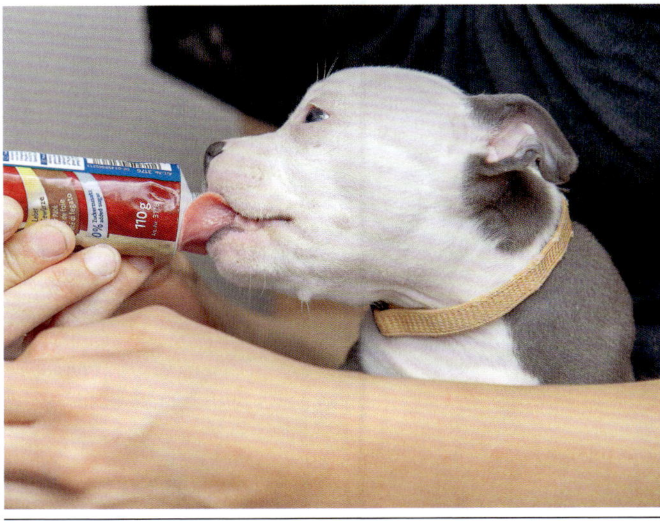

02

„Konflikte“). Doch nicht jedes Fehlverhalten braucht sofort ein strenges Gegenüber. Es geht nicht darum, vorsorglich alles zu verbieten, sondern aufmerksam zu beobachten, wie sich Muster entwickeln. Und sich frühzeitig zu fragen: Ist das ein Verhalten, das sich von selbst wieder legt – oder eines, das ich adressieren sollte, bevor es sich verfestigt? Wer hier unsicher ist, findet im Kapitel „Verhaltensstörungen“ weitere Hinweise.
Hunde brauchen Zeit, um sich einzufinden. Dabei geht es nicht nur um das Kennenlernen von Menschen oder Räumen, sondern auch um Abläufe: Das Öffnen der Kühlschranktür, das Rascheln der Leine, das Zähneputzen abends – all das sind Orientierungspunkte, an denen Hunde erkennen, was passiert und wo ihr Platz ist. Dieser Platz sollte klar, sicher und berechenbar sein.
In den ersten Tagen ist nicht die Zeit für Nachsicht und Narrenfreiheit, sondern für Klarheit. Nicht um des Gehorsams willen, sondern weil Sicherheit nur dort entstehen kann, wo die Regeln verständlich sind.
Ein Hund sollte von Anfang an ein paar wenige Dinge lernen – am besten in genau dieser Reihenfolge: seinen Namen, ein klares „Nein“, einen verlässlichen Rückruf und, ganz wichtig, wie man gemeinsam an der Leine geht. Wer das in den ersten Wochen übt, legt die Grundlage für das, was später Alltag wird. Denn der Alltag ist es, der entscheidet, ob ein Hund als „pflegeleicht“ oder „problematisch“ wahrgenommen wird.

SOZIALKONTAKTE

Und dann ist da noch das Thema Sozialkontakt. Auch wenn viele Hunde sich eng an ihre Menschen binden – sie bleiben soziale Tiere, die Artgenossen brauchen. Nicht im Rudel und nicht in der Masse, aber regelmäßig und in kontrollierten Rahmen. Eine Hundewiese mit zehn Fremden ist für die wenigsten die beste Idee. Besser sind feste Hundebekanntschaften, kontrollierte Settings – und das Wissen, dass anfängliches Abwehrverhalten normal ist. Je besser sich zwei Hunde kennen, desto klarer können sie kommunizieren. Mehr dazu ist in den Kapiteln „Aggressionsverhalten“ und „Angstverhalten“ zu lesen.
Wer sich von Anfang an mit realistischen Erwartungen, klaren Regeln und ein wenig Neugier auf das neue Familienmitglied einlässt, der wird viel gewinnen. Auch wenn es um die Rassewahl geht, wie wir im Kapitel „Problemrassen“ beschreiben. Und dabei hilft es, nicht erst bei Problemen zu suchen, sondern schon vorher die richtigen Fragen zu stellen. Zum Beispiel: Was mache ich, wenn es nicht läuft? Wenn sich erste Konflikte zeigen oder sich Frust einschleicht? Auch dazu finden sich in diesem Buch Antworten – im Kapitel „Konflikte“ und an vielen anderen Stellen.
Denn: Verhalten entsteht immer aus einem Zusammenspiel. Und wer gleich zu Beginn den Blick für die feinen Veränderungen schärft, der verhindert oft, dass aus kleinen Herausforderungen große Probleme werden.

SERVICE

LITERATUR UND QUELLEN

Adams, G.J. et al. (1993): **Sleep-wake cycles and other night-time behaviours of the domestic dog (Canis familiaris)**, Applied Animal Behaviour Science, 36(3), S. 233–248. doi: 10.1016/0168-1591(93) 90013-F.

Arhant, C. et al. (2010): **Behaviour of smaller and larger dogs**, Applied Animal Behaviour Science, 123(3–4), S. 131–142. doi: 10.1016/j.applanim.2010.01.003.

Beerendonk, L., et al. (2024): **A disinhibitory circuit mechanism explains a general principle of peak performance during mid-level arousal**, Proceedings of the National Academy of Sciences, 121(5), S. 12898. doi: 10.1073/pnas.2312898121.

Berry, Z. et al. (2015): **Explanations and implications of the fundamental attribution error: A review and proposal**, Journal of Integrated Social Sciences, 5(1), S. 44–57.

Beynen, A.C. (2020): **Diet and canine coprophagy**, Bonny Canteen, 1, S. 79–88. Verfügbar unter: https://www.researchgate.net/publication/342657293 (Abgerufen am: 23. März 2025).

Binder, R., et al. (2020): **Unterbringung von Hunden in Boxen und ähnlichen Unterkünften – Möglichkeiten und Grenzen der kurzfristigen Unterschreitung von tierschutzrechtlichen Mindestanforderungen**, Wiener Tierärztliche Monatsschrift, 107, S. 212–232.

Blackwell, E.J. et al. (2012): **The use of electronic collars**, BMC Veterinary Research, 8, Artikel 93. doi: 10.1186/1746-6148-8-93.

Blackwell, E.J. et al. (2008): **The relationship between training methods and behavior problems**, Journal of Veterinary Behavior, 3(5), S. 207–217. doi: 10.1016/j.jveb.2007.10.008.

Bódizs, R., et al. (2020): **Sleep in the dog: comparative, behavioral and translational relevance**, Current Opinion in Behavioral Sciences, 33, S. 25–33. doi: 10.1016/j.cobeha.2019.12.006.

Bray, E.E., et al. (2015): **Increasing arousal enhances inhibitory control in calm but not excitable dogs**, Animal Cognition, 18(6), S. 1317–1329. doi: 10.1007/s10071-015-0901-1.

Broseghini, A. et al. (2024): **Ethogram of the predatory sequence of dogs** (Canis familiaris), Applied Animal Behaviour Science, 279. https://doi.org/10.1016/j.applanim.2024.106402

Brucks, D. et al. (2017): **Reward type and behavioural patterns predict success in dogs**, Scientific Reports, 7, Artikel 42459. doi: 10.1038/srep42459.

Bublak, A. (2013): **Ausdrucksverhalten von Hunden (Canis familiaris) gegenüber dem Menschen in einem Verhaltenstest und Beschwichtigungssignale in der**

Hund-Mensch-Kommunikation. Dissertation, Ludwig-Maximilians-Universität München. Verfügbar unter: https://edoc.ub.uni-muenchen.de/16177/ (Abgerufen am: 23. März 2025).

Buchholtz, C. (1993): **Leiden und Verhaltensstörungen bei Tieren: Grundlagen zur Erfassung und Bewertung von Verhaltensabweichungen**. Basel: Birkhäuser.

Bundesministerium der Justiz (2023), Tierschutzgesetz in der Fassung der Bekanntmachung vom 18. Mai 2006 (BGBl. I S. 1206), zuletzt geändert durch Artikel 1 des Gesetzes vom 24. November 2023 (BGBl. I Nr. 315). Verfügbar unter: https://www.gesetze-im-internet.de/tierschg/ (Abgerufen am: 23. März 2025).

Cao, X., et al. (2014): **Balancing selection on CDH2 may be related to the behavioral features of the Belgian Malinois**, PLOS ONE, 9(10), e110075. doi: 10.1371/journal.pone.0110075.

Casey, R.A. et al. (2014): **Human directed aggression in dogs**, Applied Animal Behaviour Science, 152, S. 52–63. doi: 10.1016/j.applanim.2013.12.003.

Casey, R.A. et al. (2021): **Dogs are more pessimistic if their owners use aversive methods**, Scientific Reports, 11, Artikel 19023. doi: 10.1038/s41598-021-97743-0.

Christensen, E. et al. (2020): **Aggressive behavior in adopted dogs**, Frontiers in Veterinary Science, 7, Artikel 508. doi: 10.3389/fvets.2020.00508. Siehe auch: Christensen, E. et al. (2021): 8, Artikel 629746. doi: 10.3389/fvets.2021.629746.

Coppinger, R. und Feinstein, M. (2015): **How Dogs Work**. Chicago: University of Chicago Press. Es ist wichtig zu beachten, dass die deutschsprachige Erstausgabe dieses Buches, veröffentlicht beim Kynos Verlag, in der Darstellung der abgewandelten Elemente der Jagdverhaltenskette bei unterschiedlichen Rassetypen Fehler enthält.

Cronin, G.M. et al. (2003): **Anti-barking muzzle for dogs**, Applied Animal Behaviour Science, 83(3), S. 215–226. doi: 10.1016/S0168-1591(03)00133-3.

Croy, K.C., et al. (2012): **What kind of dog is that? Accuracy of dog breed assessment by canine stakeholders**, Proceedings of the 5th Annual Maddie's Shelter Medicine Conference, Gainesville, FL: University

of Florida. (siehe auch: Referenz zur Internetseite der University of Florida College of Veterinary Medicine)

Deldalle, S. et al.(2014): **Effects of 2 training methods on dog-owner relationship**, Journal of Veterinary Behavior, 9(2), S. 58–65. doi: 10.1016/j.jveb.2013.11.004.

Dittmann, M.T., et al. (2024): **Low resting metabolic rate and increased hunger due to β-MSH and β-endorphin deletion in a canine model**, Science Advances, 10(10), eadj3823. https://doi.org/10.1126/sciadv.adj3823

Döring, D., et al. (2022): **Verwendung von verschließbaren Hundeboxen im Alltag**, Deutsches Tierärzteblatt, 70(3), S. 306–313.

Duffy, D.L., et al. (2008): **Breed differences in canine aggression**, Applied Animal Behaviour Science, 114(3–4), S. 441–460. https://doi.org/10.1016/j.applanim.2008.04.006

Feddersen-Petersen, D. (2004): **Hundepsychologie**. Kosmos.

Feddersen-Petersen, D. (2008): **Ausdrucksverhalten beim Hund**. Kosmos. Fédération

Cynologique Internationale (FCI) (2010): **FCI-Standard Nr. 166: Deutscher Schäferhund / German Shepherd Dog (Deutscher Schäferhund)**. Verfügbar unter: https://www.fci.be/nomenclature/Standards/166g01-de.pdf (Abgerufen am: 23. März 2025).

Freedman, A.H., et al.(2014): **Genome sequencing highlights the dynamic early history of dogs, PLoS Genetics**, 10(1), e1004016. doi: 10.1371/journal.pgen.1004016.

Friedman, S.G. (2009): **Behavior fundamentals: Filling the behavior-change toolbox**, Journal of Applied Companion Animal Behavior, 3(1), S. 36–40. Verfügbar unter: https://citeseerx.ist.psu.edu/document?repid=rep1&type=pdf&doi=6060ae59159a381b3070a909103bb8d63d89a34f (Abgerufen am: 17. März 2025).

Good, T.L. et al. (2019): **Expectation effects: Pygmalion and the initial 20 years of research**, Educational Research and Evaluation, 25(1–2), S. 1–20. doi: 10.1080/13803611.2018.1548817.

Griss, S., et al. (2021): **If they could choose: How would dogs spend their days? Activity patterns in four populations of domestic dogs**, Applied Animal Behaviour Science, 243, 105449. doi: 10.1016/j.applanim.2021.105449.

Greenspoon, L., et al. (2023): **The global biomass of wild mammals**, Proceedings of the National Academy of Sciences, 120(10), e2204892120. doi: 10.1073/pnas.2204892120.

Guilherme-Fernandes, J.G. et al. (2017): **Aversive-based training methods and dog welfare**, Applied Animal Behaviour Science, 196, S. 1–12. doi: 10.1016/j.

applanim.2017.07.001. Siehe auch: Ziv, G. (2017).

Gunter, L.M., et al. (2018): **A canine identity crisis**: Genetic breed heritage testing of shelter dogs, PLoS ONE, 13(8), e0202633. https://doi.org/10.1371/journal.pone.0202633

Hamilton, D.L. (Hrsg.) (2015): **Cognitive Processes in Stereotyping and Intergroup Behavior**. London: Psychology Press.

Haverbeke, A. et al. (2008): **Training methods of military dog handlers**, Applied Animal Behaviour Science, 113(1–3), S. 110–122. doi: 10.1016/j.applanim.2007.11.013.

Heberer, U., Brede, N. und Mrozinski, N. (2017): **Aggressionsverhalten beim Hund**. Kosmos.

Heberer, U., Schumacher, K. und Pietschmann, A. (2024): **Angst beim Hund**. Kosmos.

Heinze, S., et al. (2014): **Tödliche Attacken von Hunden auf Kinder: Aktualgenese und Motivation bei spezifischer Kasuistik und bestimmten pathomorphologischen Veränderungen**, Rechtsmedizin, 24(1), S. 37–41. doi: 10.1007/s00194-013-0932-3.

Herron, M.E. et al. (2009): **Use of confrontational training methods in dogs**, Applied Animal Behaviour Science, 117(1–2), S. 47–54. doi: 10.1016/j.applanim.2008.12.011.

Hiby, E.F. et al. (2004): **Dog training methods**, Animal Welfare, 13(1), S. 63–69.

Johnson, A.C. et al. (2024): **Comparison of the efficacy and welfare of different training methods in stopping chasing behavior in dogs**, Animals, 14(18), Artikel 2632. doi: 10.3390/ani14182632.

Keller, A., et al. (2012): **Does the perception that stress affects health matter? The association with health and mortality**. Health Psychology, 31(5), 677-684.

King, C., et al. (2014): **The effect of a pressure wrap (ThunderShirt®)** on heart rate and behavior in canines diagnosed with anxiety disorder, Journal of Veterinary Behavior: Clinical Applications and Research, 9(5), S. 215–221. doi: 10.1016/j.jveb.2014.06.007.

Kis, A., et al. (2015): **Oxytocin induces positive expectations about ambivalent stimuli (cognitive bias) in dogs**, Hormones and Behavior, 69, S. 1–7. doi: 10.1016/j.yhbeh.2014.12.004.

Kovács, T., et al. (2024): **More inattentive dogs benefit from repetitive but not permissive training**, Applied Animal Behaviour Science, 106449. doi: 10.1016/j.applanim.2024.106449.

Kuhne, F. (2020): **Verhaltensphysiologische Reaktionen von Hunden und Katzen in sozial-emotionalen Tier-Mensch-Konfliktsituationen.** Habilitationsschrift zur Erlangung der Lehrbefugnis für die Fachgebiete Ethologie und Tierschutz, Fachbereich Veterinärmedizin, Justus-Liebig-Universität Gießen. Verfügbar unter: https://jlupub.ub.uni-giessen.de/server/api/core/bitstreams/9a63c97c-e268-485b-8e23-8f2507adb331/content (Abgerufen am: 19. März 2025).

Kwan, J.Y. et al. (2013): **Owner attachment and problem behaviors**, Journal of Applied Animal Welfare Science, 16(2), S. 168–183. doi: 10.1080/10888705.2013.768923.

Landesverwaltungsamt Sachsen-Anhalt (2024): **Beißvorfälle**, Pressemitteilung 33/2024, 16 April. Verfügbar unter: https://presse.sachsen-anhalt.de/lvwa/2024/04/16/beissvorfaelle-bleiben-konstant-auf-einem-niedrigen-niveau-2.

Langer, E.J. (1975): **The illusion of control**, Journal of Personality and Social Psychology, 32(2), S. 311–328. doi: 10.1037/0022-3514.32.2.311.

Lord, K., et al. (2013): **Variation in reproductive traits of members of the genus Canis with special attention to the domestic dog (Canis familiaris)**, Behavioural Processes, 92, S. 131–142. doi: 10.1016/j.beproc.2012.10.009.

Lorenz, K. (1979): **Das sogenannte Böse: Zur Naturgeschichte der Aggression**. Deutscher Taschenbuch Verlag (dtv 1000).

Marshall-Pescini, S. et al. (2016): **Problem-solving behaviours in dogs**, Animal Cognition, 19(3), S. 571–579. doi: 10.1007/s10071-016-0960-y.

Mendl, M., et al. (2010): **Dogs showing separation-related behaviour exhibit a „pessimistic" cognitive bias**, Current Biology, 20(19), S. R839–R840. doi: 10.1016/j.cub.2010.08.030.

Moon-Fanelli, A.A. et al. (2007): **Blanket sucking in Doberman Pinschers**, Journal of the American Veterinary Medical Association, 231(6), S. 907–912. doi: 10.2460/javma.231.6.907.

Morrill, K., et al. (2022): **Ancestry-inclusive dog genomics challenges popular breed stereotypes**, Science, 376(6592), eabk0639. doi: 10.1126/science.abk0639.

Müller, C.A., et al. (2015): **Dogs can discriminate emotional expressions of human faces**, Current Biology, 25(5), S. 601–605. doi: 10.1016/j.cub.2014.12.055.

Nickerson, R.S. (1998): **Confirmation bias: A ubiquitous phenomenon in many guises**, Review of General Psychology, 2(2), S. 175–220. doi: 10.1037/1089-2680.2.2.175.

Nijsse, R., et al. (2014): **Coprophagy in dogs interferes in the diagnosis of parasitic infections by faecal examination**, Veterinary Parasitology, 204(3–4), S. 304–309. https://doi.org/10.1016/j.vetpar.2014.05.019

Nijsse, R., et al. (2016): **Recurrent patent infections with Toxocara canis in household dogs older than six months: a prospective study**, Parasites & Vectors, 9, 531. https://doi.org/10.1186/s13071-016-1816-7

Nitzschner, M. (2021): **Die Persönlichkeit des Hundes**. Kosmos.

Olson, K.R., et al. (2015): **Inconsistent identification of pit bull-type dogs by shelter staff**, The Veterinary Journal, 206(2), S. 197–202. https://doi.org/10.1016/j.tvjl.2015.07.019

Pongrácz, P., et al. (2005): **Human listeners are able to classify dog (Canis familiaris) barks recorded in different situations**, Journal of Comparative Psychology, 119(2), S. 136–144. doi: 10.1037/0735-7036.119.2.136.

Proschowsky, H.F., et al. (2025): **A new future for dog breeding**, Animal Welfare, 34, e1. doi: 10.1017/awf.2024.66.

Protopopova, A. et al. (2014): **Behavioral persistence and stereotypy**, Behavioural Processes, 106, S. 77–81. doi: 10.1016/j.beproc.2014.04.009.

Racca, A. et al. (2009): **The dog or its muzzle as a signal of danger**, Journal of Veterinary Behavior, 4(2), S. 68. doi: 10.1016/j.jveb.2008.09.013.

Riedel, K. (2022): **Haltungsbedingte Verhaltensstörungen – ein Fallbericht**, Der Praktische Tierarzt, 103(1), S. 24–35. https://doi.org/10.2376/0032-681X-2203

Rigterink, A. et al. (2014): **Genetics of canine behavior: A review**, World Journal of Medical Genetics, 4(3), S. 46–57. doi: 10.5496/wjmg.v4.i3.46.

Roelofs, K. (2017): **Freeze for action: neurobiological mechanisms in animal and human freezing**, Philosophical Transactions of the Royal Society B: Biological Sciences, 372(1718), 20160206. doi: 10.1098/rstb.2016.0206.

Roelofs, K. et al. (2022): **Freezing revisited**, Nature Reviews Neuroscience, 23(9), S. 568–580. doi: 10.1038/s41583-022-00608-2.

Sächsisches Staatsministerium des Innern (2020): **Gesetz zum Schutz der Bevölkerung vor gefährlichen Hunden (GefHundG)**, REVOSax – Recht und Vorschriftenverwaltung Sachsen. Verfügbar unter: https://www.revosax.sachsen.de/vorschrift/4280-GefHundG (Abgerufen am: 19. März 2025). REVOSax+6

Salonen, M., et al. (2019): **Breed differences of heritable behaviour traits in cats**, Scientific Reports, 9, Artikel 7949. doi: 10.1038/s41598-019-44324-x.

Schalke, E., et al. (2007): **Clinical signs caused by the use of electric training collars on dogs in everyday life situations**, Applied Animal Behaviour Science, 105(4), S. 369–380. doi: 10.1016/j.applanim.2006.11.002.

Schmid, L. (2004): **Verhaltensbeobachtungen nach Enrichment der Haltungsbedingungen von Laborhunden**. Dissertation, LMU München: Tierärztliche Fakultät. Verfügbar unter: https://edoc.ub.uni-muenchen.de/4713/1/Schmid_Lukas.pdf (Abgerufen am: 19. März 2025).

Schulz von Thun, F. (1981): **Miteinander reden 1: Störungen und Klärungen**. Allgemeine Psychologie der Kommunikation. Reinbek bei Hamburg: Rowohlt Taschenbuch Verlag.

Skoglund, P., et al. (2015): **Ancient wolf genome reveals an early divergence of domestic dog ancestors and admixture into high-latitude breeds**, Current Biology, 25(11), S. 1515–1519. doi: 10.1016/j.cub.2015.04.019.

Statistisches Bundesamt (2023): **Anteil der Einpersonenhaushalte 2022 mit 41 % mehr als doppelt so hoch wie 1950**, Pressemitteilung Nr. N037 vom 22. Juni 2023. Verfügbar unter: https://www.destatis.de/DE/Presse/Pressemitteilungen/2023/06/PD23_N037_12_63.html (Abgerufen am: 17. März 2025).

Statistisches Bundesamt (2025): **Sterbefälle**, Gesundheitsberichterstattung, 11. März. Verfügbar unter: https://www.gbe-bund.de (Zugriff am 11. März 2025).

Tassin de Montaigu, C., et al. (2025): **High prevalence of veterinary drugs in bird's nests**, Science of the Total Environment, 964, 178439. https://doi.org/10.1016/j.scitotenv.2025.178439

Uhde, H. (2009): **Das Jagdgebrauchshundwesen: 110 Jahre Jagdgebrauchshundverband e. V. (JGHV)**. Melsungen: Neumann-Neudamm.

University of Florida College of Veterinary Medicine (o.J.): **Dog Breed Identification Chart & Photos: DNA Results and Photos**, Shelter Medicine Program. Verfügbar unter: https://sheltermedicine.vetmed.ufl.edu/research/current-studies/dog-breed-identification/dog-breed-dna-and-survey-results/ (Abgerufen am: 23. März 2025).

Vieira de Castro, A.C. et al. (2019): **Carrots versus sticks**, Applied Animal Behaviour Science, 219, 104831. doi: 10.1016/j.applanim.2019.104831.

Voith, V.L., et al. (2009): **Comparison of adoption agency breed identification and DNA breed identification of dogs**, Journal of Applied Animal Welfare Science, 12(3), S. 253–262. doi: 10.1080/10888700902956151.

Watzlawick, P., et al. (1967): **Menschliche Kommunikation: Formen, Störungen, Paradoxien**. Verlag Hans Huber.

Ziv, G. (2017): **Aversive training methods – A review**, Journal of Veterinary Behavior, 19, S. 50–60. doi: 10.1016/j.jveb.2017.02.004.

NÜTZLICHE ADRESSEN

Dr. Nora Brede
www.kynologisch.net

Maulkörbe
www.rootdogs-shop.de

Ute Heberer
www.tiere-in-not-odenwald.de
www.hundecampus-odenwald.de

NACHRUF FÜR SASCHA WEISSBECK

Sascha war ein Freund. Er war der Mensch, der für das einstand, was auch mir, was uns, so wichtig war und am meisten verband: Die Liebe zu den Tieren. Und dafür werden wir auch weiterkämpfen, so wie er es ganz sicher wollte! Er kämpfte so sehr, litt so sehr mit, waren es die sogenannten Nutztiere, waren es die Tiere im Tierheim oder die Tiere in den Versuchslaboren. Sascha war bei all dieser Liebe und Leidenschaft nicht blind, er sah auch die Sorgen der Tierheim-Mitarbeiter, die Probleme im Umgang mit den Tieren. Er war ein Mann der Tat und großartiger Ideen und so fand er für viele dieser Probleme auch Lösungen. Er bastelte, werkelte, zauberte. Und so hatte er immer ganz tolle und praktische Geschenke dabei, wenn er zu TINO kam. Ob spezielle Leinen, Halsbänder, Maulkörbe, ganz speziell für die einzelnen Hunde angepasst, und viele andere Hilfen, die den Tierheim-Alltag erleichtern, gerade im Umgang mit schwierigen Hunden, die ihm besonders am Herz lagen.
Sascha war nicht nur ein Herzensmensch, sondern auch jemand, der mit so viel Hingabe, Verstand und Leidenschaft zum Wohl der Tiere beigetragen hat – auf eine ganz besondere, kreative und oft auch unkonventionelle Art.
Die maßgeschneiderten Maulkörbe, die durchdachten Sicherungslösungen – all das war weit mehr als nur Handwerk. Es war Fürsorge, Verantwortung und tiefer Respekt gegenüber jedem einzelnen Tier. Dabei hatte Sascha eine unglaubliche Geduld für neue Ideen, für Änderungswünsche und auch ein offenes Ohr für Kritik. Gemeinsam haben wir wunderbare kleine und große Dinge entwickelt, die in der Zukunft den Tierheimen helfen sollten. Setzte ich unsere Erfindungen und Errungenschaften ein, war er in Gedanken immer dabei. Und das ist er jetzt noch, vielleicht sogar noch viel mehr, denn nun kann ich ihn nicht mehr um Rat fragen, ihm nicht mehr erzählen von den Erlebnissen, höre nicht mehr sein Lachen dabei.
Sascha stand mitten im Leben, und so riss er ein Loch, das kaum zu schließen ist. Nicht im Leben und nicht in unseren Herzen.

REGISTER

BILDNACHWEIS

Die Fotos erstellten Marita Allweiler (S. 26, 29, 31, 68, 79, 80, 112, 180, 186), Stefanie Bissbort (S. 171, 216) Nora Brede (S. 6, 8, 9, 11, 12/13, 15, 19, 20, 21, 24, 27, 32, 35, 36, 39, 41 rechts, 42, 43, 45, 46, 48/49, 51, 52, 53, 57, 58, 60, 62, 63, 67, 70/71, 73, 75, 81, 84, 87, 91, 92/93, 95, 97, 99, 103, 104, 105, 106, 107, 108, 111 oben und unten, 114/115, 118, 120, 121, 122, 125, 126/127, 129, 133, 137, 138, 141, 143, 148, 149, 155, 157, 158, 159, 160, 161, 165, 166, 170, 174, 178, 179, 181, 182, 185, 188 oben und unten, 191, 193, 195, 199, 200, 204, 208, 210, 212, 213, 215, 217, 218, 219, 221 (4), 223, 224, 226, 227, 229, 231, 232, 233, 239, 241 oben und unten, 243, 245, 246, 249, 250 und 253), Jessica Carter (S. 225), Ute Heberer (S. 16, 135, 207), Martina Kaup (S. 83, 94, 139, 145, 147, 150, 168, 177, 203, 235, 242), Carmen Kern (S. 100, 109), Eckard Meier (S. 55), Ulli Schmitt (S. 237) und Katrin Tramposch (S. 22, 41 links, 65, 76, 89, 90, 117, 131, 152, 153, 163).

IMPRESSUM

Umschlaggestaltung von Graphik Design Claudia Adam, Bad Kreuznach unter Verwendung eines Farbfotos von Karin Tramposch.

Mit 163 Farbfotos

Unser gesamtes Programm finden Sie unter **kosmos.de.**
Über Neuigkeiten informieren Sie regelmäßig unsere
Newsletter, einfach anmelden unter **kosmos.de/newsletter**

Gedruckt auf chlorfrei gebleichtem Papier

ISBN 978-3-440-18334-2
Redaktion: Katja Pauls
Gestaltungskonzept: Peter Schmidt Group GmbH, Hamburg
Gestaltung und Satz: Atelier Krohmer, Dettingen/Erms
Produktion: Angela List
Druck und Bindung: Westermann Druck Zwickau GmbH, Zwickau
Printed in Germany / Imprimé en Allemagne

FSC
www.fsc.org
MIX
Papier | Fördert gute Waldnutzung
FSC® C110508